Hochleithner

Karpfenfische

AquaTech

Publications

Meinen treuen

Kunden und Förderern

gewidmet.

Martin Hochleithner

KARPFENFISCHE
(Cyprinidae)

Biologie und Aquakultur

AT **Ratgeber**

Impressum

Titelbild: *Cyprinus carpio*
Foto: Martin Hochleithner

AquaTech Publications
Unterbrunnweg 3
6370 Kitzbühel, Austria

http://www.aqua-tech.eu
http://www.aquatech.8m.com
http://www.aquaculture-com.net

Printed in Germany by:
Books on Demand GmbH, Norderstedt
ISBN 978-3-902855-18-3

Inhalt

Danksagung

Auch dieses Buch wäre ohne die Hilfe einiger Wissenschaftler und Praktiker sicher nicht so attraktiv geworden. Daher möchte ich allen, die meine bisherige Arbeit mit Karpfenfischen unterstützt und ermöglicht haben sowie zur Erstellung des vorliegenden Buches beigetragen haben, recht herzlich danken.

Mein besonderer Dank gebührt:

Herrn
Andreas Hartl
Dorfen/Deutschland
für die zahlreichen Bilder der Arten,

und

Herrn
Mag. Nikolaus Schotzko
Innsbruck/Österreich
für die kritische Überarbeitung des Manuskripts.

*Nicht
die möglichst höchste Produktion,
sondern der höchste reine Gewinn
ist Zweck des Landwirts,
und muß es sein,
selbst in Hinsicht auf das allgemeine Beste.*
(Thear, 1809)

ALLGEMEIN

Einleitung

Cypriniden kommen in fast jedem Gewässer in Europa, Asien, Afrika und Nordamerika vor. Mit rund 2000 Arten (davon etwa 1290 Arten in 228 Gattungen in Eurasien und 470 Arten in 25 Gattungen in Afrika, sowie 250 Arten in 51 Gattungen in Nordamerika) gehören die Cyprinidae (nach den überwiegend marinen Gobiidae) zur artenreichsten Wirbeltierfamilie weltweit. Da der Artenreichtum dieser Familie den Rahmen dieses Buches sprengen würde, bleibt die Beschreibung auf die in Europa vorkommenden und eingebürgerten Arten bzw. Gattungen beschränkt. Die meisten Arten innerhalb einer Gattung sind sich in Ihrer Lebensweise recht ähnlich, daher können die Informationen darüber großteils auch auf die anderen Arten umgelegt werden.

Die Familie der Cypriniden ist wirtschaftlich interessant und von großer Bedeutung. In Eurasien gehört derzeit etwa 1/3 aller produzierten Fische zu den Cypriniden. Vom weltweiten Gesamtfang an Cypriniden aus der Fischerei stammen etwa 65 % aus Asien und 20 % aus Europa. In Europa werden Cypriniden (vor allem Karpfen) in Teichen mindestens seit 2.000 Jahren gehalten. Wesentlichen Einfluss auf die Produktion hatten dabei das Christentum und die starke Nachfrage nach Fischen für die Fastenzeiten. Der eigentliche Aufschwung der Teichwirtschaft erfolgte in Mitteleuropa erst im ausgehenden Mittelalter durch die Klöster. Die derzeitige Teichfläche in Europa beträgt etwa 500.000 ha. In Europa erschien das erste Buch über Karpfenteichwirtschaft von Bischof Janus Dubravius, 1559 in Lateinischer Sprache „De piscinis et piscium qui in eis aluntur naturis libri quinque“. In China wurde das erste Buch zu dieser Thematik allerdings schon im Jahre 475 v. Chr. von Fan Li geschrieben. Besonders in Asien (vor allem in China und Indien) ist die Polykultur von Cypriniden weit verbreitet. Erst in den letzten Jahrzehnten wurde auch in Mitteleuropa verstärkt auf die Vermehrung von Nebenfischen gesetzt.

Dieses Buch entstand aus der Idee, für die Vermehrung und Produktion von Cypriniden in Europa die wichtigsten Daten und Ergebnisse zusammenzufassen. Der Aquakulturteil bezieht sich überwiegend auf die großwüchsigen und wirtschaftlich interessanten Arten. Um lesbar zu bleiben, beschränkt sich der Inhalt aber auf das Wesentliche. Weiterführende Literaturangaben sind im Anhang aufgelistet.

Ich wünsche Ihnen schöne Stunden beim Lesen und der Beschäftigung mit Karpfenfischen.

Kitzbühel und Frankfurt, im Winter 2013/2014 — Martin Hochleithner

Verbreitung

Cypriniden kommen in fast jedem stehenden oder fließenden Gewässer in Europa, Asien, Afrika und Nordamerika (zwischen dem 70. nördlichen und 40. südlichen Breitengrad) vor. In Südamerika, Australien und Neuseeland kommen Cypriniden nicht natürlich vor, dort wurden aber einige Arten (z.B.: *Carassius, Cyprinus, Tinca*) in verschiedene Gewässer ausgesetzt und bildeten selbsterhaltende Populationen. Cypriniden tolerieren das kalte Schmelzwasser der Bergregionen (z.B.: *Phoxinus, Schizothorax*) bis hin zum warmen Flusswasser des Flachlandes, ja sogar Thermalwasser (z.B.: *Barbus, Cyprinion*). Sie besiedeln fast alle Gewässer von -400 m unter dem Meeresspiegel nahe des Toten Meeres (z.B.: *Garra tibanica*) bis in eine Höhe von 4.600 m über dem Meeresspiegel in Tibet (z.B.: *Schizopygopsis stoliczkae*). Einige Gattungen besiedeln selbst Höhlen oder Grotten (z.B.: *Barbopsis, Caecobarbus, Caecocypris, Iranocypris, Phreatichthys, Typlobarbus, Typhlogarra*) wobei diese oft zurückgebildete Augen und eine reduzierte bis keine Körperpigmentation besitzen.
Cypriniden kommen also praktisch fast überall vor, nur nicht – in Eurasien ganz im arktischen Norden, den wasserlosen Wüsten der Arabischen Halbinsel und Zentralasiens, sowie den höchsten Bergen und der Halbinsel Kamtschatka; – in Afrika in der wasserlosen Libyschen Wüste (Sahara), sowie den höchsten Bergen und der Insel Madagaskar; – in Nordamerika ganz im arktischen Norden und tropischen Süden (südlich des Rio Papaloapan in Veracruz und Rio Verde in Oaxaca bei der Landenge von Tehuantepec), den wasserlosen Wüsten, sowie den höchsten Bergen und der Insel Grönland.
In den 55 längsten Flusssystemen in Eurasien machen Cypriniden 15-60 % (im Durchschnitt ca. 45 %) der Ichthyofauna aus, wobei je Flusssystem 3-111 Arten in 3-64 Gattungen vorkommen können. Die größte Diversität (Artenvielfalt) wird dabei im Süden und Osten erreicht, aber auch die Länge des Flusssystems selbst hat einen positiven Einfluss auf die Anzahl der Arten. In Seen dagegen kommt meist eine geringe Anzahl von Arten, etwa wie in Seitenflüssen, vor. In Europa selbst kommen etwa 135 Arten vor, wobei die Donau die größte Diversität an Cypriniden aufweist (ca. 34 Arten in 20 Gattungen), gefolgt von Dnjestr (ca. 30 Arten in 20 Gattungen), und Wolga (ca. 27 Arten in 20 Gattungen), sowie Don (ca. 26 Arten in 19 Gattungen), und Rhein (ca. 20 Arten in 16 Gattungen).

Körperbau

Cypriniden haben eine sehr unterschiedliche Körperform und können länglich schlank (z.B.: *Barbus sp.*) bis hochrückig (z.B.: *Abramis sp.*) sein, wobei der Körperquerschnitt im schnellfließenden Wasser und bei guten Schwimmern (z.B.: *Leuciscus sp.*) oft rund bzw. im ruhigen Wasser und bei schlechten Schwimmern (z.B.: *Scardinius sp.*) meist seitlich zusammengedrückt ist. Die Körperform kann aber auch je nach Umweltbedingungen (Habitat und Nahrung) unterschiedlich sein (z.B.: *Carassius sp.*), wobei Populationen aus stehenden Gewässern dabei generell hochrückiger als jene in fließenden Gewässern sind. Einige Arten halten sich vorwiegend am Boden auf (z.B.: *Gobio sp.*) und haben deshalb oft einen flachen Bauch und gekrümmten Rücken. Die Halswirbel sind (wie auch bei den Welsfischen) zum "Weberschen Organ" zusammengewachsen. Hinter dem Weberschen Organ schließen sich an der Wirbelsäule die 10-20 Paar Rippen an.
Cypriniden können schuppenlos (z.B.: *Sawbwa resplendens*) bis stark beschuppt (z.B.: *Acanthobrama centisquama*) sein. Einige Arten (z.B.: *Tor sp.*) haben unter 30 sehr große Schuppen entlang der Seitenlinie, andere wiederum über 90 relativ kleine (z.B.: *Tinca sp.*). Cultrini haben einen unbeschuppten Bauchkiel, und Schizothoracini wiederum vergrößerte Schuppen um After und Afterflosse. Die Rundschuppen (Cycloidschuppen), welche keine Radialstrahlen besitzen und in schrägen Taschen der Lederhaut dachziegelartig eingebettet sind, können bei 10-20facher Vergrößerung zur Altersbestimmung herangezogen werden. Da sich die Schuppen erst bei einer Fischgröße von etwa 25 mm bilden, sollten die Schuppen unterhalb des Ansatzes der Rückenflosse entnommen und ein Jahresring dazugezählt werden.
In der etwa 100-200 µm dicken Oberhaut (Epidermis) sind zahlreiche Schleimzellen eingebettet, die Schleim absondern, der eine Schutzfunktion mit antibakterieller Wirkung hat.
Die meist stark gegabelte Schwanzflosse ist homozerk. Einige Arten (z.B.: Cultrinae) haben an der Vorderseite der Rückenflosse einen verlängerten, starken spitzen Flossenstrahl. Die paarigen Brust- und Bauchflossen dienen der Steuerung. Die Fettflosse fehlt allen Cypriniformes. Bei den meisten Cypriniden verändern sich die relative Länge oder Höhe von Körper, Kopf, Flossen und Augen, sowie die Anzahl der Kiemenreusendornen mit dem Wachstum. Der Mittelwert der Seitenlinienschuppen ist, wie auch die Anzahl der Flossenstrahlen und Wirbelknochen, sowohl genetisch als auch emperaturbedingt und sinkt generell innerhalb einer Art von Norden nach Süden.

Die Position des Mauls kann von oberständig bei Freiwasserfischen (z.B.: *Alburnus, Pelecus*) bis unterständig bei Bodenfischen (z.B.: *Barbus, Gobio*) reichen. Vordere und/oder hintere Bartfäden können vorhanden sein (z.B.: Cyprininae, Gobioninae, Rasborinae, Tincinae), oder aber auch teilweise oder gänzlich fehlen (z.B.: Acheilognathinae, Alburninae, Cultrinae, Leuciscinae). Viele Cypriniden haben stark modifizierte Lippenstrukturen (z.B.: *Garra, Labeo*) oder hornig keratinisierte Unterlippen (z.B.: *Capoeta, Chondrostoma, Cyprinion, Semiplotus, Varicorhinchus*), die dem Abschaben von Aufwuchsalgen dienen. Die Anzahl und Länge der Kiemenreusendornen hängt oft mit der Nahrungsselektion zusammen und kann von sehr wenigen, kurzen (unter 10 z.B.: *Leuciscus*) – meist bei Benthosfressern – bis extrem vielen, langen (über 100 z.B.: *Anaecypris*) – meist bei Planktonfressern – reichen. Andere wiederum (z.B.: *Hypophthalmichthys*) haben modifizierte Kiemenreusendornen, die dem Filtern von Plankton dienen. Von den vier Kiemenbögen ist jeder mit zwei Reihen Kiemenlamellen und einer Reihe Kiemenreusendornen besetzt. Der fünfte Bogen trägt keine Kiemenlamellen sondern ist zu den sichelförmigen Schlundkiefern, welche mit bis zu 3 Zahnreihen besetzt sind, umgebildet. Die Kronen der Schlundzähne werden kontinuierlich ersetzt und dienen in Kombination mit der keratinisierten Schlundplatte vor allem der Zerkleinerung der Nahrung (wie z.B.: Macrophyten oder Mollusken). Cypriniden fehlt die Bezahnung der Kiefer; sie sind gekennzeichnet durch das meist vorstülpbare Oberkiefer, sowie das Vorhandensein von Schlundzähnen und einem Gaumenorgan. Keines dieser Merkmale ist aber einzigartig für die Cypriniden und alle werden auch mit anderen Familien der Cypriniformes geteilt.

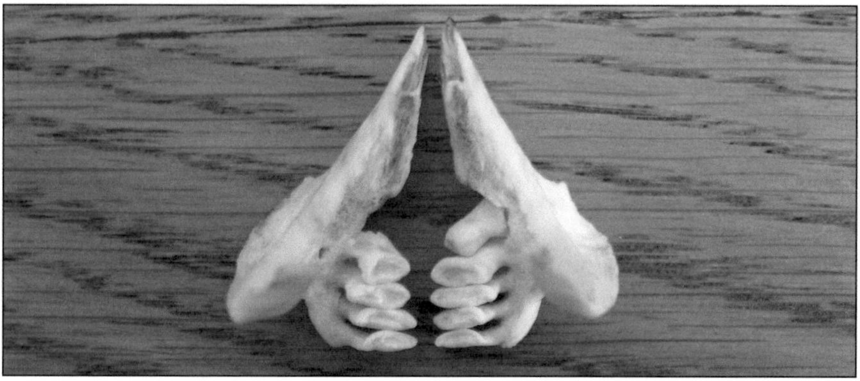

Schlundzähne der Schleie. (Foto: M. Hochleithner)

Der Verdauungstrakt der Cypriniden ist relativ einfach und besteht aus Kopf-, Vorder-, Mittel- und Enddarm. Dessen Länge variiert stark und kann von unter 1-mal bis über 10-mal der Körperlänge entsprechen. Phytoplanktonfresser haben meist einen längeren Verdauungstrakt (etwa 6,0-mal die Körperlänge) als Makrophytenfresser (etwa 2,5-mal die Körperlänge). Ein langer Verdauungstrakt geht aber nicht unbedingt mit einer Oberflächenvergrößerung einher, sondern eher mit einer schnelleren Verdauungszeit. Magen und Pylorusanhänge fehlen allen Cypriniden. Die vordere Hälfte des Verdauungstraktes dient vor allem der Vorbereitung und dem Aufschluss der Nahrung, was durch Enzyme aus der Bauchspeicheldrüse möglich wird. Die Aufnahme der Nährstoffe erfolgt großteils in der hinteren Hälfte des Verdauungstraktes. Der unverdauliche Teil der Nahrung wird als Kot ausgeschieden. Wie die meisten Süßwasserfische scheiden Cypriniden relativ viel Urin aus (bis zu 15 ml/kg/h), und der Austausch von Ionen erfolgt vor allem über die Kiemen (N^- und H^+) und Nieren (Na^+ und Cl^-).
Die Muskulatur macht 40-60 % des Körpergewichtes aus. Der größte Teil der anaeroben weißen Muskelfasern (bis 90 %) dient dem schnellen Schwimmen (über 2,0-mal die Körperlänge/s). Die aeroben roten Muskelfasern dienen dem langsamen Schwimmen (unter 0,5-mal die Körperlänge/s). Dazwischen gibt es noch eine Schicht von rosa Muskelfasern, die für Übergänge in der Schwimmgeschwindigkeit verwendet werden (etwa 1,0-1,5-mal die Körperlänge/s). Cypriniden haben auf jeder Körperseite etwa 20-70 Zwischenmuskelgräten, wobei etwas mehr als die Hälfte davon gegabelt und der Rest ungegabelt ist.
Die doppelwandige, zweigeteilte und meist große Schwimmblase ist mit einem Schwimmblasengang mit dem Schlund verbunden. Cypriniden gehören somit zur Gruppe der Physostomi. Bei einigen Gattungen ist die Schwimmblase reduziert (z.B.: *Disognathus, Gyrinochilus*), bei anderen wiederum ist die vordere Kammer eingekapselt (z.B.: *Rhinogobio, Saurogobio*). Das Gehörsystem der Cypriniden ist ähnlich aufgebaut wie bei allen Fischen der Serie Otophysi und besteht aus Schwimmblase (welche einen Überdruck aufweist), Weberschem Apparat und modifiziertem Labyrinth. Die Schwimmblase, vor allem die vordere Kammer, dient, wie auch bei den Welsen und ähnlich wie das Trommelfell im menschlichen Ohr, der Schallresonanz. Die Schallwellen werden als periodische Schwingungen über das Webersche Organ mittels drei Knöchelchen (Tripus, Intercalarium, Scaphium) an das Labyrinth im Innenohr übertragen. Cypriniden können somit gut hören, nur wenige Arten (z.B.: *Gobio, Leucaspius, Notropis*) können jedoch selbst Laute erzeugen. Das Labyrinth dient auch dem Gleichgewicht.

Viele Cypriniden können gut Farben erkennen und das Sehspektrum reicht vom infraroten bis zum ultravioletten Bereich (350-750 Nanometer). Arten mit relativ großen Augen sind eher Planktonfresser, während Arten mit relativ kleinen Augen eher Benthosfresser sind. Larven und juvenile Cypriniden orientieren sich überwiegend visuell bevor die anderen Sensorsysteme (Seitenlinie und Geschmack) ausgebildet sind, was wiederum vom Lebensraum und Nahrungserwerb abhängig ist. Einige in Höhlen lebende Arten sind blind (z.B.: *Caecobarbus geertsi, Phreatichthys andruzzi*) und hängen in ihrer Lebensweise von anderen Sinnesorganen (Seitenlinie und Gehör) ab.
Das Seitenlinienorgan ist ähnlich wie bei allen Knochenfischen aufgebaut. Benthosfresser haben dabei eher schmälere und Planktonfresser eher breitere Sensorkanäle am Kopf und ein besser entwickeltes Seitenliniensystem. Die Seitenlinie verläuft oft horizontal mittig, kann bei einigen im Freiwasser oder an der Wasseroberfläche lebenden Arten (z.B.: *Alburnoides, Pelecus*) aber auch hinter den Brustflossen nach unten geschwungen verlaufen. Die Seitenlinie geht von einigen (meist 3-5, teilweise miteinander verbundenen) Kanälen im Kopfbereich in einen Kanal über, der an beiden Körperseiten bis zur Schwanzwurzel verläuft. Diese Kanäle sind in Abständen mit besonderen Haarzellen (Neuromasten) ausgestattet, die durch Seitenkanäle mit der Körperoberfläche in Verbindung stehen, womit Wasserströmung und Druckwellen (besonders niederfrequente Schwingungen unter 100 Hz) und Hindernisse bzw. Gegenstände festgestellt werden können. Höhere Frequenzen bis über 1000 Hz können mit dem Innenohr wahrgenommen werden.
Wie bei vielen Fischen befinden sich spezielle Geschmackszellen nicht nur im Maul und an den Kiemenreusendornen, sondern auch auf der Haut und an den Flossen, welche bei den Ostariophysi besonders zahlreich sind und von unter 10 (z.B.: *Rhodeus, Pelecus*) bis über 100 (z.B.: *Abramis, Phoxinus*) je mm^2 reichen kann, vor allem am vorderen und unteren Körperbereich. Benthosfresser haben dabei meist mehr Geschmackszellen als Planktonfresser. Die Geschmackszellen sind besonders empfindlich auf Aminosäuren, allerdings ist das Spektrum anders als bei den Geruchszellen.
Das Geruchsorgan ist ähnlich wie bei allen Knochenfischen aufgebaut. Die vor jedem Auge befindliche Nasenhöhle bildet eine oberflächliche Grube mit Riechepithel. Über der Grube befindet sich ein quergestellter Hautlappen der diese in eine Ein- und Ausströmöffnung teilt. Durch die rhythmisch geöffneten und geschlossenen Nasenöffnungen tritt Wasser durch die vordere Öffnung ein und durch die hintere wieder aus.

Jegliche Geruchstoffe (vor allem Aminosäuren und Pheromone) reizen dabei die Chemorezeptoren der Schleimhaut und die elektrischen Impulse werden durch die Nerven zum zentralen Nervensystem geleitet. Cypriniden haben, wie alle Knochenfische, ein gut entwickeltes Gehirn.
Wie bei den meisten Süßwasserfischen, beträgt die Anzahl der Blutzellen, je nach Umweltbedingungen, Jahreszeit und Gesundheitszustand, im Allgemeinen rund 1.000.000-2.000.000 Erythrozyten und 25.000-100.000 Leukozyten je ml Blut.
Viele Cypriniden sind besonders gut an geringe Sauerstoffgehalte angepasst, wobei sich bei geringen Sauerstoffgehalten bei einigen Arten kurzfristig das Volumen der Erythrozyten im Blut vergrößern (z.B.: *Tinca*), mittelfristig die Anzahl der Mitochondrien in den roten Muskeln steigen (z.B.: *Carassius*), oder langfristig die Anzahl der Kiemenlamellen erhöhen kann (z.B.: *Rutilus*).
Die Gonaden können bis zu 10-30 % des Gesamtgewichtes betragen.
Cypriniden sind meist diploid, nur die Cyprininae (z.B.: *Acrossocheilus, Aulopyge, Barbus, Carassius, Cyprinus, Schizothorax, Spinibarbus, Tor*) können tetraploid, und gelegentlich sogar hexaploid (*Labeobarbus, Carassius, Cyprinus, Schizothorax*) oder selbst octaploid (*Carassius*) sein, wobei die Anzahl der Chromosomen (2n) = 50 (48-52), 100 (98-102), 150 (148-152) oder 200 (198-202) beträgt.
Die Färbung der Fische wird von unter der Haut liegenden Farbzellen hervorgerufen in die Pigmente aus Melanin (schwarz, braun) eingebettet, Pterine (gelb, rot) eingelagert oder Guanin (weiß) enthalten sind. Die meisten europäischen Cypriniden sind oft wenig auffällig gefärbt und blau-grün am Rücken, braun-grau bis silbrig an den Flanken, und gelb-weiß am Bauch. Andere Arten können jedoch auch bunt gefärbt sein und sind deshalb beliebte Aquarienfische. Einige Arten (z.B.: *Lagowskiella lagowskii*) haben dunkle Streifen oder Flecken an den Seiten und wieder andere (z.B.: *Danionella translucida*) können sogar farblos und durchsichtig sein. In der Laichzeit sind viele Arten etwas intensiver gefärbt (z.B.: *Cyprinella, Phoxinus*) bzw. entwickeln einen Laichausschlag (kleine keratinisierte Warzen) am Kopf und/oder an den Seiten und gelegentlich an den paarigen Flossen, welche als Hautschutz, Kontaktorgan oder zur Stimulierung während des Laichens dienen (z.B.: *Abramis, Notropis*), wobei die Männchen meist intensiver gefärbt sind (rot, gelb, blau) und einen stärkeren Laichausschlag aufweisen. Daneben kommen bei vielen Fischarten auch Albinos oder andere Farbvarianten vor (z.B.: Koi, Goldfisch). Die Farbe wird jeweils von einem rezessiven Gen verursacht. Farbmutationen haben aber oft einen negativen Einfluss auf Wachstum und Vitalität.

Lebensweise

Cypriniden sind generell Süßwasserfische, einige Arten können jedoch auch Brack- bzw. Salzwasser bis 15 ‰ tolerieren (z.B.: *Abramis, Alburnus, Barbus, Cyprinus, Pelecus, Rutilus*) und sich gelegentlich dort vermehren (bis 10 ‰), wobei viele Arten dabei aber zum Laichen bis zu 1.000 km in die Flüsse aufsteigen (z.B.: *Barbus capito* und *Rutilus frisii*). Die meisten Arten wandern jedoch, wenn überhaupt, nur kurze Strecken, weniger als 100 km, flussaufwärts (z.B.: *Aspius, Chondrostoma, Leuciscus, Vimba*), wobei jährlich überwiegend die selben Laichplätze aufgesucht werden.
Die Geschlechtsreife wird, je nach Art und Verbreitungsgebiet, mit einem Alter von 1-5 Jahren erreicht. Auf der Nordhalbkugel laichen Cypriniden normalerweise in Frühjahr oder Sommer (März bis August), ausgenommen sind einige Arten in Südasien (z.B.: *Puntius, Rasbora, Tribolodon*), die oft im Herbst oder Winter (September bis Januar) meist zu Beginn der Regenzeit laichen. Wenige Arten (z.B.: *Rhinichthys*) können sogar in jedem Monat im Jahr laichen. Die eigentliche Laichzeit einer Art erstreckt sich dabei jedoch meist nur über 1-2 Monate und die Eiabgabe erfolgt normalerweise in mehreren Schüben bzw. Intervallen.
Cypriniden haben generell eine hohe Eizahl, welche durchschnittlich 50.000-150.000 Stück beträgt. Einige Arten (z.B.: *Lythrurus, Rhodeus*) können aber auch nur unter Hundert, andere wiederum (z.B.: *Cyprinus*) aber auch über mehrere Millionen Eier haben. Generell haben größere Arten und Individuen eine höhere Eizahl als kleinere. Die Eigröße beträgt durchschnittlich etwa 1,0-3,0 mm, kann je nach Gattung stark schwanken wobei einige sehr kleine Eier mit nur etwa 0,5-1,0 mm (z.B.: *Notropis*), andere wiederum relativ große Eier mit bis zu 6,0-7,0 mm (z.B.: *Elopichthys*) haben. Die meisten Cypriniden verteilen auf einer größeren Fläche ihre (meist klebrigen) Eier an oder zwischen Wasserpflanzen oder (meist nicht klebrigen) Eier über oder zwischen Steinen. Bei einigen Arten sind die Eier pelagisch (z.B.: *Ctenopharyngodon, Hemiculter, Hypophthalmichthys, Mylopharyngodon, Microphysogobio, Gobiobotia, Saurogobio, Xenocypris*) und driften mit der Wasserströmung flussabwärts. Nur manche Arten (z.B.: *Campostoma, Exoglossum, Nocomis, Semotilus*) legen bis zu 1-2 m große Laichnester oder Laichmulden an und bei wenigen bewacht das Männchen das Gelege (z.B.: *Abbottina, Leucaspius, Pseudorasbora, Rhinichthys*). Bei einigen Arten ist der Rogen giftig (z.B.: *Acrossocheilus, Barbus, Lissocheilichthys, Schizothorax, Tinca*) um einen Schutz vor Feinden zu gewähren.

Laichende Barben. (Foto: A. Hartl)

Laichende Bitterlinge. (Foto: A. Hartl)

Eier des Frauenfischs. (Foto: A. Hartl)

Larve des Frauenfischs. (Foto: A. Hartl)

Eine Besonderheit stellen einige Gründlinge (z.B.: *Sarcocheilichthys*) und Bitterlinge (z.B.: *Acheilognathus, Rhodeus*) dar, welche ihre Eier mit einer Legeröhre in Muscheln ablegen. Einige nach Europa eingebürgerte Giebel (*Carassius auratus gibelio*) bestehen sogar aus rein weiblichen Populationen, wobei die Eier von anderen Cypriniden-arten (Karpfen, Karausche, Schleie, Rotauge, Rotfeder, Brachse, Döbel, Barbe) zur Zellteilung und Entwicklung angeregt werden können. Gelegentlich treten auch Zwitter auf.

Die Befruchtungsrate der Eier ist meist hoch und kann bis zu 100 % betragen. Die nachfolgende Überlebens- und Schlupfrate kann jedoch sehr unterschiedlich sein und hängt oft vom Laichplatz bzw. dem Sauerstoffgehalt ab. Gelegentlich werden einige Eier und Larven von Wirbellosen (Insekten) oder Fischen (Aale) gefressen. Cypriniden haben generell ein hohes Vermehrungspotential und dienen oft auch anderen Fischen (Barschen, Hechten, Welsen), Vögeln (Reiher, Taucher, Kormorane) oder Säugern (Robben, Otter, Ratten) als Nahrung.

Die meisten Cypriniden beginnen mit der Nahrungsaufnahme einige Tage nach dem Schlüpfen noch bevor der Dottersack vollständig aufgezehrt ist, mit einer Größe von etwa 6-8 mm. Die Larven machen im Zuge ihrer Entwicklung eine Verwandlung (Metamorphose) durch, welche bei Cypriniden etwa bei einer Größe von 15-20 mm erfolgt. Die Aktivität von Verdauungsenzymen ist zu Beginn der ersten Nahrungsaufnahme gering und steigt während der Larvenentwicklung. Juvenile Cypriniden bis zu einer Größe von etwa 5-10 cm ernähren sich meist von Zooplankton, deren Enzyme auch die Verdauung verbessern, bevor sie sich überwiegend von verschiedensten wirbellosen Tieren (Insekten, Krebsen, Mollusken, Würmern) ernähren oder auf eine bestimmte Nahrungsgruppe spezialisieren. Cypriniden sind überwiegend Friedfische und haben ein sehr breites Nahrungsspektrum. Einige Gattungen ernähren sich jedoch überwiegend von Fischen und gehören so zu den Raubfischen (z.B.: *Aspius, Elopichthys, Erythroculter, Luciobrama, Macrochirichthys, Ptychocheilus, Schizothorax*). Wenige Arten ernähren sich hauptsächlich von Insekten (z.B.: *Danio, Thryssocypris*) oder Weichtieren (z.B.: *Mylopharyngodon, Tinca*), andere wiederum fast ausschließlich von Makrophyten (z.B.: *Ctenopharyngodon, Scardinius, Squaliobarbus*) oder Algen (z.B.: *Chondrostoma, Hypophthalmichthys, Phoxinus*). Alle Cypriniden können sich jedoch auch – je nach Verfügbarkeit – ausschließlich von Zooplankton, Insekten oder Mollusken ernähren.

Das Wachstum der einzelnen Arten ist je nach Umweltbedingungen und Gewässersystem unterschiedlich und kann um bis zu 50 % schwanken.

Das Wachstum hängt wesentlich von Wassertemperatur, Tageslänge und Nahrungsangebot ab. Bei Cypriniden in gemäßigten Klimazonen erfolgt das Wachstum meist im Sommer, wogegen es im Winter meist stagniert. In tropischen Klimazonen ist das Wachstum großteils von Regen- und Dürreperioden beeinflusst, wobei in Regenzeiten das stärkste Wachstum erfolgt. Die Wachstumsrate kann bei Jungfischen (für 1-2 Monate) bis über 20 %/Tag betragen und sinkt dann langsam bis zum Winter auf Null. Eine große Endgröße hängt aber meist nicht von einem schnellen Wachstum, sondern eher von einem hohen Alter ab. Viele Cypriniden wachsen besser bei täglich schwankenden Wassertemperaturen, als bei ständig gleich bleibenden.

Die meisten Cypriniden sind relativ kleine Fische und werden nicht größer als 20-40 cm. Der kleinste Vertreter der Cypriniden und das kleinste Wirbeltier überhaupt ist *Paedocypris progenetica* aus Südostasien. Dieser Fisch wird nur 8-12 mm lang. Einige Arten (z.B.: *Barbus esocius* aus dem Irak, *Tor putitora* aus Indien, sowie *Catlocarpio siamensis* aus Kambodscha und Thailand und *Elopichthys bambusa* aus China und Vietnam) können jedoch auch sehr groß und bis zu 2-3 m lang und 40-160 kg schwer werden. Die Totallänge beträgt meist 110-120 % der Standardlänge.

Wachstum des Hasels im Fluss Frome in England
bei verschiedenen Jahrgängen:
(Nach: Winfield et Nelson, 1991)

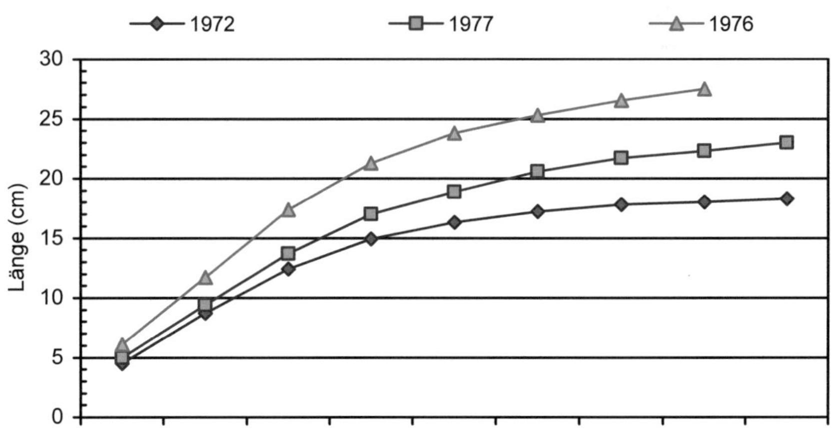

Längenwachstum einiger Cypriniden

in natürlichen Gewässern:
(Nach: Nikol'skii, 1961)

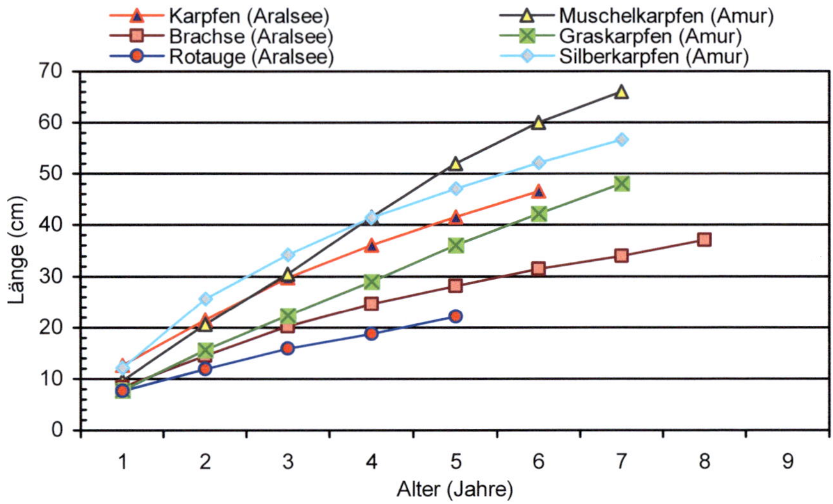

Gewichtswachstum einiger Cypriniden

in natürlichen Gewässern:
(Nach: Anwand, 1989; Bănărescu et al., 1999-2003; Herzig et Winkler, 1983)

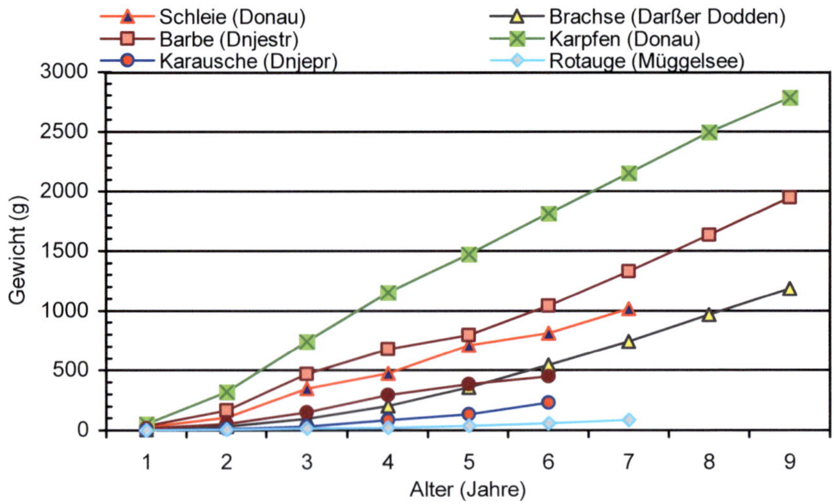

Bei vielen Cypriniden wachsen normalerweise die Weibchen (Rogner) etwas schneller und werden älter und größer als die Männchen (Milchner). Ausnahmen bilden beispielsweise einige territoriale oder nestbildende Arten in Nordamerika (z.B.: *Cyprinella, Nocomis, Semotilus*) bei denen oft die Männchen (♂) größer als die Weibchen (♀) sind. Einige kleine Cypriniden (z.B.: *Danionella translucida, Rasbora urophthalma*) werden nur 1-2 Jahre alt, andere große Arten (z.B.: *Carassius auratus, Cyprinus carpio*) wiederum können bis zu 40-50 Jahre alt werden.
Cypriniden sind meist Schwarmfische und können in natürlichen, europäischen Gewässern eine Jahresproduktion und einen Bestand von bis zu 500 kg/ha erreichen, wobei einige Arten (z.B.: *Alburnoides, Aspius, Scardinius, Tinca*) sehr geringe Werte unter 10 kg/ha, andere wieder (z.B.: *Abramis, Alburnus, Gobio, Rutilus*) sehr hohe Werte über 100 kg/ha (vor allem in eutrophen Gewässern) erreichen können. Der Anteil an Cypriniden beträgt in oligotrophen Seen meist unter 30 %, in mesotrophen Seen zwischen 30 und 60 %, und in eutrophen Seen über 60 % des gesamten Fischbestandes. Dabei werden mit fortschreitendem Trophiegrad meist Salmoniden von Perciden und diese schließlich von Cypriniden ersetzt. In einigen eutrophen Stauseen des Flachlandes können Cypriniden bis zu 100 % des Fischbestandes ausmachen, wobei oft nur wenige Arten (z.B.: *Rutilus, Abramis*) dominieren. Viele Populationen werden oft auch nur von wenigen Jahresklassen dominiert, wobei die erste Jahresklasse bis zu 50 % der Gesamtproduktion ausmachen kann und starke Jahrgänge wiederum von günstigen klimatischen Bedingungen (Wassertemperatur) abhängen. Bei hohen Bestandsdichten tendieren Cyprinidenpopulationen zu geringen Wachstumsraten und kleineren Durchschnittsgrößen, wogegen starke Raubfischpopulationen eher zu größeren Durchschnittsgrößen führen.
Pheromone werden von einigen Arten bei hoher Dichte (z.B.: *Rutilus*), der Anwesenheit von Feinden (z.B.: *Phoxinus*) oder zur Laichzeit (z.B.: *Carassius*) abgegeben. Beim Fang oder der Verletzung von Cypriniformes wird ein Pheromon als Schreckstoff freigesetzt, welches in besonderen Zellen der Oberhaut sitzt, und in der Folge zu Stressreaktionen oder Verhaltensänderungen bei den restlichen Fischen der Gruppe führt.
Cypriniden sind generell sehr tolerant gegenüber Veränderungen der Umweltbedingungen. Sie vertragen Wassertemperaturen von 0-40 °C und einen Sauerstoffgehalt von unter 1 mg/l. Nur wenige Arten sind gefährdet oder gar vom Aussterben bedroht.

Hybriden

Hybriden sind Nachkommen von Eltern zweier verschiedener Arten. Je näher die Elternarten miteinander verwandt sind, desto eher kommt es auch in der Natur zur Hybridisierung. Die Hybridbildung spielte auch bei der Entstehung neuer Arten eine Rolle (z.B.: *Carassius auratus gibelio, Leuciscus alburnoides, Leuciscus palaciosi*). Normalerweise sorgen Isolationsmechanismen wie verschiedene Laichzeiten oder -verhalten dafür, dass Kreuzungen nicht vorkommen. Kommt es dennoch zu einer Kreuzung verschiedener Arten, so besteht die Möglichkeit, dass durch spontane Verdopplung des Chromosomensatzes (durch chemische oder physikalische Prozesse) ein fruchtbarer Hybride entsteht, der sich im Lauf der Evolution als neue Art durchsetzen kann.
Bei Cypriniden treten natürliche Hybriden zwischen Arten oder sogar Gattungen generell häufiger auf als bei jeder anderen Wirbeltiergruppe. Die Ursache für die Hybridisierung zwischen Gattungen liegt teilweise bzw. vor allem bei veränderten Umweltbedingungen (z.B.: blockierte Wanderrouten oder geändertes Klima). Einige Hybriden können ganz oder teilweise steril, andere wiederum fertil sein. Die Hybriden haben meist Merkmale beider Elternarten und die Unterscheidung ist nicht immer einfach. So wurden einige Hybriden schon als Art beschrieben z.B.: Karpfen x Karausche = *Cyprinus kollari* Heckel, 1836; Nase x Strömer = *Chondrostoma rysela* Agassiz, 1835; Brachse x Plötze = *Abramis leuckarti* Heckel et Kner, 1858; Döbel x Laube = *Alburnus tauricus* Kessler, 1859; Rotfeder x Ukelei = *Alburnus rosenhaueri* Jäckel, 1866; Orfe x Rapfen = *Aspius hybridus* Yakovlev, 1870; Ukelei x Plötze = *Leuciscus alburnolucidus* Linstow, 1878; etc.
Natürliche Hybriden sind etwa zwischen folgenden Gattungen bekannt: *Abramis* x *Blicca, Rutilus*, *Scardinius*; *Alburnus* x *Alburnoides*, *Rutilus*, *Vimba*; *Barbus* x *Chondrostoma*, *Capoeta*, *Schizothgorax*; *Blicca* x *Abramis, Vimba; Carassius* x *Cyprinus; Chondrostoma* x *Leuciscus; Cyprinus* x *Carassius*; *Leuciscus* x *Alburnus, Aspius; Rutilus* x *Abramis, Alburnus, Blicca, Scardinius; Scardinius* x *Alburnus, Blicca, Rutilus; Vimba* x *Abramis*, *Blicca*.
Neben natürlichen Hybriden werden aber auch in der Aquakultur manchmal Hybriden zwischen Arten erzeugt, wobei man sich von diesen Hybriden gewisse Vorteile gegenüber den Elternarten verspricht. So werden beispielsweise Hybriden zwischen dem Silberkarpfen und Marmorkarpfen (*Hypophthalmichthys molotrix* x *Hypophthalmichthys nobilis*) produziert, welche fertil, ruhiger sowie robuster sind und deren Nahrungsspektrum und Wachstum zwischen den Ausgangsarten liegt.

Hybride (*Abramis brama x Rutilus rutilus*). (Foto: J. Jensen)

Hybride (*Abramis brama x Scardinius erythrophtalmus*). (Foto: J. Jensen)

Hybride (*Alburnus alburnus x Rutilus rutilus*). (Foto: A. Hartl)

Gelegentlich, vor allem in den USA, werden auch Hybriden zwischen dem Graskarpfen und Marmorkarpfen (*Ctenopharyngodon idella* x *Hypophthalmichthys nobilis*) produziert, die großteils steril sind und ein ähnliches Nahrungsspektrum wie Graskarpfen aufweisen. Dabei treten jedoch höhere Defekte und Verluste während der Larvenentwicklung auf und die Fische sind nervöser und aktiver. Diese Hybriden sehen morphologisch dem Graskarpfen recht ähnlich.
In Europa werden manchmal Hybriden zwischen Karpfen und Giebel (*Cyprinus carpio* x *Carassius auratus*) erzeugt, welche teilweise steril sein können und sich besser für Gewässer eignen die für den Karpfen ungeeignet sind, da sie wiederstandsfähiger sind.
In Indien wurden schon an die 40 Kreuzungen zwischen verschiedenen Karpfenartigen versucht, aber nur wenige erlangten eine Bedeutung. So werden oft fertile Hybriden zwischen den indischen Karpfenartigen (*Catla catla, Cirrhinus mrigala, Labeo rohita, Labeo fimbriatus, Labeo calbasu*) produziert, wobei nur wenige auch Vorteile bringen (Rohu-Catla, Mrigal-Catla, Fimbriatus-Catla, Rohu-Mrigal, Catla-Calbasu) und deren Wachstum meist zwischen den Elternarten liegt. Der beste Hybride Rohu-Catla wächst um 10-30 % langsamer als *C. catla* aber um 30-130 % besser als *L. rohita* und hat einen um 6-11 % höheren Fleischanteil als die Ausgangsarten. Der Hybride Mrigal-Catla wächst um etwa 190-220 % besser als die Ausgangsarten. Der Hybride Fimbriatus-Catla hat einen um 0-10 % höheren Fleischanteil als die Ausgangsarten.
Kreuzungen zwischen dem Gemeinen Karpfen (*Cyprinus carpio*) und den indischen Karpfenartigen (*Catla catla, Cirrhinus mrigala, Labeo rohita*) ergeben meist sterile Hybriden und hohe Verluste während der Eierbrütung. Diese Hybriden haben in der Polykultur ein um etwa 36 % schlechteres und in der Monokultur ein um etwa 120 % besseres Wachstum als die Ausgangsarten, sowie einen Fleischanteil, der um etwa 11 % höher ist als bei *C. carpio*.
Hybriden zwischen den chinesischen (*Ctenopharyngodon idella, Hypophthalmichthys molitrix, Hypophthalmichthys nobilis*) und indischen (*Catla catla, Cirrhinus mrigala, Labeo rohita*) Karpfenartigen sterben meist schon bei der Ei- bzw. spätestens bei der Larvenentwicklung ab.
In China wurden schon an die 100 Kreuzungen zwischen verschiedenen Karpfenartigen versucht, aber nur wenige ergaben Vorteile. So beispielsweise die Kreuzung *Megalobrama amblycephala* x *Parabramis pekinensis*, welche resistenter gegen geringe Sauerstoffgehalte, und die Kreuzung *Cirrhinus molitrella* x *Sinilabeo decorus* welche widerstandsfähiger gegen niedrige Wassertemperaturen sein soll.

Evolution

In der geologischen Zeitrechnung sind Fische bereits in der Ära des Paläozoikum bekannt. In der Periode des Kambriums (vor 570-510 Millionen Jahren) gab es noch keine Fische. Im Ordovizium (vor 510-435 Millionen Jahren) entwickelten sich die ersten primitiven Fische mit knöchernen Panzerplatten. Im Silur (vor 435-405 Millionen Jahren) traten die ersten Fische mit Kiefern (Gnathostomata) auf, die möglicherweise bereits das Süßwasser besiedelten. Im Devon (vor 405-355 Millionen Jahren) hatten die Fische bereits Kiefer, Flossen und Schuppen. Im Karbon (vor 355-290 Millionen Jahren) waren bereits Knochen- und Knorpelfische weit verbreitet. Im Perm (vor 290-250 Millionen Jahren) kam es zu einem massenhaften Aussterben, das schätzungsweise 75-90 % aller Tierarten erfasste.
In der Ära des Mesozoikum mit Trias (vor 250-205 Millionen Jahren), Jura (vor 205-140 Millionen Jahren) und Kreide (vor 140-65 Millionen Jahren), dominierten unter den Fischen bereits auch noch heute lebenden Arten der Unterklasse der Strahlenflosser. Darüber hinaus gab es Quastenflosser und Lungenfische.
Vermutlich stammen die Cypriniformes von frühen Clupeiformes ab. Die frühesten fossilen Cypriniformes sind in der Ära des Känozoikum, aus der Periode des Tertiärs bekannt. Aus der Epoche des Paläozäns (vor 65-53 Millionen Jahren) sind keine Cypriniden bekannt. Aus der Epoche des Eozäns (vor 53-37 Millionen Jahren) ist *Parabarbus* aus Kasachstan und möglicherweise *Eocypris* aus Indonesien (Sumatra) bekannt, sowie andere Cypriniformes (Catostomidae) aus der Mongolei. Aus der Epoche des Oligozäns (vor 37-23 Millionen Jahren) sind *Varhostichthys* und *Palaeoleuciscus* aus Frankreich, sowie *Palaeorutilus* und *Tarsichthys* aus Deutschland bekannt. Etwas jüngere fossile Cypriniden (*Paleotinca* und *Paleocarassius*) aus der Epoche des Miozäns (vor 23-5 Millionen Jahren) sind aus der Tschechoslowakei bekannt. Im späten Miozän erschienen dann die folgenden, noch heute vorkommenden, Gattungen in Europa: *Alburnus, Aspius, Barbus, Gobio, Leuciscus, Carassius, Cyprinus, Rhodeus, Scardinius* und *Tinca*.
Bis zum Eozän war Europa von Sibirien getrennt und deshalb nicht von Cypriniden besiedelt. Die ersten Cypriniden entwickelten sich also vermutlich in Asien und besiedelten von dort aus Nordamerika (vor ca. 31 Millionen Jahren) über die Bering Landbrücke, Europa (vor ca. 30 Millionen Jahren) über Sibirien, und schließlich Afrika (vor ca. 18 Millionen Jahren) über den Nahen Osten.

Systematik

Als Wirbeltiere (*Vertebrata*) gehören die Cypriniden zur Klasse der Knochenfische (*Osteichthyes*) und der Unterklasse Strahlenflosser (*Actinopterygii*), mit der Subdivision Echte Knochenfische (*Teleostei*).
Die Überordnung *Ostariophysi* beinhaltet die Serie *Anotophysi* mit der Ordnung *Gonorynchiformes* (Sandfische) und die Serie *Otophysi* mit ca. 6.500 Arten.
Die Serie *Otophysi* beinhaltet die Ordnung der *Characiformes* (Beilbauchfische), *Gymnotiformes* (Messerfische), *Siluriformes* (Welsfische) sowie die Ordnung der *Cypriniformes* (Karpfenfische).

Die Ordnung der *Cypriniformes* Bleeker, 1859 beinhaltet folgende Familien:

1. *Cyprinidae* (Echte Karpfen) – mit 220 Gattungen und etwa 2000 Arten in Eurasien, Afrika und Nordamerika.
2. *Balitoridae* (Plattschmerlen) – mit 70 Gattungen und etwa 600 Arten in Eurasien.
3. *Catostomidae* (Saugkarpfen) – mit 13 Gattungen und etwa 70 Arten in Nordamerika und Asien.
4. *Cobitidae* (Bachschmerlen) – mit 29 Gattungen und etwa 200 Arten in Eurasien und Afrika.
5. *Gyrinocheilidae* (Saugschmerlen) – mit 1 Gattung und etwa 3 Arten in Südostasien.
6. *Psilorhynchidae* (Spindelschmerlen) – mit 2 Gattungen und etwa 10 Arten in Asien.

Die Familie der *Cyprinidae* Cuvier, 1816 wird meist in folgende Unterfamilien eingeteilt, wobei die taxonomische Position vieler Gattungen noch unklar und oft umstritten ist:
Acheilognathinae Bleeker, 1863 (Bitterlinge), *Cultrinae* Nikolsky, 1954 (Sichlinge), *Cyprininae* Bonaparte, 1846 (Kärpflinge), *Gobioninae* Jordan et Fowler, 1903 (Gründlinge), *Leuciscinae* Bonaparte, 1846 (Weißfische), *Rasborinae* Weber et De Beaufort, 1916 (Bärblinge).
Die Gattung *Tinca* mit nur einer Art wird meist zu den *Cyprininae* oder seltener zu den *Leuciscinae* gestellt, bzw. in eine eigene Unterfamilie: *Tincinae* Kryzanovskii, 1947 (Schleien).

Die einzelnen Unterfamilien werden gelegentlich noch weiter in verschiedene Linien aufgeteilt, wobei die Abgrenzung bzw. Einteilung nicht immer einfach und oft umstritten ist:

a) *Acheilognathinae* mit Acheilognathini (in Europa und Asien);
b) *Cultrinae* mit Cultrini und Xenocyprini (in Europa und Asien);
c) *Cyprininae* mit Cyprinini, Labeonini, Schizothoracini, Semiplotini, Squaliobarbini und Systomini (in Europa, Asien, Afrika und Nordamerika);
d) *Gobioninae* mit Gobionini und Sarcocheilichthyini (in Europa und Asien);
e) *Leuciscinae* mit Leuciscini, Abramini, Alburnini, Aspini und Phoxini (in Europa, Asien, Afrika und Nordamerika);
f) *Rasborinae* mit Rasborini, Barilini und Oxygastrini (in Asien und Afrika);
g) *Tincinae* mit Tincini (in Europa und Asien);

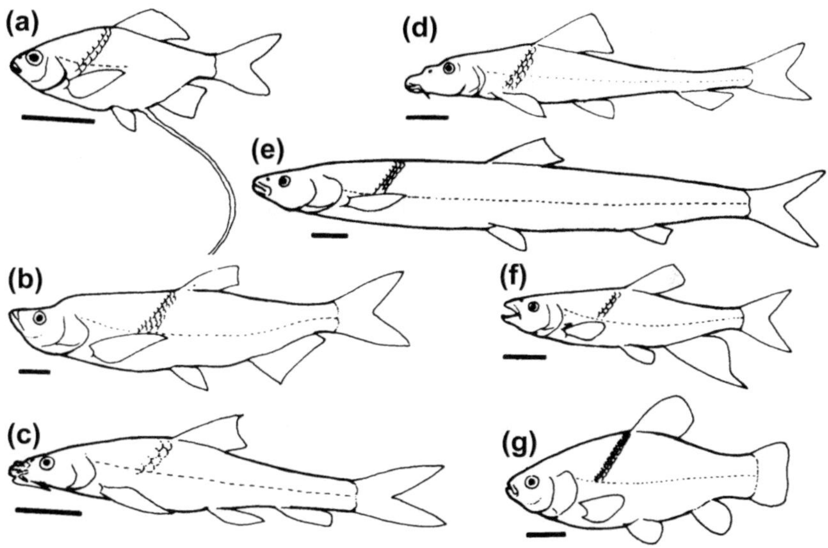

Einige Vertreter der einzelnen Unterfamilien. (Nach: Winfield et Nelson, 1991)
(a) = *Rhodeus*, (b) = *Erythroculter*, (c) = *Garra*, (d) = *Rhinogobio*, (e) = *Ochetobius*, (f) = *Opsariichthys*, (g) = *Tinca*; Größenskala = 2 cm.

Auch auf Ebene der Gattungen, Untergattungen, Arten und Unterarten, ist die systematische Einteilung und evolutionäre Verwandtschaft innerhalb der Cypriniden, nicht immer klar und oft umstritten.

Im Folgenden werden die heute in Europa vorkommenden 135 Arten der Familie *Cyprinidae* Cuvier, 1816 (Echte Karpfen) in folgende Unterfamilien, Linien, Gattungen und Untergattungen eingeteilt:

I. *Acheilognathinae* Bleeker, 1863 (Bitterlinge)
- Acheilognathini mit 1 Art in 1 Gattung:
    1.) *Rhodeus* Agassiz, 1835 (1 Art).

II. *Cultrinae* Nikolsky, 1954 (Sichlinge)
- Cultrini mit 1 Art in 1 Gattung:
    1.) *Pelecus* Agassiz, 1835 (1 Art).
- Xenocyprini mit 2 Arten in 1 Gattung:
    2.) *Hypophthalmichthys* Bleeker, 1860 (2 Arten).

III. *Cyprininae* Bonaparte, 1846 (Kärpflinge)
- Cyprinini mit 14 Arten in 4 Gattungen:
    1.) *Aulopyge* Heckel, 1843 (1 Art).
    2.) *Barbus* Cuvier, 1816 (10 Arten) in 2 Untergattungen:
        a) *Barbus* Cuvier, 1816 (5 Arten).
        b) *Luciobarbus* Heckel, 1843 (5 Arten).
    3.) *Carassius* Jarocki, 1822 (2 Arten).
    4.) *Cyprinus* Linnaeus, 1758 (1 Art).
- Squaliobarbini mit 2 Arten in 2 Gattungen:
    5.) *Ctenopharyngodon* Steindachner, 1866 (1 Art).
    6.) *Mylopharyngodon* Peters, 1881 (1 Art).

IV. *Gobioninae* Jordan et Fowler, 1903 (Gründlinge)
- Gobionini mit 7 Arten in 2 Gattungen:
    1.) *Gobio* Cuvier, 1816 (6 Arten) in 2 Untergattungen:
        a) *Gobio* Cuvier, 1816 (3 Arten).
        b) *Romanogobio* Bănărescu, 1961 (3 Arten).
    2.) *Pseudorasbora* Bleeker, 1860 (1 Art).

V. *Leuciscinae* Bonaparte, 1846 (Weißfische)
- Abramini mit 7 Arten in 3 Gattungen:
    1.) *Abramis* Cuvier, 1816 (3 Arten) in 2 Untergattungen:
        a) *Abramis* Cuvier, 1816 (1 Art).
        b) *Ballerus* Heckel, 1843 (2 Arten).
    2.) *Blicca* Heckel, 1843 (1 Art).
    3.) *Vimba* Fitzinger, 1873 (3 Arten).

- Alburnini mit 7 Arten in 3 Gattungen:
    - 4.) *Alburnoides* Jeitteles, 1861 (2 Arten).
    - 5.) *Alburnus* Rafinesque, 1820 (3 Arten) in 2 Untergattungen:
        - a) *Alburnus* Rafinesque, 1820 (2 Arten).
        - b) *Chalcalburnus* Berg, 1932 (1 Art).
    - 6.) *Anaecypris* Collares-Pereira, 1983 (1 Art).
- Aspini mit 1 Art in 1 Gattung:
    - 7.) *Aspius* Agassiz, 1835 (1 Art).
- Leuciscini mit 76 Arten in 9 Gattungen:
    - 8.) *Chondrostoma* Agassiz, 1835 (17 Arten) in 2 Untergattungen:
        - a) *Chondrostoma* Agassiz, 1835 (11 Arten).
        - b) *Achondrostoma* Robalo et al., 2007 (6 Arten).
    - 9.) *Ladigesocypris* Karaman, 1972 (1 Art).
    - 10.) *Leucaspius* Heckel et Kner, 1858 (1 Art).
    - 11.) *Leuciscus* Cuvier, 1816 (32 Arten) in 3 Untergattungen:
        - a) *Leuciscus* Cuvier, 1816 (3 Arten).
        - b) *Iberocypris* Doadrio, 1980 (2 Arten).
        - c) *Squalius* Bonaparte, 1837 (27 Arten).
    - 12.) *Pachychilon* Steindachner, 1882 (2 Arten).
    - 13.) *Rutilus* Rafinesque, 1820 (9 Arten) in 2 Untergattungen:
        - a) *Rutilus* Rafinesque, 1820 (6 Arten).
        - b) *Pararutilus* Berg, 1912 (3 Arten).
    - 14.) *Scardinius* Bonaparte, 1837 (8 Arten).
    - 15.) *Telestes* Bonaparte, 1837 (6 Arten).
    - 16.) *Tropidophoxinellus* Stephanidis, 1974 (2 Arten).
- Phoxini mit 17 Arten in 3 Gattungen:
    - 17.) *Phoxinellus* Heckel, 1843 (4 Arten) in 2 Untergattungen:
        - a) *Phoxinellus* Heckel, 1843 (2 Arten).
        - b) *Paraphoxinus* Bleeker, 1863 (2 Arten).
    - 18.) *Phoxinus* Rafinesque, 1920 (4 Arten) in 2 Untergattungen:
        - a) *Phoxinus* Rafinesque, 1920 (2 Arten).
        - b) *Rhynchocypris* Günther, 1889 (2 Arten).
    - 19.) *Pseudophoxinus* Bleeker, 1860 (9 Arten) in 2 Untergattungen
        - a) *Pseudophoxinus* Bleeker, 1860 (5 Arten).
        - b) *Delminichthys* Freyhof et al., 2006 (4 Arten).

VI. *Tincinae* Kryzanovskii, 1947 (Schleien)
- Tincini mit 1 Art in 1 Gattung:
    - 1.) *Tinca* Cuvier, 1816 (1 Art).

Bestimmungsschlüssel*
für die in Europa vorkommenden Cypriniden

1 Bartfäden vorhanden: 2

Bartfäden fehlen: 6

2 Rückenflosse lang, mit mehr als 13 Weichstrahlen,
letzter Hartstrahl der Rücken- und Afterflosse hart und steif,
Bezahnung der Schlundzähne in 3 Reihen,
2 Paar Bartfäden: .... ***Cyprinus***

Rückenflosse kurz, mit weniger als 13 Weichstrahlen,
letzter Hartstrahl der Rücken- und Afterflosse weich und flexibel: .. 3

3 Körper meist komplett unbeschuppt,
Bezahnung der Schlundzähne in 1 Reihen,
2 Paar Bartfäden: .... ***Aulopyge***

Körper meist komplett beschuppt: 4

4 Mehr als 90 Seitenlinienschuppen, Maul endständig,
Bezahnung der Schlundzähne in 1 Reihen,
1 Paar Bartfäden: .... ***Tinca***

Weniger als 90 Seitenlinienschuppen, Maul unterständig: 5

5 Bezahnung der Schlundzähne in 3 Reihen,
Afterflosse meist mit 5 oder weniger Weichstrahlen,
meist über 45 kleine Seitenlinienschuppen,
2 Paar Bartfäden: .... ***Barbus***

Bezahnung der Schlundzähne in 2 Reihen,
Afterflosse meist mit 6 oder mehr Weichstrahlen,
meist unter 45 große Seitenlinienschuppen,
1 Paar Bartfäden: .... ***Gobio***

6 Rückenflosse lang, mit mehr als 13 Weichstrahlen,
letzter Hartstrahl der Rücken- und Afterflosse hart und steif,
Bezahnung der Schlundzähne in 1 Reihen: .... ***Carassius***

Rückenflosse kurz, mit weniger als 13 Weichstrahlen,
letzter Hartstrahl der Rücken- und Afterflosse weich und flexibel: ... 7

7 Afterflosse lang, mit 12 oder mehr Weichstrahlen,
Unbeschuppter Bauchkiel vor dem After vorhanden oder
falls komplett beschuppt, dann über 45 Seitenlinienschuppen: 8

Afterflosse kurz, mit 12 oder weniger Weichstrahlen,
Unbeschuppter Bauchkiel vor dem After fehlt oder
falls komplett beschuppt, dann unter 45 Seitenlinienschuppen: 18

8 Kiemenhaut verschmolzen, eine Falte unter dem Isthmus bildend,
über 200 Kiemenreusendornen und miteinander verwachsen,
Bezahnung der Schlundzähne in 1 Reihen,
Maulspalte reicht hinter den Mittelpunkt des Auges,
Suprabranchialorgan vorhanden: .... ***Hypophthalmichthys***

Kiemenhaut nicht dem Isthmus angeheftet, keine Falte bildend,
unter 200 Kiemenreusendornen und nicht miteinander verwachsen,
Suprabranchialorgan fehlt: 9

9 Mehr als 50 Kiemenreusendornen,
Bezahnung der Schlundzähne in 1 Reihen,
Seitenlinien unterbrochen oder fehlt: .... ***Anaecypris***

Weniger als 50 Kiemenreusendornen: 10

10 Ansatz der Rückenflosse in Höhe hinter dem After,
Unbeschuppter scharfer Bauchkiel auch vor den Bauchflossen,
Rückenflosse beginnt hinter dem Ansatz der Afterflosse,
Bezahnung der Schlundzähne in 2 Reihen,
mehr als 90 Seitenlinienschuppen,
Seitenlinie stark und mehrmals gewunden: .... ***Pelecus***

Ansatz der Rückenflosse in Höhe vor dem After,
Unbeschuppter schwacher Bauchkiel nur hinter den Bauchflossen,
Rückenflosse beginnt vor dem Anfang der Afterflosse,
weniger als 90 Seitenlinienschuppen,
Seitenlinie nicht oder nur einmal gewunden: 11

11 Unterkiefer ohne symphysischen Knopf: 13

Unterkiefer mit symphysischen Knopf,
Maul meist end- bis oberständig,
Bezahnung der Schlundzähne in 2 Reihen: 12

12 Maulspalte groß, reicht weit bis unter die Augen,
Seitenlinie durchgehend,
mehr als 60 Seitenlinienschuppen: .... ***Aspius***

Maulspalte klein, reicht nicht bis unter die Augen,
Seitenlinie unterbrochen,
weniger als 60 Seitenlinienschuppen: .... ***Leucaspius***

13 Afterflosse mit 10 oder weniger Weichstrahlen,
Körperfärbung ändert sich genau an der Seitenlinie,
Seitenlinie nicht eingefasst: .... ***Tropidophoxinellus***

Afterflosse mit 10 oder mehr Weichstrahlen,
Körperfärbung ändert sich nicht genau an der Seitenlinie: 14

14 Schuppenlose Einbuchtung vor der Rückenflosse vorhanden,
Seitenlinie fast gerade verlaufend,
Maul meist end- bis oberständig,
Schlundzähne nicht gezähnt: 16

Schuppenlose Einbuchtung vor der Rückenflosse fehlt,
Seitenlinie nach unten gebogen verlaufend,
Maul meist end- bis oberständig,
Bezahnung der Schlundzähne in 2 Reihen: 15

15 Seitenlinie dunkel eingefasst,
Schlundzähne nicht gezähnt,
weniger als 13 kurze Kiemenreusendornen: .... ***Alburnoides***

Seitenlinie nicht eingefasst,
Schlundzähne meist gezähnt,
mehr als 13 lange Kiemenreusendornen: .... ***Alburnus***

16 Ansatz der Afterflosse nach dem Ende der Rückenflosse,
Rückenkiel hinter der Rückenflosse vorhanden oder fehlt,
Bezahnung der Schlundzähne in 1 Reihen: .... ***Vimba***

Ansatz der Afterflosse vor dem Ende der Rückenflosse,
Rückenkiel hinter der Rückenflosse fehlt: 17

17 Bezahnung der Schlundzähne in 1 Reihen,
50 und mehr Seitenlinienschuppen,
20 und mehr Kiemenreusendornen: .... ***Abramis***

Bezahnung der Schlundzähne in 2 Reihen,
50 und weniger Seitenlinienschuppen,
20 und weniger Kiemenreusendornen: .... ***Blicca***

18 Oberlippe von Rostralkappe separiert: 20

Oberlippe von Rostralkappe verdeckt
oder Unterlippe mit hornigem Überzug,
Bezahnung der Schlundzähne in 1 Reihen: 19

19 Unterlippe ohne mittleren Lappen,
Kerbe hinter Unterlippe unterbrochen
oder Unterlippe mit hornigem Überzug: .... ***Chondrostoma***

Unterlippe mit mittleren Lappen,
Kerbe hinter Unterlippe durchgehend: .... ***Pachychilon***

20 Bauchseite zwischen Bauch- und Afterflosse stark gekielt,
Basis der Bauchflossen vor der Rückenflosse,
Maul oberständig,
Bezahnung der Schlundzähne in 2 Reihen: .... ***Scardinius***

Bauchseite zwischen Bauch- und Afterflosse nicht gekielt: 21

21 Maul oberständig,
Basis der Bauchflossen meist unter der Rückenflosse,
Bezahnung der Schlundzähne in 1 Reihen: .... ***Pseudorasbora***

Maul unter- oder endständig: 22

22 Distanz vom Ansatz der Afterflosse zur Schwanzflossenbasis kürzer als Distanz zwischen Ansatz der Afterflosse und Bauchflossen,
Basis der Bauchflossen meist unter der Rückenflosse: 23

Distanz von Anfang der Afterflosse zur Schwanzflossenbasis länger als Distanz zwischen Ansatz der Afterflosse und Bauchflossen: ... 24

23 Bezahnung der Schlundzähne in 2 Reihen,
Schlundzähne flach und gezahnt, schneidezahnähnlich (prämolar),
Verdauungstrakt lang (über 200 % der Körperlänge),
Körper hell (grün-braun bis bronze) gefärbt,
weniger als 15 Kiemenreusendornen: .... ***Ctenopharyngodon***

Bezahnung der Schlundzähne in 1 Reihen,
Schlundzähne rund und ungezahnt, backenzahnähnlich (molar),
Verdauungstrakt kurz (unter 200 % der Körperlänge),
Körper dunkel (blau-grau bis schwarz) gefärbt,
mehr als 15 Kiemenreusendornen: .... ***Mylopharyngodon***

24 Rückenflosse mit 4 oder mehr Hartstrahlen,
Basis der Bauchflossen meist unter der Rückenflosse,
Bezahnung der Schlundzähne in 1 Reihen: .... ***Rutilus***

Rückenflosse mit 3 oder weniger Hartstrahlen: 25

25 Praeopercumandibularer Sensorkanal nicht mit Infraorbitalkanal verbunden: 28

Praeopercumandibularer Sensorkanal mit Infraorbitalkanal verbunden,
Postcleithrum vorhanden und groß,
Bezahnung der Schlundzähne in 2 Reihen: 26

26 Seitenlinie unterbrochen oder nicht bis Schwanzstiel verlaufend,
Körper mit horizontalem Streifen: .... ***Ladigesocypris***

Seitenlinie nicht unterbrochen und bis Schwanzstiel verlaufend: ... 27

27 Maul endständig,
Peritoneum (Bauchfell) hell gefärbt: .... ***Leuciscus***

Maul unterständig,
Peritoneum (Bauchfell) dunkel gefärbt,
Körper mit horizontalem Streifen: .... ***Telestes***

28 Körper schmal und hochrückig,
Weibchen mit Legeröhre,
Seitenlinie unterbrochen oder nicht bis Schwanzstiel verlaufend,
Bezahnung der Schlundzähne in 1 Reihen: .... ***Rhodeus***

Körper dick und drehrund,
Weibchen ohne Legeröhre: 29

29 Bezahnung der Schlundzähne in 2 Reihen,
Seitenlinie unterbrochen oder
nicht bis Schwanzstiel verlaufend: .... ***Phoxinus***

Bezahnung der Schlundzähne in 1 Reihen: 30

30 Postcleithrum vorhanden und groß: .... ***Pseudophoxinus***

Postcleithrum fehlt oder klein,
Seitenlinie unterbrochen oder
nicht bis Schwanzstiel verlaufend: .... ***Phoxinellus***

* (Erstellt und überarbeitet unter anderem nach: Bănărescu et al., 1999-2003; Berg, 1949; Bogutskaya, 2010-2012; Kottelat et Freyhof, 2007; Nikol'skii, 1961; Robalo et al., 2006)

Für die Bestimmung der häufigsten mitteleuropäischen Cyprinidenlarven wird auf den Bestimmungsschlüssel von Spindler, 1988 verwiesen.

Bestimmungsschlüssel
für die Gattung Abramis

1 Maul oberständig,
Schnauze kürzer als Augendurchmesser,
30 oder mehr Kiemenreusendornen,
mehr als 60 Seitenlinienschuppen,
Afterflosse mit mehr als 30 Weichstrahlen,
paarige Flossen gelblich: .... ***Abramis ballerus***

Maul unterständig,
Schnauze länger als Augendurchmesser,
30 oder weniger Kiemenreusendornen,
weniger als 60 Seitenlinienschuppen,
paarige Flossen gräulich: 2

2 Afterflosse mit weniger als 30 Weichstrahlen,
Rückenflosse mit 9 oder mehr Weichstrahlen: .... ***Abramis brama***

Afterflosse mit mehr als 30 Weichstrahlen,
Rückenflosse mit 9 oder weniger Weichstrahlen: .... ***Abramis sapa***

Bestimmungsschlüssel
für die Gattung Alburnoides

1 Maul oberständig,
Postcleithrum fehlt oder klein,
Schnauze kürzer als Augendurchmesser,
Schwanzstiel meist weniger als 1,8 mal länger als hoch,
Kopfprofil konkav: .... ***Alburnoides ohridanus***

Maul endständig,
Postcleithrum vorhanden und groß,
Schwanzstiel meist mehr als 1,8 mal länger als hoch,
Kopfprofil konvex: .... ***Alburnoides bipunctatus***

Bestimmungsschlüssel
für die Gattung Alburnus

1 Ansatz der Afterflosse hinter dem letzten Strahl der Rückenflosse,
Letzter ungeteilter Strahl der Rückenflosse etwas verdickt,
Maulspalte reicht meist bis zum Vorderrand der Augen,
mehr als 57 Seitenlinienschuppen: .... ***Alburnus chalcoides***

Ansatz der Afterflosse vor dem letzten Strahl der Rückenflosse,
Letzter ungeteilter Strahl der Rückenflosse nicht verdickt,
Maulspalte reicht meist nicht bis zum Vorderrand der Augen,
weniger als 57 Seitenlinienschuppen: 2

2 Mehr als 28 Kiemenreusendornen: .... ***Alburnus belvica***

Weniger als 28 Kiemenreusendornen: .... ***Alburnus alburnus***

Bestimmungsschlüssel
für die Gattung Barbus

1 Unterlippe in der Mitte vom Mentum (Kinn) separiert,
Unterlippe in der Mitte dick und meist mit Papille besetzt,
meist 5 Schlundzähne in der ersten Reihe: 2

Unterlippe in der Mitte mit Mentum (Kinn) verbunden,
Unterlippe in der Mitte dünn und meist ohne Papille besetzt: 6

2 Schuppen über der Seitenlinie eher lang und oval,
Peritoneum hell gefärbt: 3

Schuppen über der Seitenlinie eher kurz und rund,
Afterflosse meist höher als Rückenflosse,
Körper und Flossen stark gefleckt oder punktiert,
Peritoneum dunkel gefärbt: 5

3 Letzter Hartstrahl der Rückenflosse dick und hart,
sowie meist stark verknöchert oder gezähnt,
Afterflosse meist niedriger als Rückenflosse,
Körper und Flossen nicht gefleckt oder punktiert: ..... ***Barbus barbus***

Letzter Hartstrahl der Rückenflosse dünn und weich,
sowie schwach verknöchert oder gezähnt,
Körper und Flossen stark gefleckt oder punktiert: 4

4 Hartstrahl der Rückenflosse mit etwa über 30 Zähnchen,
Afterflosse meist höher als Rückenflosse: .... ***Barbus lacerta***

Hartstrahl der Rückenflosse mit etwa unter 30 Zähnchen,
Afterflosse meist niedriger als Rückenflosse: .... ***Barbus plebejus***

5 Hartstrahl der Rückenflosse ungezähnt: .... ***Barbus meridionalis***

Hartstrahl der Rückenflosse gezähnt: .... ***Barbus cyclolepis***

6 Prädorsal Länge kürzer als Postdorsal Länge,
Schuppen am Rücken ohne epitheliale Kiele,
meist 5 Schlundzähne in der ersten Reihe,
Letzter Hartstrahl der Rückenflosse dick und lang,
sowie meist stark verknöchert oder gezähnt,
Hinterrand der Rückenflosse meist konkav,
Afterflosse niedriger als Rückenflosse: ...... ***Barbus brachycephalus***

Prädorsal Länge länger als Postdorsal Länge,
Schuppen am Rücken mit epitheliale Kiele: 7

7 Meist 4 Schlundzähne in der ersten Reihe,
Brustflossen mit je 2 Hartstrahlen: 8

Meist 5 Schlundzähne in der ersten Reihe,
Hinterrand der Rückenflosse meist konvex: 9

8 Letzter Hartstrahl der Rückenflosse dick und lang,
sowie meist stark verknöchert oder gezähnt,
Hinterrand der Rückenflosse meist konkav,
Afterflosse niedriger als Rückenflosse: .... ***Barbus comizo***

Letzter Hartstrahl der Rückenflosse dünn und kurz,
sowie meist schwach verknöchert oder gezähnt,
Hinterrand der Rückenflosse meist konvex,
Afterflosse höher oder niedriger als Rückenflosse: . ***Barbus bocagei***

9 Afterflosse meist niedriger als Rückenflosse,
Brustflossen mit je 1 Hartstrahlen,
42 oder weniger Wirbelknochen: .... ***Barbus albanicus***

Afterflosse meist höher als Rückenflosse,
Brustflossen mit je 2 Hartstrahlen,
43 oder mehr Wirbelknochen: .... ***Barbus capito***

Bestimmungsschlüssel
für die Gattung Carassius

1 Oberer Rand der Rückenflosse meist konvex,
Hartstrahl der Rückenflosse gezähnt mit mehr als 20 Zähnchen,
Schwanzflosse leicht gegabelt,
35 oder weniger Kiemenreusendornen,
Peritoneum hell gefärbt: .... ***Carassius carassius***

Oberer Rand der Rückenflosse meist konkav,
Hartstrahl der Rückenflosse gezähnt mit weniger als 20 Zähnchen,
Schwanzflosse stark gegabelt,
35 oder mehr Kiemenreusendornen,
Peritoneum dunkel gefärbt: .... ***Carassius auratus***

Bestimmungsschlüssel
für die Gattung Chondrostoma

1 Maul ohne horniger Unterlippe,
Ethmoid länger als breit: 12

Maul mit horniger Unterlippe,
Ethmoid breiter als lang: 2

2 Praemaxillare mit aufsteigendem Fortsatz 7

Praemaxillare ohne aufsteigendem Fortsatz: 3

3 Maulspalte gebogen, Lippen dünn: 5

Maulspalte gerade, Lippen dick: 4

4 Höhe der Rückenflosse über 19 % der Standardlänge,
Augendurchmesser meist unter 200 %
des Augenabstandes: .... ***Chondrostoma nasus***

Höhe der Rückenflosse unter 19 % der Standardlänge,
Augendurchmesser meist über 200 %
des Augenabstandes: .... ***Chondrostoma colchicum***

5 Mehr als 75 Seitenlinienschuppen: .... ***Chondrostoma phoxinus***

Weniger als 75 Seitenlinienschuppen: 6

6 Körperbreite mehr als 50 % der Körperhöhe
(am Anfang der Rückenflosse): .... ***Chondrostoma oxyrhynchum***

Körperbreite weniger als 50 % der Körperhöhe
(am Anfang der Rückenflosse): .... ***Chondrostoma knerii***

7 Maulspalte gebogen,
meist unter 60 Seitenlinienschuppen: 9

Maulspalte gerade,
meist über 60 Seitenlinienschuppen: 8

8 Höhe des Schwanzstiels über 2,2 mal dessen Länge,
5 bzw. 10 oder weniger Schuppenreihen unter bzw. über Seitenlinie
zur After- bzw. Rückenflosse: .... ***Chondrostoma willkommii***

Höhe des Schwanzstiels unter 2,2 mal dessen Länge,
5 bzw. 10 oder mehr Schuppenreihen unter bzw. über Seitenlinie
zur After- bzw. Rückenflosse: .... ***Chondrostoma polylepis***

9 Praemaxillarfortsatz nach vorne gerichtet: ..... ***Chondrostoma genei***

Praemaxillarfortsatz nach oben gerichtet: 10

10 Höhe des Schwanzstiels meist unter 1,9 mal dessen Länge,
Körperhöhe unter 4,4 mal in Standardlänge: . ***Chondrostoma miegii***

Höhe des Schwanzstiels meist über 1,9 mal dessen Länge: 11

11 Mehr als 24 Kiemenreusendornen,
Körperhöhe unter 4,4 mal in Standardlänge,
52 oder mehr Seitenlinienschuppen: ..... ***Chondrostoma toxostoma***

Weniger al 24 Kiemenreusendornen,
Körperhöhe über 4,4 mal in Standardlänge,
52 oder weniger Seitenlinienschuppen: ... ***Chondrostoma arrigonis***

12 Mehr als 23 Kiemenreusendornen,
10 oder mehr Schuppenreihen über der Seitenlinie
zur Rückenflosse: 15

Weniger als 23 Kiemenreusendornen,
10 oder weniger Schuppenreihen über der Seitenlinie
zur Rückenflosse: 13

13 15 oder weniger Kiemenreusendornen,
8 oder weniger Schuppenreihen über der Seitenlinie
zur Rückenflosse: .... ***Chondrostoma arcasii***

15 oder mehr Kiemenreusendornen: 14

14 9 oder mehr Schuppenreihen über der Seitenlinie,
Kopflänge unter 21 %
der Standardlänge: .... ***Chondrostoma salmantinum***

8 oder weniger Schuppenreihen über der Seitenlinie,
Kopflänge über 21 %
der Standardlänge: .... ***Chondrostoma olisiponensis***

15 Weniger als 52 Seitenlinienschuppen: . ***Chondrostoma lusitanicum***

Mehr als 52 Seitenlinienschuppen: 16

16 Augendurchmesser kleiner als
Schnauzenlänge: .... ***Chondrostoma lemmingii***

Augendurchmesser größer als
Schnauzenlänge: .... ***Chondrostoma oretanum***

Bestimmungsschlüssel
für die Gattung Gobio

1 Schuppen am Rücken mit epithelialen Kielen,
After näher zur Basis der Bauchflossen als zur Afterflosse,
Bartelartige Verlängerung an den Ecken der Maulspalte fehlt,
Rücken- und Schwanzflosse nicht gefleckt,
Brust nicht beschuppt: 4

Schuppen am Rücken ohne epithelialen Kielen,
After näher zur Basis der Afterflosse als zu den Bauchflossen,
Rücken- und Schwanzflosse stark gefleckt,
Brust beschuppt oder nicht beschuppt: 2

2 Augenabstand größer als 1,3 mal der Augendurchmesser,
12 oder weniger Schuppen um den Schwanzstiel,
Körper und Schwanzstiel seitlich leicht zusammengedrückt,
Bartelartige Verlängerung an den Ecken der Maulspalte fehlt,
Bartfäden lang, reichen bis hinter den hinteren Augenrand,
Unterlippe in der Mitte weit gespalten: .... ***Gobio pentatrichus***

Augenabstand kleiner als 1,3 mal der Augendurchmesser,
12 oder mehr Schuppen um den Schwanzstiel: 3

3 Körper und Schwanzstiel seitlich stark zusammengedrückt,
Minimale Körperhöhe größer als die Breite des Schwanzstiels,
Bartelartige Verlängerung an den Ecken der Maulspalte fehlt,
Unterlippe in der Mitte nicht gespalten: .... ***Gobio gobio***

Körper und Schwanzstiel seitlich nicht zusammengedrückt,
Minimale Körperhöhe kleiner als die Breite des Schwanzstiels,
Bartelartige Verlängerung an den Ecken der Maulspalte vorhanden,
Unterlippe in der Mitte weit gespalten: .... ***Gobio uranoscopus***

4 Körper und Schwanzstiel seitlich nicht zusammengedrückt,
Minimale Körperhöhe kleiner als die Breite des Schwanzstiels,
12 oder weniger Schuppen um den Schwanzstiel,
Rückenflosse mit 8 oder mehr Weichstrahlen,
Schnauze kürzer als die postorbital Distanz,
Unterlippe in der Mitte nicht gespalten: .... ***Gobio kesslerii***

Körper und Schwanzstiel seitlich leicht zusammengedrückt,
12 oder mehr Schuppen um den Schwanzstiel,
Rückenflosse mit 7 oder weniger Weichstrahlen,
Unterlippe in der Mitte weit gespalten: 5

5 Minimale Körperhöhe meist kleiner als Schwanzstielbreite im Bereich der Afterflossenbasis, und unter 300 % der maximalen Körperhöhe,
Augenabstand kleiner als 1,3 mal der Augendurchmesser,
Schnauze länger als die postorbital Distanz: .... ***Gobio albipinnatus***

Minimale Körperhöhe meist größer als Schwanzstielbreite im Bereich der Afterflossenbasis, und über 300 % der maximalen Körperhöhe,
Augenabstand größer als 1,3 mal der Augendurchmesser,
Schnauze kürzer als die postorbital Distanz: .. ***Gobio ciscaucasicus***

Bestimmungsschlüssel
für die Gattung Hypophthalmichthys

1 Kiel entlang des Bauches von den Bauchflossen bis zur Afterflosse,
Brustflossen reichen bis über den Ansatz der Bauchflossen,
Kiemenreusensieb grobporig, schmäler als Kiemenblättchenlänge,
Kopf groß, Körper dunkel gefleckt: ..... ***Hypophthalmichthys nobilis***

Kiel entlang des Bauches von den Brustflossen bis zur Afterflosse,
Brustflossen reichen nicht bis zum Ansatz der Bauchflossen,
Kiemenreusensieb feinporig, breiter als Kiemenblättchenlänge,
Kopf klein, Körper hell ungefleckt: .... ***Hypophthalmichthys molitrix***

Bestimmungsschlüssel
für die Gattung Leuciscus

1 Körper und Kopf breit, Maulspalte weit,
Hinterrand der Afterflosse gerade od. nach außen gewölbt (konvex),
Schlundzähne meist gezähnt: 6

Körper und Kopf schmal, Maulspalte schmal,
Hinterrand der Afterflosse nach innen gewölbt (konkav),
Schlundzähne meist glatt: 2

2 Basis der Bauchflossen vor der Rückenflosse,
Ein dunkler Streifen entlang der Seiten: 5

Basis der Bauchflossen unter der Rückenflosse,
Kein dunkler Streifen entlang der Seiten: 3

3 Meist 3 Schlundzähne in der ersten Reihe,
Kopflänge meist kleiner als Körperhöhe,
54 oder mehr Seitenlinienschuppen: .... ***Leuciscus idus***

Meist 2 Schlundzähne in der ersten Reihe,
54 oder weniger Seitenlinienschuppen: 4

4 Kopflänge meist kleiner als Körperhöhe,
Schnauzenlänge kleiner als Augenabstand,
Horizontaler Teil des Praeoperculums kürzer als vertikaler Teil,
45 oder mehr Seitenlinienschuppen: .... ***Leuciscus leuciscus***

Kopflänge meist größer als Körperhöhe,
Schnauzenlänge größer als Augenabstand,
Horizontaler Teil des Praeoperculums länger als vertikaler Teil,
45 oder weniger Seitenlinienschuppen: .... ***Leuciscus danilewskii***

5 Weniger als 50 Seitenlinienschuppen: .... ***Leuciscus alburnoides***

Mehr als 50 Seitenlinienschuppen: .... ***Leuciscus palaciosi***

6 Neurocraniumbreite zwischen seitlichen Spenoticfortsätzen über 50 % der Länge der Neurocranialbasis (ohne Pharyngealfortsatz), Neurocraniumbreite zwischen seitlichen Pteroticrändern, in Höhe der hinteren Basis der Pteroticfortsätze über 55 % der Länge der Neurocranialbasis (ohne Pharyngealfortsatz), Kopflänge meist unter 400 % des Augendurchmessers, weniger als 40 Wirbel: .... ***Leuciscus borysthenicus***

Neurocraniumbreite zwischen seitlichen Spenoticfortsätzen unter 50 % der Länge der Neurocranialbasis (ohne Pharyngealfortsatz), Neurocraniumbreite zwischen seitlichen Pteroticrändern, in Höhe der hinteren Basis der Pteroticfortsätze unter 55 % der Länge der Neurocranialbasis (ohne Pharyngealfortsatz), Kopflänge meist über 400 % des Augendurchmessers: 7

7 Weniger als 65 Seitenlinienschuppen, meist 11 oder weniger Kiemenreusendornen: 9

Mehr als 65 Seitenlinienschuppen, meist 11 oder mehr Kiemenreusendornen: 8

8 Weniger als 27 Schuppenreihen um den Schwanzstiel, meist 77 oder weniger Seitenlinienschuppen: ***Leuciscus microlepis***

Mehr als 27 Schuppenreihen um den Schwanzstiel, meist 77 oder mehr Seitenlinienschuppen: .... ***Leuciscus tenellus***

9 Mehr als 40 Wirbel: 16

Weniger als 40 Wirbel: 10

10 5. Infraorbitalknochen weniger als 3-mal so breit wie dessen Kanal, 3 oder mehr Schuppenreihen von Seitenlinie zur Bauchflosse, mehr als 39 Seitenlinienschuppen: .... ***Leuciscus carolitertii***

5. Infraorbitalknochen mehr als 3-mal so breit wie dessen Kanal: . 11

11 4. und 5. Infraorbitalknochen vergrößert und verschmolzen,
3 oder weniger Schuppenreihen von Seitenlinie zur Bauchflosse: . 15

4. und 5. Infraorbitalknochen nicht vergrößert und verschmolzen,
3 oder mehr Schuppenreihen von Seitenlinie zur Bauchflosse: 12

12 Maxilla und Urohyale ohne nach vorne gerichtete Spitze,
Höhe des Schwanzstiels über 3,6 mal in dessen Länge,
39 oder mehr Seitenlinienschuppen: .... ***Leuciscus malacitanus***

Maxilla und Urohyale mit nach vorne gerichteter Spitze: 13

13 39 oder weniger Seitenlinienschuppen,
Höhe des Schwanzstiels unter 3,6 mal in dessen Länge,
Schnauze oft kürzer als Augendurchmesser: ***Leuciscus valentinus***

39 oder mehr Seitenlinienschuppen,
Schnauze oft länger als Augendurchmesser: 14

14 Distanz von Ansatz Brust- zu Ansatz Bauchflossen unter 2,5 mal in
Distanz von Schnauzenspitze zu Ansatz Rückenflosse,
Höhe des Schwanzstiels unter 3,6 mal in dessen Länge,
Kopflänge meist kleiner als maximale Körperhöhe,
Kopf kurz und breit: .... ***Leuciscus castellanus***

Distanz von Ansatz Brust- zu Ansatz Bauchflossen über 2,5 mal in
Distanz von Schnauzenspitze zu Ansatz Rückenflosse,
Kopflänge meist größer als maximale Körperhöhe,
Kopf lang und schmal: .... ***Leuciscus pyrenaicus***

15 Schnauze stumpf, Maul unterständig,
Kopflänge meist kleiner als maximale Körperhöhe,
Praeopercumandibularer Sensorkanal mit Infraorbitalkanal
verbunden: .... ***Leuciscus aradensis***

Schnauze spitz, Maul endständig,
Kopflänge meist größer als maximale Körperhöhe,
Praeopercumandibularer Sensorkanal nicht mit Infraorbitalkanal verbunden: .... ***Leuciscus torgalensis***

16 5. Infraorbitalknochen vorhanden und mehr als 3-mal so breit wie dessen Kanal,
Unterkieferknochen meist über 40 % der Kopflänge und länger als Operculumhöhe: 19

5. Infraorbitalknochen fehlt oder weniger als 3-mal so breit wie dessen Kanal,
Unterkieferknochen meist unter 40 % der Kopflänge und kürzer als Operculumhöhe: 17

17 Augendurchmesser über 24 % der Kopflänge,
Infraorbitalkanal mit 19 oder weniger Poren.
Schuppenzeichnung hat kein netzartiges Muster,
Schuppen haben einen dunklen Fleck an der Schuppentasche,
Kopflänge meist größer als Körperhöhe: .... ***Leuciscus zrmanjae***

Augendurchmesser unter 24 % der Kopflänge,
Schuppenzeichnung hat ein netzartiges Muster,
Kopflänge meist kleiner als Körperhöhe: 18

18 Kopfhöhe unter 66 % der Kopflänge,
Schuppen haben keinen dunklen Fleck an der Schuppentasche,
Infraorbitalkanal mit 19 oder mehr Poren:.......... ***Leuciscus svallize***

Kopfhöhe über 66 % der Kopflänge,
Schuppen haben einen dunklen Fleck an der Schuppentasche,
Infraorbitalkanal mit 19 oder weniger Poren: ..... ***Leuciscus illyricus***

19 Abstand zwischen erstem und letztem Weichstrahl der gespreizten Afterflosse kleiner als die Höhe des Schwanzstiels,
Kopflänge größer als Körperhöhe: .... ***Leuciscus pamvoticus***

Abstand zwischen erstem und letztem Weichstrahl der gespreizten Afterflosse größer als die Höhe des Schwanzstiels: 20

20 Ein dunkler Fleck hinter em dKiemendeckel/über den Brustflossen oder ein dunkler Streifen entlang der Seiten fehlt, Oberkiefer meist vorstehend: 22

Ein dunkler Fleck hinter dem Kiemendeckel/über den Brustflossen oder ein dunkler Streifen entlang der Seiten vorhanden, Unterkiefer meist vorstehend: 21

21 Kopflänge größer als Körperhöhe, Schuppenzeichnung unterhalb der Seitenlinie hat ein netzartiges Muster: .... ***Leuciscus lepidus***

Kopflänge kleiner als Körperhöhe, Schuppenzeichnung unterhalb der Seitenlinie hat kein netzartiges Muster: .... ***Leuciscus keadicus***

22 Kopflänge meist kleiner als Körperhöhe, Kopfbreite über 52 % der Kopflänge, 42 oder mehr Seitenlinienschuppen, Bauch- und Afterflossen orange- oder rötlich: .. ***Leuciscus cephalus***

Kopflänge meist größer als Körperhöhe, Bauch- und Afterflossen gelb- oder gräulich: 23

23 42 oder mehr Seitenlinienschuppen: 25

41 oder weniger Seitenlinienschuppen: 24

24 Rückenflosse mit 8 oder weniger Weichstrahlen, Afterflosse mit 9 oder weniger Weichstrahlen, Bauch- und Afterflossen gräulich: .... ***Leuciscus lucumonis***

Rückenflosse mit 8 oder mehr Weichstrahlen,
Afterflosse mit 9 oder mehr Weichstrahlen,
Bauch- und Afterflossen gelblich: .... ***Leuciscus aphipsi***

25 Maximale Körperhöhe unter 19 % der Standardlänge,
Schuppen haben einen dunklen Fleck an der Schuppentasche,
Bauch- und Afterflossen gräulich: .... ***Leuciscus cii***

Maximale Körperhöhe über 19 % der Standardlänge: 26

26 Kopfbreite unter 48 % der Kopflänge,
Schuppen haben keinen dunklen Fleck an der Schuppentasche,
Bauch- und Afterflossen gräulich: .... ***Leuciscus albus***

Kopfbreite über 48 % der Kopflänge: 27

27 Kopfbreite über 51 % der Kopflänge,
Distanz von Ansatz der Rückenflosse bis Schwanzwurzel
reicht umgelegt nicht bis vor die Augen: 29

Kopfbreite unter 52 % der Kopflänge,
Bauch- und Afterflossen gräulich: 28

28 Distanz von Ansatz der Rückenflosse bis Schwanzwurzel
reicht umgelegt nicht bis vor die Augen,
Augendurchmesser unter 20 % der Kopflänge und
unter 55 % des Augenabstandes: .... ***Leuciscus prespensis***

Distanz von Ansatz der Rückenflosse bis Schwanzwurzel
reicht umgelegt bis vor die Augen,
Augendurchmesser über 20 % der Kopflänge und
über 55 % des Augenabstandes: .... ***Leuciscus macedonicus***

29 Kopflänge meist über 29 % der Standardlänge,
Unterkiefer über 1,1-mal länger als Schwanzstielhöhe,
Schuppen haben einen dunklen Fleck an der Schuppentasche,
Bauch- und Afterflossen gelblich: .... ***Leuciscus janae***

Kopflänge meist unter 29 % der Standardlänge,
Unterkiefer unter 1,1-mal länger als Schwanzstielhöhe,
Schuppen haben keinen dunklen Fleck an der Schuppentasche,
Bauch- und Afterflossen gräulich: 30

30 Augendurchmesser meist unter 64 % des Augenabstandes,
Maulbreite über 30 % der Kopflänge: .... ***Leuciscus squalus***

Augendurchmesser meist über 64 % des Augenabstandes,
Maulbreite unter 31 % der Kopflänge: 31

31 Maul unterständig,
Oberlippe etwas vorstehend,
Afterflosse mit dunklen Fleck: .... ***Leuciscus peloponensis***

Maul endständig,
Oberlippe nicht vorstehend,
Afterflosse ohne dunklen Fleck: .... ***Leuciscus moreoticus***

Bestimmungsschlüssel
für die Gattung Pachychilon

1 Körper mit einem dunklen Streifen entlang der Seiten, Afterflosse mit 8 oder weniger Weichstrahlen, 41 oder weniger Seitenlinienschuppen: ***Pachychilon macedonicum***

Körper mit mehreren dunklen Flecken an den Seiten, Afterflosse mit 8 oder mehr Weichstrahlen, 42 oder mehr Seitenlinienschuppen: .... ***Pachychilon pictum***

Bestimmungsschlüssel
für die Gattung Phoxinellus

1 Körperbeschuppung vorhanden, Körper mit horizontalem Streifen: 3

Körperbeschuppung fehlt (außer Seitenlinienschuppen), Körper relativ einheitlich gefärbt: 2

2 Weniger als 50 Seitenlinienschuppen: .... ***Phoxinellus alepidotus***

Mehr als 50 Seitenlinienschuppen: ... ***Phoxinellus pseudalepidotus***

3 Schnauze kürzer als Augendurchmesser: .... ***Phoxinellus pleurobipunctatus***

Schnauze länger als Augendurchmesser: .... ***Phoxinellus croaticus***

Bestimmungsschlüssel
für die Gattung Phoxinus

1 Brustflossen kurz, reichen nicht über 60 %
der Distanz von Ansatz der Brust- zu Bauchflossen,
Minimale Körperhöhe über 40 % der Schwanzstiellänge,
Körper meist mit kleine dunkle Flecken: 3

Brustflossen lang, reichen bis über 60 %
der Distanz von Ansatz der Brust- zu Bauchflossen,
Körper meist ohne kleine dunkle Flecken: 2

2 Bauch zwischen Brustflossen meist komplett beschuppt,
Supraorbitalleiste und Furche hinter Nasenöffnungen vorhanden,
Minimale Körperhöhe über 40 % der Schwanzstiellänge,
Schwanzstielbasis am Ende der Afterflosse dünner
als minimale Schwanzstielhöhe: .... ***Phoxinus colchicus***

Bauch zwischen Brustflossen meist komplett unbeschuppt,
Supraorbitalleiste und Furche hinter Nasenöffnungen fehlt,
Minimale Körperhöhe unter 40 % der Schwanzstiellänge,
Schwanzstielbasis am Ende der Afterflosse dicker
als minimale Schwanzstielhöhe: .... ***Phoxinus phoxinus***

3 Maximale Körperhöhe weniger als die Länge des Schwanzstiels,
Maximale Körperhöhe meist weniger als die Kopflänge,
Körperhöhe unter 23,5 % der Standardlänge,
Maul end- bis unterständig: .... ***Phoxinus czekanowskii***

Maximale Körperhöhe mehr als die Länge des Schwanzstiels,
Maximale Körperhöhe meist mehr als die Kopflänge,
Körperhöhe über 23,5 % der Standardlänge,
Maul end- bis oberständig: .... ***Phoxinus percnurus***

Bestimmungsschlüssel
für die Gattung Pseudophoxinus

1 Schuppen dünn und überlappen sich nicht,
Weibchen mit vorstehender Geschlechtspapille: 6

Schuppen dick und überlappen sich gut,
Weibchen ohne vorstehende Geschlechtspapille: 2

2 Weniger als 52 Schuppen entlang der Seiten: 4

Mehr als 52 Schuppen entlang der Seiten: 3

3 Mehr als 15 gelochte Seitenlinienschuppen,
60 oder weniger Schuppen
entlang der Seiten: .... ***Pseudophoxinus epiroticus***

Weniger als 15 gelochte Seitenlinienschuppen,
60 oder mehr Schuppen
entlang der Seiten: .... ***Pseudophoxinus prespensis***

4 7 oder weniger Weichstrahlen in der Afterflosse,
9 oder mehr Schuppenreihen um den Schwanzstiel,
45 oder mehr Schuppen
entlang der Seiten: .... ***Pseudophoxinus laconicus***

7 oder mehr Weichstrahlen in der Afterflosse,
9 oder weniger Schuppenreihen um den Schwanzstiel: 5

5 Höhe des Schwanzstiels über 55 % dessen Länge,
45 oder weniger Schuppen
entlang der Seiten: .... ***Pseudophoxinus stymphalicus***

Höhe des Schwanzstiels unter 55 %
dessen Länge: .... ***Pseudophoxinus minutus***

6 Kerbe hinter der Oberlippe in der Mitte breit unterbrochen, mehr als 79 Seitenlinienschuppen: .... ***Pseudophoxinus ghetaldii***

Kerbe hinter der Oberlippe in der Mitte nicht unterbrochen, weniger als 79 Seitenlinienschuppen: 7

7 Augendurchmesser größer als Schnauzenlänge, Seitenlinienschuppen nicht größer als restliche, Schnauze spitz und konisch, Maul endständig: .... ***Pseudophoxinus adspersus***

Augendurchmesser kleiner als Schnauzenlänge, Seitenlinienschuppen etwas größer als restliche: 8

8 Länge des Schwanzstiels größer als 47 % dessen Höhe, Distanz von Bauch- zu Afterflosse unter 57 % der Distanz von Brust- zu Bauchflossen, Seitenlinienschuppen end aneinander liegend, Schnauze spitz und konisch, Maul endständig: .... ***Pseudophoxinus jadovensis***

Länge des Schwanzstiels kleiner als 47 % dessen Höhe, Distanz von Bauch- zu Afterflosse über 57 % der Distanz von Brust- zu Bauchflossen, Seitenlinienschuppen weit auseinander stehend, Schnauze stumpf und gerade, Maul unterständig: .... ***Pseudophoxinus krbavensis***

Bestimmungsschlüssel
für die Gattung Rutilus

1 Weniger als 50 Seitenlinienschuppen,
Hinterer Teil der Schwimmblase nicht verlängert und abgerundet: .. 4

Mehr als 50 Seitenlinienschuppen,
Hinterer Teil der Schwimmblase verlängert und zugespitzt: 2

2 Körper drehrund,
mehr als 65 Schuppen entlang der Seitenlinie:
Maul unterständig: .... ***Rutilus meidingerii***

Körper zusammengedrückt,
weniger als 65 Schuppen entlang der Seitenlinie: 3

3 Körperhöhe größer als Kopflänge,
After- und Rückenflosse meist höher als lang,
Unterer Lappen der Schwanzflosse über Kopflänge: .... ***Rutilus frisii***

Körperhöhe kleiner als Kopflänge,
After- und Rückenflosse meist länger als hoch,
Unterer Lappen der Schwanzflosse unter Kopflänge: ***Rutilus kutum***

4 Afterflosse meist mit 11 oder mehr Weichstrahlen,
Rückenflosse meist mit 10 oder mehr Weichstrahlen,
Peritoneum (Bauchfell) dunkel (schwarz): .... ***Rutilus pigus***

Afterflosse meist mit 11 oder weniger Weichstrahlen: 5

5 Afterflosse meist mit 10 oder mehr Weichstrahlen,
Rückenflosse meist mit 9 oder mehr Weichstrahlen,
Meist 40 oder mehr Wirbel: .... ***Rutilus rutilus***

Afterflosse meist mit 10 oder weniger Weichstrahlen,
Rückenflosse meist mit 9 oder weniger Weichstrahlen,
Meist 40 oder weniger Wirbel: 6

6 Körper mit einem Streifen entlang der Seiten,
Peritoneum (Bauchfell) hell (grau): .... ***Rutilus aula***

Körper ohne Streifen entlang der Seiten: 7

7 Peritoneum (Bauchfell) dunkel (schwarz): .... ***Rutilus albus***

Peritoneum (Bauchfell) hell (grau): 8

8 Weniger als 4 Schuppenreihen zwischen Seitenlinie
und Basis der Bauchflossen,
weniger als 15 Kiemenreusendornen: .... ***Rutilus basak***

Mehr als 4 Schuppenreihen zwischen Seitenlinie
und Basis der Bauchflossen,
mehr als 15 Kiemenreusendornen: .... ***Rutilus ylikiensis***

Bestimmungsschlüssel
für die Gattung Scardinius

1 Kopflänge kleiner als Körperhöhe: 4

Kopflänge größer als Körperhöhe: 2

2 17 oder mehr Kiemenreusendornen,
Unterkiefer artikuliert in Höhe hinter dem vorderen Augenrand,
Untere Flossen gräulich: .... ***Scardinius graecus***

17 oder weniger Kiemenreusendornen,
Unterkiefer artikuliert in Höhe vor dem vorderen Augenrand: 3

3 Maulspitze in Höhe über dem Mittelpunkt des Auges,
Untere Flossen gräulich: .... ***Scardinius acarnanicus***

Maulspitze in Höhe unter dem Mittelpunkt des Auges,
Kopfbreite über 14,5 und Kopfhöhe über 19,7 % der Standardlänge,
Länge des Schwanzstiels über 17 % der Standardlänge,
Untere Flossen rötlich: .... ***Scardinius racovitzai***

4 Kopflänge über 28 % der Standardlänge,
Untere Flossen gräulich: 7

Kopflänge unter 28 % der Standardlänge: 5

5 Untere Flossen rötlich,
Kopfbreite unter 14,5 und Kopfhöhe unter 19,7 % der Standardlänge,
Länge des Schwanzstiels über 17 %
der Standardlänge: .... ***Scardinius erythrophthalmus***

Untere Flossen gräulich,
40 oder weniger Seitenlinienschuppen: 6

6 12 oder mehr Kiemenreusendornen,
Dorsalprofil ohne Buckel hinter dem Nacken: .. ***Scardinius scardafa***

12 oder weniger Kiemenreusendornen,
Dorsalprofil mit Buckel hinter dem Nacken: .... ***Scardinius knezevici***

7 40 oder weniger Seitenlinienschuppen,
10 oder weniger Weichstrahlen in Afterflosse: ... ***Scardinius plotizza***

40 oder mehr Seitenlinienschuppen,
10 oder mehr Weichstrahlen in Afterflosse: .... ***Scardinius dergle***

Bestimmungsschlüssel
für die Gattung Telestes

1 Afterflosse mit 4 oder mehr Hartstrahlen: .... ***Telestes karsticus***

Afterflosse mit 3 oder weniger Hartstrahlen: 2

2 Mehr als 60 Seitenlinienschuppen: 4

Weniger als 60 Seitenlinienschuppen: 3

3 Höhe des Schwanzstiels unter 50 % dessen Länge,
Streifen entlang der Seiten gut sichtbar: .... ***Telestes souffia***

Höhe des Schwanzstiels über 50 % dessen Länge,
Streifen entlang der Seiten schlecht sichtbar: ..... ***Telestes beoticus***

4 Weniger als 22 Schuppen um den Schwanzstiel,
Weniger als 13 Schuppenreihen über der Seitenlinie,
Peritoneum (Bauchfell) braun: .... ***Telestes ukliva***

Mehr als 22 Schuppen um den Schwanzstiel,
Mehr als 13 Schuppenreihen über der Seitenlinie,
Peritoneum (Bauchfell) schwarz: 5

6 7 oder weniger Kiemenreusendornen: .... ***Telestes polylepis***

8 oder mehr Kiemenreusendornen: .... ***Telestes turskyi***

Bestimmungsschlüssel
für die Gattung Tropidophoxinellus

1 42 oder weniger Seitenlinienschuppen.
Maul oberständig: .... ***Tropidophoxinellus hellenicus***

42 oder mehr Seitenlinienschuppen,
Maul unterständig: .... ***Tropidophoxinellus spartiaticus***

Bestimmungsschlüssel
für die Gattung Vimba

1 Rückenkiel hinter der Rückenflosse fehlt: .... ***Vimba melanops***

Rückenkiel hinter der Rückenflosse vorhanden: 2

2 15 oder mehr Kiemenreusendornen: .... ***Vimba vimba***

14 oder weniger Kiemenreusendornen: .... ***Vimba tenella***

Abkürzungen (für folgenden Überblick):
DF = Weichstrahlen der Rückenflosse, AF = Weichstrahlen der Afterflosse, SL = gelochte Seitenlinienschuppen, SR = Schuppenreihen über und unter der Seitenlinie, KR = Kiemenreusendornen am ersten Kiemenbogen, PT = Zahnreihen der Schlundzähne, WI = Wirbelknochen;

Überblick

ART	DF	AF	SL	SR	KR	PT	WI
Abramis ballerus	7-10	31-45	62-77	8-17	30-39	1-1	40-49
Abramis brama	8-10	22-30	48-60	6-15	17-30	1-2	38-46
Abramis sapa	7-9	32-45	47-57	6-13	18-25	1-1	
Alburnoides bipunctatus	7-10	10-18	40-56	3-10	6-10	2-2	38-43
Alburnoides ohridanus	8-9	11-15	42-47	4-9		2-2	38-41
Alburnus alburnus	7-9	11-22	39-58	3-11	13-26	2-2	37-46
Alburnus belvica	7-9	12-15	52-58	3-9	29-38	2-2	
Alburnus chalcoides	7-10	13-20	56-73	3-12	18-35	2-2	39-44
Anaecypris hispanica	7-8	9-10	1-23		84-130	1-1	40-42
Aspius aspius	7-10	11-15	62-90	4-14	6-11	2-2	44-51
Aulopyge huegeli	8-9	5-6	0-0	0-0		1-1	37-38
Barbus albanicus	8-9	5-6	43-60	7-10	13-17	3-3	41-42
Barbus barbus	6-9	4-6	52-66	7-14	8-16	3-3	42-49
Barbus bocagei	7-9	5-6	45-54	5-10	13-20	3-3	41-46
Barbus brachycephalus	6-8	5-6	62-90	7-15	16-25	3-3	45-50
Barbus capito	7-9	5-6	52-72	6-13	12-23	3-3	43-49
Barbus comizo	7-9	5-6	46-53	5-10	14-21	3-3	42-44
Barbus cyclolepis	7-8	5-6	56-82	9-15	7-11	3-3	38-44
Barbus lacerta	7-8	5-6	50-75	7-15	5-16	3-3	40-48
Barbus meridionalis	8-9	5-6	39-68	7-12	5-15	3-3	33-44
Barbus plebejus	7-9	5-6	47-80	9-14	7-15	3-3	42-45
Blicca bjoerkna	7-9	17-25	40-51	4-10	13-21	2-2	39-42
Carassius auratus	13-22	5-9	21-36	5-7	35-57	1-1	25-34
Carassius carassius	14-21	5-8	21-38	5-8	22-35	1-1	28-37
Chondrostoma arcasii	6-8	6-8	35-48	2-8	9-15	1-1	37-38
Chondrostoma arrigonis	7-8	8-10	41-53	4-10	16-23	1-1	
Chondrostoma colchicum	8-10	8-11	54-69	5-10	24-31	1-1	42-47
Chondrostoma genei	8-9	8-11	50-62	4-9	14-19	1-1	
Chondrostoma knerii	7-10	8-11	48-59	4-10	19-24	1-1	40-48
Chondrostoma lemmingii	7-8	7-8	52-66	4-13	24-31	1-1	
Chondrostoma lusitanicum	7-8	7-8	45-52	3-11	26-41	1-1	
Chondrostoma miegii	7-8	8-10	44-60	5-10	21-33	1-1	
Chondrostoma nasus	8-11	8-13	50-67	4-9	20-38	1-1	40-48
Chondrostoma olisiponensis	7-10	7-9	36-43	3-8	15-19	1-1	
Chondrostoma oretanum	6-7	6-7	55-60	5-12	24-27	1-1	36-38
Chondrostoma oxyrhynchum	7-9	8-10	50-73	4-10	21-29	1-1	
Chondrostoma phoxinus	8-9	8-10	78-106	8-21	23-28	1-1	
Chondrostoma polylepis	8-10	8-11	58-79	5-12	18-31	1-1	
Chondrostoma salmantinum	6-7	6-7	44-53	4-10	15-22	1-1	
Chondrostoma toxostoma	7-9	8-11	52-62	5-10	25-30	1-1	43-45
Chondrostoma willkommii	8-9	8-10	59-75	4-11	26-35	1-1	
Ctenopharyngodon idella	6-8	7-9	38-45	5-7	11-13	2-2	40-47
Cyprinus carpio	14-24	3-7	26-41	5-7	17-36	3-3	32-39
Gobio albipinnatus	6-8	5-7	38-45	4-7	1-4	2-2	38-44
Gobio ciscaucasicus	7-8	5-6	41-48	5-6	1-4	2-2	40-42

Gobio gobio	6-9	5-7	33-46	3-8	1-4	2-2	35-48
Gobio kesslerii	7-9	5-7	40-44	3-6	2-4	2-2	
Gobio pentatrichus	7-8	6-7	42-46	3-6	2-5	2-2	40-43
Gobio uranoscopus	7-8	5-7	39-43	3-6	2-4	2-2	35-37
Hypophthalmichthys molitrix	7-11	11-14	91-125	16-33	650-820	1-1	36-38
Hypophthalmichthys nobilis	7-10	12-17	96-120	16-32	240-300	1-1	
Ladigesocypris ghigii	6-11	7-10	5-17		19-21	2-2	
Leucaspius delineatus	7-9	10-13	1-13	4-10	14-16	1-2	36-42
Leuciscus alburnoides	7-8	7-9	37-45	2-10	12-14	2-2	
Leuciscus albus	8-9	9-10	42-49	3-7		2-2	
Leuciscus aphipsi	8-9	9-10	36-41	4-7	8-9	2-2	
Leuciscus aradensis	7-8	7-8	35-42	2-8		2-2	37-38
Leuciscus borysthenicus	7-9	8-10	32-40	2-7	8-9	2-2	35-39
Leuciscus carolitertii	7-8	7-8	40-47	3-8		2-2	
Leuciscus castellanus	7-8	7-8	39-42	3-7		2-2	
Leuciscus cephalus	7-10	7-10	42-47	3-8	8-11	2-2	42-45
Leuciscus cii	8-9	8-9	41-46	4-8		2-2	
Leuciscus danilewskii	7-8	8-9	37-45	3-7	6-8	2-2	42-44
Leuciscus idus	7-9	9-11	53-63	4-10	10-14	2-2	44-46
Leuciscus illyricus	8-9	8-10	45-55	4-10	9-12	2-2	42-44
Leuciscus janae	8-9	8-10	40-47	4-8	8-10	2-2	43-44
Leuciscus keadicus	8-9	8-10	44-50			2-2	40-42
Leuciscus leuciscus	7-8	7-9	45-55	3-9	6-9	2-2	40-45
Leuciscus lepidus	7-9	7-11	38-50	3-9	8-14	2-2	41-46
Leuciscus lucumonis	7-8	8-9	37-41	4-8		2-2	
Leuciscus macedonicus	7-9	7-9	41-49	3-9	7-11	2-2	
Leuciscus malacitanus	7-9	7-8	39-43	3-8	9-11	2-2	37-38
Leuciscus microlepis	7-9	7-9	65-78	5-16	11-15	2-2	
Leuciscus moreoticus	8-9	9-10	42-47			2-2	
Leuciscus palaciosis			52-55			2-2	
Leuciscus pamvoticus	8-9	9-10	43-50			2-2	
Leuciscus peloponensis	8-9	8-10	42-47	4-8		2-2	
Leuciscus prespensis	8-9	8-10	43-46	4-8		2-2	
Leuciscus pyrenaicus	7-9	6-9	39-46	3-9	8-11	2-2	37-39
Leuciscus squalus	7-9	7-11	41-48	2-8	8-14	2-2	43-44
Leuciscus svallize	8-10	9-11	44-51	4-8	10-14	2-2	42-45
Leuciscus tenellus	7-8	7-8	76-85	6-19	12-16	2-2	42-43
Leuciscus torgalensis	7-9	6-8	36-41	2-9		2-2	36-37
Leuciscus valentinus	7-8	7-9	35-39	3-8	8-11	2-2	38-39
Leuciscus zrmanjae	7-9	8-10	44-49	4-8	8-10	2-2	42-43
Mylopharyngodon piceus	7-8	7-8	39-45		19-21	1-2	38-41
Pachychilon macedonicum	7-8	7-9	35-41			1-1	
Pachychilon pictum	7-9	8-10	42-46	3-9	10-13	1-1	
Pelecus cultratus	6-10	24-31	90-115	3-16	18-23	2-2	48-52
Phoxinellus alepidotus	7-8	7-8	11-42	0-0	9-10	1-1	37-40
Phoxinellus croaticus	7-9	7-9	17-70		7-10	2-2	38-41
Phoxinellus pleurobipunctatus	7-8	8-10	45-52				
Phoxinellus pseudalepidotus	7-8	7-8	54-77	0-0		1-1	

Phoxinus colchicus	7-8	7-8	70-90			2-2	
Phoxinus czekanowskii	7-8	6-7	36-94			2-2	
Phoxinus percnurus	7-8	6-8	70-97	10-22	9-11	2-2	
Phoxinus phoxinus	6-8	6-7	77-92	8-18	5-11	2-2	37-42
Pseudophoxinus adspersus	7-8	7-8	54-70	6-16		1-1	
Pseudophoxinus epiroticus			16-23			1-1	
Pseudophoxinus ghetaldii			80-100	9-26		1-1	
Pseudophoxinus jadovensis	6-7	7-8	30-60		10-12	1-1	37-39
Pseudophoxinus krbavensis	6-7	6-8	12-48		10-12	1-1	38-39
Pseudophoxinus laconicus		6-7	0-8			1-1	
Pseudophoxinus minutus		7-8	0-16			1-1	
Pseudophoxinus prespensis			0-7			1-1	
Pseudophoxinus stymphalicus	6-7	7-8	0-14	4-10		1-1	
Pseudorasbora parva	7-8	5-7	32-39	3-6	8-11	1-1	31-36
Rhodeus sericeus	7-11	6-11	0-11	3-5	9-16	1-1	33-39
Rutilus albus	8-9	7-9	41-46	3-9	8-11	1-1	38-40
Rutilus basak	8-10	7-9	36-45	3-10	8-15	1-1	35-40
Rutilus frisii	8-10	9-12	53-68	5-11	7-12	1-1	
Rutilus kutum	9-10	9-10	53-62	4-10		1-1	
Rutilus meidingeri	8-10	9-10	62-71	5-10		1-1	40-41
Rutilus pigus	9-11	9-12	44-49	4-8		1-1	41-42
Rutilus rubilio	8-10	9-10	36-42	3-8		1-1	
Rutilus rutilus	8-11	8-12	39-48	3-9	8-17	1-1	38-43
Rutilus ylikiensis	9-10	9-10	44-50	5-9	16-18	1-1	
Scardinius acarnanicus	8-9	10-11	39-45	4-7	11-17	2-2	
Scardinius dergle	8-9	10-11	40-43	4-8	10-13	2-2	
Scardinius erythrophthalmus	7-10	9-13	37-45	3-8	8-14	2-2	37-41
Scardinius graecus	8-9	11-12	40-46	4-7	17-24	2-2	
Scardinius knezevici	8-9	9-10	34-40	4-7	10-12	2-2	
Scardinius plotizza	8-9	9-10	37-40	4-7	11-14	2-2	
Scardinius racovitzai	8-10	10-12	39-44	4-8	10-12	2-2	36-39
Scardinius scardafa	8-9	9-13	36-40	4-8	12-14	2-2	
Telestes beoticus	7-8	7-8	52-58	5-10		2-2	40-42
Telestes karsticus	7-8	8-10	45-65	5-10	9-11	2-2	40-42
Telestes polylepis	7-8	8-9	62-79	5-15	6-7	2-2	40-42
Telestes souffia	7-11	6-11	42-61	4-10	7-9	2-2	37-43
Telestes turskyi	7-8	8-9	70-80	5-15	8-9	2-2	39-42
Telestes uklivia	7-8	8-10	59-69	5-12	6-8	2-2	41-42
Tinca tinca	7-9	6-9	90-120	19-35	12-16	1-1	33-42
Tropidophoxinellus hellenicus	7-8	9-11	37-42			1-1	
Tropidophoxinellus spartiaticus	7-8	9-11	42-47			1-1	
Vimba melanops	7-8	15-18	52-60	6-9		1-1	
Vimba tenella	7-8	15-19	48-60	5-10	12-14	1-1	
Vimba vimba	7-10	15-23	48-64	5-11	15-20	1-1	40-45

ARTEN

Rhodeus Agassiz, 1835

Rhodeus sericeus. (Foto: A. Hartl)

Rhodeus sericeus Pallas, 1776 **Eurasischer Bitterling**

Beschreibung:
Rückenflosse mit 2-4 Hart- und 7-11 Weichstrahlen, Afterflosse mit 2-4 Hart- und 6-11 Weichstrahlen, 0-11 gelochte Seitenlinienschuppen, 9-16 kurze Kiemenreusendornen, 5-5 Schlundzähne, 33-39 Wirbel.
Der kurze Körper ist seitlich stark zusammengedrückt. Die Körperhöhe kann 27-45 % und die Kopflänge 21-34 % der Standardlänge betragen, wobei Populationen in stehenden Gewässern generell hochrückiger als jene in fließenden Gewässern sind. Die Afterflosse ist etwas kürzer als die Rückenflosse, beide Flossen sind aber etwa gleich hoch. Die Schuppen sind groß und oval. Die mittlere Anzahl der Seitenlinienschuppen nimmt von Westen nach Osten zu, hängt aber auch von Größe und Temperatur ab. Der Augendurchmesser entspricht der Schnauzenlänge. Das endständige Maul ist klein und Bartfäden fehlen. Der Verdauungstrakt ist sehr lang und kann bis über 600 % der Körperlänge erreichen und ist bei den Männchen wesentlich länger als bei den Weibchen.

Zur Laichzeit bekommen die Männchen einen Laichausschlag in Form kleiner konischer Warzen um die Nasenöffnungen und über den Augen. Bei den Weibchen entwickelt sich die Urogenitalpapille hinter dem After zu einer Legeröhre, die so lang wie die Gesamtlänge des Weibchens werden kann.
Der Rücken ist meist grau-grün, die Seiten silbrig und der Bauch gelblich gefärbt. Die Flossen sind gelblich und manchmal befindet sich ein durchbrochener, dunkler Streifen an der Rücken- und Afterflosse. Entlang der Seitenlinie befindet sich ein grün-blauer Streifen, der meist von Höhe der Bauchflossen bis zum Schwanzstiel verläuft. Das Bauchfell (Peritoneum) ist schwarz pigmentiert.
Zur Laichzeit sind die Männchen an den Seiten irisierend rosa-rot gefärbt und bekommen zwei schwarze Flecken hinter den Kiemendeckeln. Die Afterflosse ist dann meist rot und die Rückenflosse oft schwarz-grau gefärbt mit einer roten Spitze.

Verbreitung:
Der Eurasische Bitterling kommt in Europa und Asien, meist in klaren, seichten Gewässerabschnitten mit Pflanzenbewuchs, von langsam fließenden bis stehenden Gewässer vor (60-37° Nördlicher Breite).
Das Verbreitungsgebiet erstreckt sich in Europa von Loire, Seine, Somme, Schelde, Maas, Rhein, Ems, Weser, Elbe, Oder, Weichsel, Memel, Dwina und Newa, über Rhône, Drin, Pinios, Vardar, Struma und Maritza, sowie Donau, Dnjestr, Bug, Dnjepr, Don und Kuban, bis Terek und Wolga. Er fehlt auf allen Inseln, der Iberischen Halbinsel, in Italien, in Skandinavien und in Flüssen der Nordostküste des Kaspischen Meeres wie im Ural.
In Asien kommt er vom Amur Flusssystem über die Insel Sachalin bis zu Flüssen, die ins Japanische Meer münden, in Korea vor.
In einigen Gewässern, wie in Großbritannien und dem Osten der USA (Sawmill und Bronx Rivers), wurde er erfolgreich eingebürgert.

Lebensweise:
Die Geschlechtsreife wird von beiden Geschlechtern meist mit einem Alter von 1 Jahr und einer Größe von 3-4 cm erreicht.
Zur Laichzeit versammeln sich die Fische in Gruppen manchmal bis zu 100 Individuen, wobei die zweijährigen Fische als erstes an den Laichplätzen erscheinen und die einjährigen Fische erst im Sommer. Die Laichzeit erstreckt sich über 4-5 Monate von April-August bei Wassertemperaturen von 12-24 °C, wobei die Optimaltemperatur bei 15-21 °C liegt.

Die Eier werden mit Hilfe der Legeröhre im Kiemenraum verschiedener Muschelarten der Familie Unionidae abgelegt. In Europa vor allem in *Unio pictorum, Unio tumidus, Anodonta cygnea* und in Asien in *Unio sp., Anodonta sp., Margaritana sp., Cristaria sp.*, wobei meist *Unio sp.* bevorzugt werden. Die in Amerika eingebürgerten Bitterlinge nutzen *Anodonta cataracta* und *Pseudanodonta complanata*; In Experimenten wurde auch *Aspatharia wahlbergi* angenommen. Da das ausströmende Atemwasser aus der Muschel die Weibchen zur Eiablage stimuliert, kann auch ein kleiner Schlauch aus dem eine geringe Strömung kommt in eine leere Muschelschale gesteckt werden, was so zum Ablaichen stimuliert.
Die Eiabgabe erfolgt meist in zwei Intervallen im späten Frühling bis frühen Sommer sowie im späten Sommer bis frühen Herbst, in einer Wassertiefe von nicht mehr als 1,5 m. Jedes Männchen verteidigt dabei ein Territorium um eine ausgesuchte Muschel aggressiv gegen andere Fische. Wenn ein reifes Weibchen in dieses Territorium eintritt und nicht flieht, wirbt das Männchen mit abgespreizten Flossen um das Weibchen und versucht es, zur Muschel zu leiten. Die Fische überreizen die Muschel so lange, bis diese nicht mehr durch Schließen reagiert. Das Weibchen positioniert sich dann in einem Winkel von etwa 75 Grad zur Körperachse der Muschel über deren Sipho, bewegt sich bis ihre Körperachse parallel über jener der Muschel ist, sinkt nach unten und drückt ihre konische Legeröhre tief in die Ausströmöffnung der Muschel. Dabei legt sie in Sekundenbruchteilen einige Eier in den Kiemenraum der Muschel, wobei diese mit Harn aus der Legeröhre in die Muschel gespült werden. Dann verlässt das Weibchen mit schlaffer Legeröhre die Muschel und das Männchen stößt Sperma über der Atemöffnung aus, welches mit dem Atemwasser in die Muschel gelangt und so die Eier in deren Kiemen befruchtet. Dieser Laichvorgang erfolgt meist am Vormittag und wird üblicherweise etwa 5-mal im Abstand von 5-20 Minuten wiederholt. Je Muschel werden so bis zu 90 Eier abgelegt.
Die Eimenge schwankt zwischen 100-500 Eier je Weibchen und beträgt im Durchschnitt 150-300 Stück. Die gelblichen Eier haben eine Größe von 1,0-1,5 x 2,4-3,1 mm und ein Gewicht von 100-300 mg. Sie sind vorerst oval und nach der Ablage birnenförmig. Die Larven schlüpfen schon bald nach der Eiablage und hängen sich mit ihrem Dottersack, der vorne zwei symmetrische Auswüchse hat, an den Kiemen der Muschel fest. Diese Auswüchse sind bei westlichen Populationen oval und bei östlichen Populationen hornartig, was vermutlich damit zusammen hängt, dass verschiedene Muschelarten genutzt werden.

Die Brütlinge verlassen den Kiemenraum mit einer Größe von 7-8 mm und die Muschel mit einer Größe von 9-10 mm, und beginnen ihr unabhängiges Leben.
Die Nahrung besteht anfangs aus Zooplankton und Insektenlarven und ab einer Größe von etwa 15-20 mm fast ausschließlich aus Algen (ca. 85 % Diatomeen und 15 % Detritus). Gelegentlich werden auch Eier anderer Fische gefressen. Die Nahrungsaufnahme erfolgt auch bei niedrigen Wassertemperaturen im Winter.
Die im Herbst geschlüpften Jungfische wachsen schneller als die im Frühling, und weisen meist eine geringer Mortalität im Winter auf. Die Bestandsdichte kann bis zu 41.000 Stück bzw. 93 kg/ha erreichen. Das Geschlechterverhältnis (Männchen zu Weibchen) beträgt meist etwa 1:1, an den Laichplätzen dominieren aber häufig die Männchen. Die Männchen sind bei gleichem Alter generell größer als die Weibchen, die Weibchen können aber meist etwas älter werden. Der Konditionsfaktor schwankt je nach Population, Alter, Saison, Geschlecht und Reifegrad zwischen 0,7 und 2,5.
Das Wachstum kann je nach Gewässer sehr unterschiedlich sein und beträgt generell mit 1 Jahr 3-5 cm, 2 Jahren 4-6 cm, 3 Jahren 5-7 cm und mit 4 Jahren 6-8 cm.
Der Eurasische Bitterling kann bis zu 10 cm lang und 6 Jahre alt werden, meist wird er jedoch nur 5-7 cm lang und 2-3 Jahre alt.

Bedeutung:
Die Bitterlinge haben wirtschaftlich keine Bedeutung. Das Fleisch schmeckt bitter. Vor allem wegen der interessanten Fortpflanzungsbiologie werden sie jedoch gelegentlich gerne als Aquarienfische gehalten.

Weitere Arten:
In Europa kommen keine weiteren Arten dieser Gattung vor, sondern nur in Asien – *Rhodeus atremius* Jordan et Thompson, 1914 (Japan, Korea und China), *Rhodeus ocellatus* Kner, 1866 (Japan, Korea, Taiwan und China), *Rhodeus sinensis* Günther, 1868 (Russland, China und Korea), und *Rhodeus spinalis* Oshima, 1926 (China, Vietnam und Laos).

Pelecus Agassiz, 1835

Pelecus cultratus. (Foto: A. Hartl)

Pelecus cultratus Linnaeus, 1758 **Sichling,** Ziege

Beschreibung:
Rückenflosse mit 2-3 Hart- und 6-10 Weichstrahlen, Afterflosse mit 2-3 Hart- und 24-31 Weichstrahlen, 90-115 gelochte Seitenlinienschuppen, 18-23 lange Kiemenreusendornen, 2.5-5.2 Schlundzähne, 48-52 Wirbel. Der langgestreckte Körper ist seitlich stark zusammengedrückt. Die Körperhöhe kann 18-27 % und die Kopflänge 18-22 % der Standardlänge betragen. Die Rückenflosse befindet sich weit zurück versetzt über der Afterflosse. Die Brustflossen sind sehr lang und können bis zu den Bauchflossen reichen. Die Flossenspitzen sind stark zugespitzt. Die Schuppen sind klein. Die Seitenlinie ist mehrmals stark nach unten gewunden. Der Augendurchmesser ist kleiner als die Schnauzenlänge. Das oberständige Maul ist klein und Bartfäden fehlen. Zwischen Brustflossen und After befindet sich ein deutlicher unbeschuppter Kiel. Der Verdauungstrakt ist sehr kurz und beträgt unter 100 % der Körperlänge. Die Oberseite ist meist grün-grau bis blau-grau und die Unterseite silbrig-weiß gefärbt. Die Flossen sind gelb-grau.

Verbreitung:
Der Sichling kommt meist in ruhig fließenden und stehenden Gewässern im Einzugsgebiet von Schwarzem-, Asowschem- und Kaspischem Meer, sowie Ostsee und Aralsee vor (63-36° Nördlicher Breite).
Das Verbreitungsgebiet erstreckt sich in Europa von Oder über Weichsel bis Newa, sowie von Donau und Dnjepr über Don und Kuban bis Terek und Wolga. Er fehlt im Nordwesten von Skandinavien.

Lebensweise:
Die Geschlechtsreife wird mit einem Alter von 3-5 Jahren bei einer Länge von 20-30 cm und einem Gewicht von 0,1-0,2 kg erreicht.
In allen Flüssen kommt eine stationäre Form vor, die meist das Süßwasser der Flüsse und Seen besiedelt und kaum wandert. Vom Asowschen Meer ist eine wandernde Form bekannt, die meist das Brackwasser im Mündungsgebiet besiedelt und zum Laichen und Überwintern in die Flüsse aufsteigt. Im Aralsee laichen die Fische oft auch im Salzwasser.
Nach dem Überwintern in tieferen Gewässerabschnitten ziehen die Fische von März bis Juni bei Hochwasser 1-5 km an überflutete Ufer, um zu Laichen und zu Fressen.
Die Laichzeit erstreckt sich im Süden früher als im Norden von April bis Juni bei Wassertemperaturen von 10-20 °C.
Die 10.000-100.000 Eier je Weibchen (bzw. 200.000 Stück/kg Körpergewicht) werden im fließenden oder stehenden Wasser abgegeben. Die Erbrütungsdauer beträgt, je nach Wassertemperatur, etwa 2-4 Tage.
Die Laich- und Jungfische der wandernden Form ziehen während des Sommers flussabwärts.
Die Nahrung der Jungfische besteht überwiegend aus Planktonkrebsen (*Arctodiaptomus, Cyclops, Ceriodaphnia, Diaphanosoma, Daphnia, Leptodora*), ältere ernähren sich meist von Insekten (*Chironomus*) und Fischen (*Caspialosa, Percarina, Sprattus*).
Das Wachstum ist je nach Nahrungsangebot und Wassertemperatur unterschiedlich. Der Sichling erreicht generell mit 1 Jahr 8-12 cm, mit 3 Jahren 15-25 cm und mit 5 Jahren 25-35 cm.
Die Weibchen können größer und älter werden als die Männchen.
Der Sichling kann bis zu 70 cm lang, 2 kg schwer und 15 Jahre alt werden; meist wird er jedoch nur 30-40 cm lang und 0,3-0,4 kg schwer.

Bedeutung:
Der Sichling hat in einigen Ländern eine wirtschaftliche Bedeutung, vor allem in Osteuropa. Der Fang erfolgt meist mit Zugnetzen und Reusen.
Er wird teilweise eingesalzen und aus den Schuppen wird gelegentlich ein Extrakt für die Beschichtung von Kunstperlen hergestellt.
An der Wolga wurden Anfang der 1910er Jahre etwa 14 Mio. Stück jährlich gefangen.
Der weltweite Jahresfang in der Fischerei betrug durchschnittlich etwa in den 1950er Jahren 2.750 t, 1960er Jahren 7.675 t, 1970er Jahren 1.900 t, 1980er Jahren 2.100 t, 1990er Jahren 1.815 t und in den 2000er Jahren 1.253 t (wobei ca. 100-99 % auf die UdSSR bzw. GUS entfallen).

Weitere Arten:
Weltweit kommen keine weiteren Arten dieser Gattung vor.

Hypophthalmichthys Bleeker, 1860

Hypophthalmichthys molitrix. (Foto: M. Hochleithner)

Hypophthalmichthys molitrix Valenciennes, 1844 **Silberkarpfen**, Silberamur

Beschreibung:
Rückenflosse mit 3 Hart- und 7-11 Weichstrahlen, Afterflosse mit 2-3 Hart- und 11-14 Weichstrahlen, 91-125 gelochte Seitenlinienschuppen, 650-820 lange Kiemenreusendornen, 4-4 Schlundzähne, 36-38 Wirbel.
Der Körper ist hochrückig und seitlich leicht zusammengedrückt. Die Körperhöhe kann 28-31 % und die Kopflänge 24-30 % der Standardlänge betragen. Die Augen sitzen ziemlich tief und liegen in der unteren Kopfhälfte. Das Maul ist oberständig und Bartfäden fehlen. Die langen Kiemenreusendornen sind zu einem feinporigen Geflecht zusammengewachsen. Zwischen Brustflossen und After befindet sich ein starker Kiel, der hinter den Bauchflossen unbeschuppt ist. Der Verdauungstrakt ist sehr lang und beträgt über 600 % der Körperlänge.
Die Männchen bekommen einen Laichausschlag am Kopf und Schwanzstiel sowie an der Oberseite der Brustflossen.

Der Körper ist, mit Ausnahme von zwei schmalen dunklen Längsstreifen am Rücken, meist einheitlich silber-grau gefärbt. Die Flossen sind grau.

Verbreitung:
Der Silberkarpfen kommt natürlicherweise nur in Ostasien, meist in tiefen Gewässerabschnitten von großen Flüssen und Seen vor (64-43° Nördlicher Breite).
Das Verbreitungsgebiet erstreckt sich in Asien vom Amur über Huang-He und Jangtsekiang bis zum Song-Hong (Roten Fluss). Er fehlt auf allen Inseln. Auf Taiwan wurde er aber eingebürgert.
In vielen Regionen in Europa, Asien und Amerika wurde er eingebürgert. In Europa kommt er heute zumindest in den Flusssystemen Rhein und Elbe sowie Donau, Wolga und Ural vor.

Lebensweise:
Die Geschlechtsreife wird meist mit einem Alter von 4-8 Jahren bei einer Länge von 50-60 cm und einem Gewicht von 3-4 kg erreicht.
Zur Laichzeit wandern die Laichfische flussaufwärts zu den Laichplätzen welche sich meist hinter Sandbänken befinden. In den Flüssen beträgt die Wanderung durchschnittlich etwa 1 km/Tag.
Die Laichzeit erstreckt sich von Juni-August bei Wassertemperaturen von 18-26 °C. Ein natürliches Ablaichen wie in Nordamerika, wurde in Europa zwar noch nicht beobachtet, ist aber in den größeren Flüssen (Wolga, Donau) generell vorstellbar.
Die Eiablage erfolgt nahe der Wasseroberfläche über sandigem bis kiesigem Grund bei einer Strömungsgeschwindigkeit von 0,5-1,7 m/s.
Die Eimenge beträgt etwa 50.000-100.000 Eier je Kilogramm Körpergewicht. Die pelagischen Eier haben ungequollen einen Durchmesser von 0,7-1,3 mm und gequollen einen Durchmesser von 3,7-5,3 mm. Die Entwicklungsdauer bis zum Schlupf beträgt 21-30 Tagesgrade und bis zur Schwimmfähigkeit weitere 60-70 Tagesgrade.
Die fressfähigen Larven haben eine Länge von 6-8 mm.
Die Jungfische halten sich in strömungsarmen Gewässerbereichen auf.
Die Nahrung besteht ab einer Größe von 3-4 cm hauptsächlich aus Phytoplankton, wie Grünalgen (*Aktinastrum, Ankistrodesmus, Dictyosphaerium, Scenedesmus*) und Blaualgen (*Anabaena, Aphanizomenon, Coelosphaerium, Microcystis*), sowie Zooplankton, wie Rotatorien (*Brachionus, Keratella*), Wasserflöhe (*Bosmina, Chydorus*) und Hüpferlinge (*Acanthocyclops, Cyclops*). Die Nahrung wird während des Atmens (etwa alle 1,2 Sekunden) durch Filtern aus dem Wasser gewonnen, wobei vorzugsweise Partikel mit einer Größe von 10-200 µm

selektiert werden. Die Filtrationsrate liegt dabei bei etwa 500-600 l/kg/h. Unter einer Wassertemperatur von 10 °C wird die Nahrungs-aufnahme eingestellt.
Der Winter wird in größeren Gruppen ziemlich inaktiv in tiefen ruhigen Gewässerabschnitten verbracht.
Das Wachstum ist temperatur- und nahrungsbedingt relativ schnell. In Mitteleuropäischen Seen erreichen die Fischen etwa mit 2 Jahren 0,2-0,3 kg, mit 4 Jahren 1-2 kg und mit 6 Jahren 3-5 kg Gewicht.
Der Marmorkarpfen wächst oft etwas schneller als der Silberkarpfen. Beide Arten können bis zu 1 m lang, 45-75 kg schwer und 20 Jahre alt werden.

Bedeutung:
Silberkarpfen werden hauptsächlich mit Schwebnetzen (MW 90-120 mm) und Marmorkarpfen auch mit Zugnetzen gefangen. Beim Silber- und Marmorkarpfen sind in natürlichen Seen jährliche Erträge von bis zu 200 kg/ha möglich.
Am Amur wurden in den 1930er Jahren etwa 1.000 t jährlich gefangen.
Der weltweite Jahresfang an *Hypophthalmichthys sp.* in der Fischerei betrug durchschnittlich etwa in den 1990er und 2000er Jahren 18.960 bzw. 11.774 t (wobei ca. 55-75 % auf den Iran, sowie 16-4 % auf die Ukraine, 14-3 % auf Rumänien und 6-5 % auf Ungarn, entfallen).
Die weltweite Jahresproduktion an *Hypophthalmichthys sp.* in der Aquakultur betrug durchschnittlich etwa in den 1950er Jahren 208.350 t, 1960er Jahren 302.525 t, 1970er Jahren 490.240 t, 1980er Jahren 1.448.045 t, 1990er Jahren 3.580.970 t und in den 2000er Jahren 5.455.900 t (wobei ca. 99-90 % auf China, sowie 0-3 % auf Bangladesch und 0-3 % auf die UdSSR bzw. GUS entfallen).
in Europa werden häufig Hybriden zwischen dem Silberkarpfen und Marmorkarpfen (*Hypophthalmichthys molotrix* x *Hypophthalmichthys nobilis*) produziert, welche um etwa 30 % besser wachsen als reine Silberkarpfen, wobei das Nahrungsspektrum mehr den Mutterfischen und das Verhalten eher den Vaterfischen ähnelt.

Weitere Arten:
In Asien kommen noch folgende Arten dieser Gattung vor (wobei erster: Marmorkarpfen od. Marmoramur auch in Europa eingebürgert wurde) –
Hypophthalmichthys nobilis Richardson, 1845 - kommt im Jangtse in China vor.
Hypophthalmichthys harmandi Sauvage, 1884 - kommt auf der Insel Hainan in China, sowie in Vietnam vor.

Aulopyge Heckel, 1843

Aulopyge huegeli. (Foto: A. Hartl)

Aulopyge huegelii Heckel, 1843 **Barbengründling**, Gründlingsbarbe

Beschreibung:
Rückenflosse mit 3 Hart- und 8-9 Weichstrahlen, Afterflosse mit 2 Hart- und 5-6 Weichstrahlen, keine Seitenlinienschuppen, wenige Kiemenreusendornen, 4-4 Schlundzähne, 37-38 Wirbel.
Der lange Körper ist seitlich etwas zusammengedrückt. Die Körperhöhe kann 20-30 % und die Kopflänge 27-33 % der Standardlänge betragen. Die Basis der Bauchflossen befindet sich unter dem Ansatz der Rückenflosse, welche an der Spitze zugespitzt und ausgefranst ist. Die Spitzen der Brust- und Bauchflossen sind abgerundet. Schuppen fehlen meist komplett bzw. treten falls vorhanden, sporadisch auf und sind auf den vorderen Körperbereich reduziert. Der Augendurchmesser ist kleiner als die Schnauzenlänge. Die lange Schnauze ist stumpf zugespitzt. Das unterständige Maul ist klein und hufeisenförmig; die nicht unterbrochenen Lippen dick und zwei Paar kurzer Bartfäden sind vorhanden. Die vordere Kammer der Schwimmblase ist wesentlich kleiner als die hintere.

Der Verdauungstrakt ist je nach Nahrung unterschiedlich und kann 110-330 % der Körperlänge betragen.
Die Weibchen haben eine fleischige Verlängerung der Kloake, welche After und Geschlechtsöffnung beinhaltet, die sich vor den ungeteilten Hartstrahlen der Afterflosse erstreckt, was einzigartig innerhalb der Cypriniden ist.
Der Rücken ist meist grünlich, die Seiten silbrig und der Bauch weiß gefärbt. Die Flossen sind gelb-grau und die Rücken- und Schwanzflosse hat meist 6-8 Reihen von schwarzen Punkten an den Flossenstrahlen. Am Rücken und der Seiten befinden sich kleine, braun-schwarze Punkte. Das Bauchfell (Peritoneum) ist mit zahlreichen schwarzen Punkten pigmentiert.

Verbreitung:
Der Barbengründling kommt endemisch nur in einem kleinen Gebiet in Dalmatien, im Westen der Balkanhalbinsel (Kroatien und Bosnien-Herzegowina), meist in Gewässerabschnitten mit steinigem bis schlammigen Grund von fließenden und stehenden Gewässern vor (46-42° Nördlicher Breite).
Das Verbreitungsgebiet erstreckt sich in Europa von Krka über Zrmanja und Cetina bis zu einigen abflusslosen Flusssystemen die im Karst versickern (Ajazma, Jaruga, Ribnjak, Vrbas, Bistrica, Plovuca, Struba, sowie Ricina und Sujica) vor. Er fehlt auf allen Inseln.
Im Blidinjsko See in Bosnien-Herzegowina wurde er eingebürgert.

Lebensweise:
Die Geschlechtsreife wird bei beiden Geschlechtern meist mit einem Alter von 1-3 Jahren und einer Größe von 9-12 cm erreicht.
Nach dem Überwintern in unterirdischen Karsthöhlen oder größeren Gewässern ziehen die Fische mit steigendem Wasserstand im März-April wieder in kleinere Zuflüsse.
Die Laichzeit ist meist im Mai bei einer Wassertemperatur von 13-17 °C. Die Eiabgabe erfolgt in mehreren Intervallen, vorzugsweise an seichten Stellen mit geringer Strömung von Flüssen und Seen an Steinen oder Pflanzen. Die Eimenge schwankt zwischen 1.600-4.500 Stück je Weibchen. Die gelb-orangen Eier haben eine Größe von 1,0-2,0 mm.
Die Nahrung besteht hauptsächlich aus Zooplankton, anderen Krebsen (*Asellus*) und Insektenlarven (*Chironomus*), sowie Grün- (*Scenedesmus*) und Kieselalgen (*Cymatopleura, Cymbella, Gomphonema, Navicula, Nitzschia, Synedra*). Gelegentlich werden auch Pflanzensamen gefressen.

Er ist bei der Nahrungsaufnahme jedoch nicht besonders wählerisch.
Das Geschlechterverhältnis (Männchen zu Weibchen) beträgt meist etwa 30:70.
Das Wachstum kann je nach Gewässer unterschiedlich sein und ist in den Seen meist schneller als in den Flüssen. Die Weibchen werden häufig etwas älter und größer als die Männchen.
Der Barbengründling kann bis zu 20 cm lang und 9 Jahre alt werden, meist wird er jedoch nur 10-13 cm lang und 4-5 Jahre alt.

Bedeutung:
Der Barbengründling hat wirtschaftlich keine Bedeutung. In Bosnien wurde er früher gefangen und gebraten.

Weitere Arten:
Weltweit kommen keine weiteren Arten dieser Gattung vor.

Barbus Cuvier, 1816

Barbus barbus. (Foto: J. Jensen)

Barbus barbus Linnaeus, 1758 **Gemeine Barbe**

Beschreibung:
Rückenflosse mit 3-5 Hart- und 6-9 Weichstrahlen, Afterflosse mit 1-4 Hart- und 4-6 Weichstrahlen, 52-66 gelochte Seitenlinienschuppen, 8-16 kurze Kiemenreusendornen, 5.3.1-2.3.5 Schlundzähne, 42-49 Wirbel.
Der lange Körper ist seitlich etwas zusammengedrückt. Die Körperhöhe kann 18-28 % und die Kopflänge 21-30 % der Standardlänge betragen. Die Basis der Bauchflossen befindet sich unter dem Ansatz der Rückenflosse, welche kurz und zugespitzt, sowie an der Hinterseite stark eingebuchtet ist. Die Spitze der Afterflosse ist abgerundet. Die länglichen Schuppen haben mehrere Kiele. Der Augendurchmesser ist wesentlich kleiner als die Schnauzenlänge, welche auch länger als die Postorbital Distanz ist. Das unterständige Maul ist hufeisenförmig, die nicht unterbrochenen Lippen dick und zwei Paar dicker Bartfäden sind vorhanden. Der Verdauungstrakt ist lang und beträgt über 200 % der Körperlänge.

Die Weibchen haben meist eine etwas längere Afterflosse als die Männchen, welche angelegt bis zum Anfang der Schwanzflosse reicht. Der Rücken ist meist grün-braun, die Seiten silber-grau bis gold-gelb und der Bauch gelb-weiß gefärbt. Die Flossen sind rot-grau bis gelb-braun und vor allem bei den Männchen zur Laichzeit intensiver gefärbt. Am Körper können sich gelegentlich kleine grau-grüne bis gelb-braune Punkte befinden, vor allem bei Jungfischen. Das Bauchfell (Peritoneum) ist hell (silber-grau) pigmentiert.

Verbreitung:
Die Gemeine Barbe kommt in Europa meist in Gewässerabschnitten mit steinigem bis sandigem Grund von mittleren und großen Flüssen vor (57-40° Nördlicher Breite). Sie bevorzugt eine Tiefe von 2-6 m, eine Strömungsgeschwindigkeit von 1,0-1,5 m/s und ein Gefälle von 0,5-2,0 ‰.
Das Verbreitungsgebiet erstreckt sich von Trent und Themse sowie Rhône über Garonne, Loire, Seine, Somme, Schelde, Maas, Rhein, Ems, Weser, Elbe, Oder, Weichsel, Memel, sowie Dnjepr, Bug, Dnjestr und Donau bis Vardar, Loudias, Aliakmon und Pinios. Sie fehlt auf der Iberischen Halbinsel, in Italien und Skandinavien, sowie auf allen Inseln (ausgenommen im Südosten von Großbritannien).
In Großbritannien wurde sie seit Ende des 19. Jahrhunderts in einige Flüsse erfolgreich eingebürgert, wie: Ribble, Mersey, Dee, Severn, Wye und Avon.
Die Gemeine Barbe wird meist in folgende Unterarten eingeteilt:
Barbus barbus barbus Linnaeus, 1758 (Europäische Barbe) - kommt von der Donau nördlich vor.
Barbus barbus macedonicus Karaman, 1928 (Mazedonische Barbe) - kommt von Vardar südlich über Loudias und Aliakmon bis Pinios in Griechenland vor.

Lebensweise:
Die Geschlechtsreife wird bei den Männchen meist mit einem Alter von 2-4 Jahren bei einer Größe von 10-20 cm und bei den Weibchen meist mit einem Alter von 3-5 Jahren bei einer Größe von 20-30 cm erreicht.
Nach dem Überwintern in tiefen Gewässerabschnitten ziehen die Fische im Frühjahr in Gruppen kurze Strecken (5-35 km) flussaufwärts, wobei die älteren Fische die Wanderung beginnen und die Männchen meist 3-5 Tage vor den Weibchen an den Laichplätzen erscheinen.
Die Laichzeit erstreckt sich von April bis August bei einer Wassertemperatur von etwa 14-25 °C.

Die Eiabgabe erfolgt in mehreren (meist 3) Intervallen im Abstand von 2-3 Wochen, vorzugsweise über kiesigem bis steinigem Grund in einer Tiefe von 0,5-2,0 m bei einer Strömungsgeschwindigkeit von 0,5-1,0 m/s.
Das Laichen erfolgt meist in der Nacht, oft in Gruppen von einem Weibchen und bis zu 20 kleineren Männchen. Die abgelegten Eier (etwa 300-800 Stück/cm^2) haften vorerst am Substrat, lösen sich jedoch meist nach 15-20 Minuten und werden durch die Strömung in Lückenräume (Interstital) des steinigen Bodens gespült.
Die gelb-orangen Eier haben ungequollen einen Durchmesser von 1,4-2,2 mm und gequollen einen Durchmesser von 2,1-2,6 mm. Die Eimenge schwankt zwischen 5.000-155.000 Eier je Weibchen bzw. 10.000-50.000 Stück je kg Körpergewicht und beträgt im Durchschnitt 15.000-25.000 Stück.
Bei einer Wassertemperatur von 15-25 °C schlüpfen die ca. 8 mm langen Larven nach etwa 3-7 Tagen (bzw. rund 100 Tagesgraden) und beginnen nach weiteren 7-14 Tagen (bzw. rund 200 Tagesgraden) mit einer Länge von ca. 11 mm mit der aktiven Nahrungsaufnahme.
Die Nahrung besteht anfangs hauptsächlich (bis zu 35 %) aus Algen (*Melosira, Navicula, Nitzchia, Synedra, Pediastrum*) nach etwa 2 Wochen auch (bis zu 60 %) aus Zooplankton (*Daphnia, Cyclops*), später vor allem aus Insekten (*Chironomus*), Würmern (*Tubifex*), Krebsen (*Astacus, Gammarus*) und ab eine Länge von etwa 20 cm auch Mollusken (*Bithynia, Dreissena, Lithogliphus, Pisidium, Sphaerium*). Gelegentlich werden auch Fischeier und Fischlarven, sowie andere Wasserpflanzen gefressen. Die Nahrungsaufnahme erfolgt vor allem in der Nacht. Im Winter wird die Nahrungsaufnahme weitgehend eingestellt.
Die Jungfische halten sich meist in kleineren Gruppen in seichteren Gewässerabschnitten mit einer Tiefe von 1-2 m auf und wandern kaum. Wenn die Wassertemperatur im Herbst auf 8-10 °C gefallen ist, halten sich die Fische zum Überwintern ziemlich inaktiv in größeren Gruppen in tiefen Gewässerabschnitten auf.
Das Wachstum ist je nach Lebensraum und Wassertemperatur sehr unterschiedlich. Die Gemeine Barbe erreicht generell mit 1 Jahr 5-15 cm, mit 3 Jahren 15-25 cm, mit 5 Jahren 25-45 cm und mit 7 Jahren 35-55 cm. Die Weibchen wachsen schneller und können etwas größer und älter werden als die Männchen.
Die Gemeine Barbe kann bis zu 90 cm lang, 13 kg schwer und 17 Jahre alt werden, meist wird sie jedoch nur 50-60 cm lang und 2-4 kg schwer.

Bedeutung:
Die Barbe ist wirtschaftlich von geringer und nur lokal von Bedeutung. Von der Berufsfischerei wird sie kaum genutzt, wohl aber von der Angelfischerei. Ihr Fleisch ist schmackhaft und wird sehr geschätzt. Der Rogen der Barbe ist giftig und kann zu Kopfschmerzen, Durchfall und Erbrechen führen. In vielen Flüssen (z.B.: Dnjestr, Bug, Dnjepr, Donau) sind die Bestände im 20. Jahrhundert wegen wasserbaulicher Maßnahmen (Dämme und Kraftwerke) teilweise stark zurückgegangen. Besatzfische werden seit einigen Jahren in einigen Ländern produziert. Der weltweite Jahresfang in der Fischerei betrug durchschnittlich in den 1990er und 2000er Jahren 180-200 t (wobei ca. 18-56 % auf Bulgarien, sowie 21-24 % auf Ungarn und 9-12 % auf die Slowakei entfallen).

Weitere Arten:
In Europa kommen folgende weitere Arten dieser Gattung vor –
Barbus cyclolepis Heckel, 1837 (Rundschuppenbarbe) - kommt in Flüssen, die in den nördlichen Teil des Ägäischen Meeres münden, vor.
Barbus meridionalis Risso, 1827 (Hundsbarbe) - kommt von Ebro und Rhône über Po, sowie Weichsel, Dnjestr und Donau bis Vardar, Aliakmon und Drin vor.
Barbus lacerta Heckel, 1843 (Kaukasische Barbe) - kommt von Kuban und Terek über Kura, Sefid Rud, Atrek und Tigris bis Rioni und Kizilirmak sowie Kamčija vor.
Barbus plebejus Bonaparte, 1839 (Südbarbe) - kommt von Krka und Isonzo über Piave und Etsch bis Po und Potenza, sowie von Arno über Tiber bis Volturno vor.
Barbus albanicus Steindachner, 1870 (Griechische Barbe) - kommt von Kalamas bis Pinios, sowie im Spercheios in Griechenland vor.
Barbus bocagei Steindachner, 1864 (Mediterrane Barbe) - kommt von Douro und Tajo über Guadiana und Guadalquivir bis Júcar und Ebro auf der Iberischen Halbinsel vor.
Barbus brachycephalus Kessler, 1872 (Kurzkopfbarbe) - kommt von Ural und Wolga sowie Terek über Kura bis zu Sefid Rud und Gurgan an der Westküste des Kaspischen Meeres, sowie am Aralsee vor.
Barbus capito Güldenstädt, 1773 (Tschanari Barbe) - kommt von Wolga und Terek über Kura und Sefid Rud, bis Gurgan und Atrek an der Südwestküste des Kaspischen Meeres, sowie am Aralsee vor.
Barbus comizo Steindachner, 1864 (Iberische Barbe) - kommt von Tajo über Guadina bis Guadalquivir auf der Iberischen Halbinsel vor.
Die letzten fünf Arten werden manchmal auch in die Gattung bzw. Untergattung *Luciobarbus* Heckel, 1843 gestellt.

In Asien und Afrika kommen zahlreiche (etwa 300) weitere Arten dieser Gattung vor, wobei einige eventuell in andere Gattungen zu stellen sind.

Barbus comizo. (Foto: J. Jensen)

Barbus capito. (Foto: M. Hochleithner)

Carassius Jarocki, 1822

Carassius carassius. (Foto: J. Jensen)

Carassius carassius Linnaeus, 1758 **Karausche**

Beschreibung:
Rückenflosse mit 3-4 Hart- und 14-25 Weichstrahlen, Afterflosse mit 2-3 Hart- und 5-8 Weichstrahlen, 21-38 gelochte Seitenlinienschuppen, 22-35 Kiemenreusendornen, 3-4 Schlundzähne, 28-37 Wirbel.
Der hochrückige Körper ist seitlich stark zusammengedrückt. Die Körperhöhe kann 24-56 % und die Kopflänge 24-31 % der Standardlänge betragen. Die Flossenspitzen sind abgerundet. Die relativ großen Schuppen sind rundlich. Der Augendurchmesser ist kleiner als die Schnauzenlänge. Das endständige Maul ist klein, die nicht unterbrochenen Lippen dick und Bartfäden fehlen. Der Verdauungstrakt ist lang und beträgt über 200 % der Körperlänge.
Der Rücken ist meist rot-braun, die Seiten golden bis kupferfarben und der Bauch gelb-orange gefärbt. Die Flossen sind rot-braun. An der Schwanzwurzel befindet sich meist ein größerer, runder, schwarzer Fleck.

Verbreitung:
Die Karausche kommt in Europa und Asien meist in seichten, schlammigen Gewässerabschnitten mit dichtem Pflanzenbewuchs von ruhigen und langsam fließenden Gewässern vor (69-35° Nördlicher Breite). Sie bevorzugt kleinere Gewässer mit einer Tiefe von bis zu 4 m, und kann im Winter mit sehr geringen Sauerstoffgehalten auskommen.
Das Verbreitungsgebiet erstreckt sich in Europa von Rhein, Ems, Weser, Elbe, Oder, Weichsel, Memel, Newa, Dwina und Petschora, sowie England und Südskandinavien, über Maritza und Donau, Dnjestr, Bug, Dnjepr, Don und Kuban, bis Terek, Wolga und Ural. Sie fehlt auf der Iberischen, Italienischen, Balkan und Krim Halbinsel, auf allen Mittelmeerinseln, sowie auf Island, Irland und im Norden Skandinaviens.
In einigen Gewässern, wie Severn, Garonne, Dordogne, Loire und Seine, über Rhône, Arno, Po, Etsch und der Insel Sizilien wurde sie mit Erfolg eingebürgert.
In Asien kommt sie in Sibirien vom Ural über Ob und Jenissej bis Lena vor. Im Aral- und Balchaschseebecken fehlt sie.
In wenigen anderen Ländern, wie in Indien, wurde sie erfolgreich eingebürgert, die meisten anderen Gebiete wie: Afrika, Australien und Amerika beziehen sich auf eine andere Art (*Carassius auratus*).

Lebensweise:
Die Geschlechtsreife wird bei beiden Geschlechtern, je nach Verbreitungsgebiet, im Süden früher als im Norden, meist mit einem Alter von 3-5 Jahren erreicht, wobei die Männchen meist ein Jahr vor den Weibchen reif werden.
Nach dem Überwintern in tieferen Gewässerabschnitten ziehen die Fische zur Laichzeit in seichte Stellen, die reich an Wasserpflanzen sind.
Die Laichzeit erstreckt sich je nach Verbreitungsgebiet, im Süden früher als im Norden, von Mai bis Juli bei Wassertemperaturen von 18-25 °C.
Die Abgabe der 0,8-1,3 mm großen Eier erfolgt in mehreren, meist 3-5 Intervallen über Unterwasserpflanzen, woran sie festkleben.
Die Eimenge schwankt zwischen 10.000-400.000 Eier je Weibchen bzw. 50.000-500.000 Stück je kg Körpergewicht und beträgt im Durchschnitt 150.000-250.000 Stück.
Je nach Wassertemperatur schlüpfen die 5-6 mm langen und etwa 10 mg schweren transparenten Larven nach rund 4-7 Tagen (95-100 Tagesgrade) und kleben sich mit Hilfe einer Klebedrüse am Kopf an Wasserpflanzen fest, bis sie dann frei schwimmen und mit der aktiven Nahrungsaufnahme beginnen.

Die Nahrung besteht anfangs hauptsächlich (bis zu 80 %) aus Zooplankton (*Bosmina, Daphnia, Chydorus, Leptodora, Cyclops, Diaptomus*), später auch aus Insektenlarven (*Chironomus, Ephemera*), Würmern und Mollusken. Gelegentlich werden auch Algen, Detritus und andere Wasserpflanzen gefressen. Die Nahrungsaufnahme erfolgt auch in der Nacht. Im Winter wird die Nahrungsaufnahme eingestellt.
Das Wachstum ist je nach Lebensraum und Wassertemperatur sehr unterschiedlich. Die Karausche erreicht generell mit 1 Jahr 3-7 cm, mit 2 Jahren 5-15 cm, mit 3 Jahren 10-20 cm, und mit 4 Jahren 15-25 cm. Gelegentlich können auch Kümmerformen vorkommen. Die Weibchen können etwas größer und älter werden als die Männchen. Die Bestandsdichte kann bis über 50.000 Stück je ha erreichen.
Die Karausche kann bis zu 50 cm lang, 5 kg schwer und 10 Jahre alt werden, meist wird sie jedoch nur 15-25 cm lang und 0,1-0,4 kg schwer.

Bedeutung:
Die Karausche ist wirtschaftlich lokal von Bedeutung, vor allem in Osteuropa (Rumänien, Ukraine, Russland) wo sie kommerziell befischt und in Teichen produziert wird. Ihr Fleisch ist schmackhaft und wird dort sehr geschätzt.
Karauschen werden hauptsächlich mit Zugnetzen und zu einem geringeren Teil mit Trapnetzen oder Reusen gefangen. Im Donaudelta in Rumänien wurden in den 1920er Jahren etwa 2.000-3.000 t/Jahr und in den 1950er bis 1960er Jahren etwa 300-2.500 t/Jahr gefangen.
Der weltweite Jahresfang an *Carassius sp.* in der Fischerei betrug durchschnittlich etwa in den 1950er Jahren 3.900 t, 1960er Jahren 9.270 t, 1970er Jahren 10.480 t, 1980er Jahren 13.960 t, 1990er Jahren 11.910 t und in den 2000er Jahren 9.075 t (wobei ca. 22-100 % auf Japan, sowie 0-31 % auf Kasachstan und 0-35 % auf Rumänien entfallen).
Die weltweite Jahresproduktion an *Carassius sp.* in der Aquakultur betrug durchschnittlich in den 1950er Jahren 12.240 t, 1960er Jahren 19.200 t, 1970er Jahren 30.690 t, 1980er Jahren 91.640 t, 1990er Jahren 578.230 t und in den 2000er Jahren 1.682.132 t (wobei ca. 74-99 % auf China, sowie 12-0 % auf Japan und 21-1 % auf Rumänien entfallen).

Weitere Arten:
In Asien kommen folgende weitere Arten dieser Gattung vor –
Carassius auratus Linnaeus, 1758 - kommt in China und Korea vor.
Carassius cuvieri Temminck et Schlegel, 1846 - kommt in Japan vor.

Zwei der insgesamt drei Unterarten von *C. auratus* wurden von China aus ab dem 17. Jahrhundert fast weltweit verbreitet:
Carassius auratus auratus Linnaeus, 1758 (Goldfisch) - kommt in Europa u.a. von Douro und Guadalquivir über Garonne und Rhône sowie Rhein und Donau bis Weichsel und Wolga vor.
Carassius auratus gibelio Bloch, 1782 (Giebel) - kommt in Europa u.a. von Rhein und Donau bis Wolchow und Ural vor.
Aus dem Goldfisch wurden einige, teilweise abnorme, Varietäten als Zierfische herausgezüchtet (Schleierschwanz, Kometschleierschwanz, Teleskopschleierschwanz, Löwenkopfschleierschwanz, Shubunkin).

Carassius auratus auratus. (Foto: J. Jensen)

Carassius auratus gibelio. (Foto: J. Jensen)

Cyprinus Linnaeus, 1758

Cyprinus carpio. (Foto: A. Hartl)

Cyprinus carpio Linnaeus, 1758 **Gemeiner Karpfen**

Beschreibung:
Rückenflosse mit 2-4 Hart- und 14-24 Weichstrahlen, Afterflosse mit 2-4 Hart- und 3-7 Weichstrahlen, 26-41 gelochte Seitenlinienschuppen, 17-36 Kiemenreusendornen, 1.1.3-3.2.1 Schlundzähne, 32-39 Wirbel.
Der torpedoförmige Körper ist seitlich leicht zusammengedrückt. Die Körperhöhe kann 24-36 % und die Kopflänge 21-29 % der Standardlänge betragen. Die Flossenspitzen sind abgerundet. Die relativ großen Schuppen sind rundlich. Der Augendurchmesser ist wesentlich kleiner als die Schnauzenlänge. Das endständige Maul ist klein, die nicht unterbrochenen Lippen dick und zwei Paar Bartfäden sind vorhanden. Der Verdauungstrakt ist lang und beträgt über 200 % der Körperlänge.
Der Rücken ist meist grau-braun, die Seiten gold-braun und der Bauch gelb-orange gefärbt. Die Flossen sind rot-braun bis gelb-braun. Die Schuppen haben einen grau-braunen hinteren Rand. Das Bauchfell (Peritoneum) ist silbrig bis weiß pigmentiert.

Die Männchen haben etwas längere Flossen, sowie einen schmaleren Kopf und Schwanzstiel als die Weibchen. Zur Laichzeit bekommen vor allem die Männchen einen Laichausschlag von kleinen, Warzen an der Seite des Kopfes und des Schwanzstiels, sowie an den Flossen.
Domestizierte Formen haben unter anderem einen gedrungereren, hochrückigeren Körper (Höhe zu Länge unter 1:3), und eine Einkerbung am Nacken, sowie eine größere Maulöffnung und einen etwa 10-20 % längeren Kopf und Verdauungstrakt. Je nach Auftreten von bestimmten Allelepaaren (S und s für squammatus (Beschuppt) sowie N und n für nudus (nackt), wobei das mit Großbuchstaben bezeichnete dominant und das mit Kleinbuchstaben bezeichnete rezessiv ist) können sie komplett beschuppt (Ssnn = Schuppenkarpfen), mit nur einer Schuppenreihe entlang der Seitenlinie (SsNn = Zeilenkarpfen), oder wenig beschuppt (ssnn = Spiegelkarpfen), bis unbeschuppt (ssnN = Nacktkarpfen) sein. Das Wachstum und die Vitalität nehmen jedoch von Schuppenkarpfen über Spiegelkarpfen zu Zeilenkarpfen und Nacktkarpfen kontinuierlich ab. Bei der Paarung von Zeilen- und Nacktkarpfen spalten die Nachkommen immer in die verschiedenen Beschuppungstypen auf und es treten hohe Verluste von etwa 25 % auf. Nur Schuppen- und Spiegelkarpfen können rein gezüchtet werden und sind wirtschaftlich bedeutend. Von Zuchtkarpfen wurden auch zahlreiche Rassen herausgezüchtet. Weiters wurden in Japan während der letzten 200 Jahre und vor allem seit den 1950er Jahren Buntkarpfen (Koi) selektiert, die als Zierkarpfen in Gartenteichen gehalten und mittlerweile weit verbreitet und beliebt sind.

Verbreitung:
Der Gemeine Karpfen kommt in Europa und Asien meist in schlammigen Gewässerabschnitten von stehenden und langsam fließenden Gewässern vor (60-22° Nördlicher Breite). Er bevorzugt größere, sommerwarme Gewässer mit einer Tiefe von bis zu 4-6 m.
Das Verbreitungsgebiet erstreckt sich in Europa vom Schwarzen Meer mit Donau, Dnjestr, Bug, Dnjepr und Asowschen Meer mit Don und Kuban, bis zum Kaspischen Meer mit Terek, Wolga und Ural und in Asien von Anatolien bis Zentralasien vom Ural über Kura und Atrek bis zum Aral- und Ysykkölseebecken. In Ostasien kommt er vom Amur über Huang-He und Jangtsekiang bis zum Roten Fluss und in Südostasien vom Mekong und möglicherweise weiter bis zur Malaccahalbinsel vor.
In vielen anderen Gebieten und über 80 Ländern (wie: Großbritannien, Dänemark, Schweden, Spanien, Frankreich, Italien, Griechenland)

sowie Kontinenten (wie: Afrika, Australien, Amerika) wurde er seit dem 14.-17. Jahrhundert erfolgreich künstlich eingebürgert.
Der Gemeine Karpfen wird meist in folgende Unterarten eingeteilt:
Cyprinus carpio carpio Linnaeus, 1758 - kommt in Europa und Zentralasien vor.
Cyprinus carpio haematopterus Temminck et Schlegel, 1842 - kommt in Ostasien (Amur bis Jangtse, sowie Korea und Japan) vor.
Cyprinus carpio viridiviolaceus Lacépède, 1798 - kommt in Südostasien vor.
C. c. haematopterus hat durchschnittlich etwas weniger Kiemenreusendornen an der Außenseite des ersten Kiemenbogens (17-25 zu 21-29), sowie weniger Weichstahlen in der Rückenflosse (14-21 zu 15-23) als *C. c. carpio*.
C. c. viridiviolaceus hat durchschnittlich etwas weniger gelochte Seitenlinienschuppen (26-33 zu 32-40) als die restlichen Unterarten.

Lebensweise:
Die Geschlechtsreife wird meist mit einem Alter von 2-5 Jahren bei einer Größe von 40-50 cm und einem Gewicht von 1-3 kg erreicht.
Der Gemeine Karpfen kommt in vielen großen Flüssen meist in zwei Formen vor: eine stationäre Form, die meist das Süßwasser der Flüsse besiedelt und kaum wandert, und eine wandernde Form, die meist das Brackwasser im Mündungsgebiet besiedelt und zum Laichen 10-200 km in die Flüsse aufsteigt.
Nach dem Überwintern in tieferen Gewässerabschnitten ziehen die Fische von März bis Juni bei Hochwasser bis zu 1-5 km an überflutete Ufer, um zu Laichen und zu Fressen. Im Aralsee laichen die Karpfen auch im Brackwasser bei einer Salinität bis zu 10 ‰.
Die Laichzeit erstreckt sich von April bis Juli bei Wassertemperaturen von 16-20 °C. Das Laichen erfolgt in Gruppen von einem Weibchen und mehreren Männchen an Stellen mit überfluteten Pflanzen (z.B.: *Phragmites, Potamogeton, Myriophyllum*), in einer Wassertiefe von 25-50 cm unter lautem Geplätscher. Die Eiabgabe erfolgt meist in den frühen Morgenstunden in 2-3 Intervallen innerhalb von 10-14 Tagen, wobei die erste Portion stets die Größte ist und bis zu 85 % beträgt. Die klebrigen Eier haften an den Pflanzen und werden gelegentlich von anderen Fischarten gefressen.
Bei einer Wassertemperatur von 20-22 °C benötigt der Karpfen zwischen zwei Ovulationen etwa 3,0-3,5 Monate. In gemäßigten Zonen laicht der Karpfen daher meist nur einmal pro Jahr, in wärmeren Zonen kann er dagegen bis zu dreimal pro Jahr laichen.

Die Eimenge schwankt von 100.000 Eiern bei zwei- bis dreijährigen bis zu 550.000 Eiern bei sechs- bis siebenjährigen Fischen bzw. von 150.000-800.000 Eiern bei 30-60 cm langen Fischen und kann bis über 2.000.000 Eier je Weibchen betragen bzw. im Durchschnitt rund 200.000 Eier je kg Körpergewicht. Die gelben Eier haben ungequollen eine Größe von 1,0-1,5 mm und gequollen eine Größe von 1,5-2,5 mm.
Bei einer Wassertemperatur von 19-21 °C schlüpfen die 5-7 mm langen und 1-3 mg schweren Larven nach etwa 3-5 Tagen (60-70 Tagesgraden) und können sich mit Hilfe einer Klebedrüse am Kopf an Wasserpflanzen anhängen, bis sie nach weiteren 60-70 Tagesgraden frei schwimmen und mit einer Länge von 5-8 mm (ca. 0,7 mg) mit der aktiven Nahrungsaufnahme beginnen.
Der Gemeine Karpfen ernährt sich anfangs vorzugsweise von Zooplankton (*Diaptomus, Cyclops, Daphnia, Moina*), später ab einer Größe von ca. 2 cm auch von Insektenlarven (*Chironomus, Chaoborus, Cloëon*), sowie Krebstieren (*Gammarus, Mysis, Rhitropanopeus*). Gelegentlich werden auch Weichtiere (*Adacna, Dreissena, Pisidium*) und Würmer (*Tubifex*), sowie Pflanzen, wie Algen und Detritus gefressen.
Durch Vorstülpen des Oberkiefers kann der Gewässerboden bis zu 15 cm tief nach Nährtieren durchwühlt und diese mit einer Geschwindigkeit bis zu 0,6 m/s innerhalb von 0,1 Sekunden eingesaugt werden. Überschüssige Feststoffe, wie Sand oder Schlamm, werden dabei mit den Kiemenreusendornen von der Nahrung getrennt und über die Kiemenschlitze wieder ausgeworfen, wobei nur rund 3 % Abfallstoffe mit den Nährtieren verzehrt werden. Die Nahrungsaufnahme erfolgt sowohl am Tag als auch in der Nacht. Bei der Nahrungssuche beträgt die Schwimmgeschwindigkeit etwa 0,02-0,08 Körperlängen pro Sekunde.
Das Wachstum kann je nach Gewässer und Nahrungsangebot unterschiedlich sein. Der Karpfen erreicht generell mit 1 Jahr 7-14 cm, 2 Jahren 15-30 cm, mit 3 Jahren 20-40 cm, mit 4 Jahren 25-50 cm und mit 5 Jahren 30-60 cm. Wandernde Formen wachsen dabei meist schneller als stationäre Formen. Zuchtkarpfen wachsen noch schneller und sind mit einem Alter von 3 Jahren etwa doppelt so schwer wie Wildkarpfen. Schuppenkarpfen sind dabei etwas wiederstandsfähiger und um 6-8 % raschwüchsiger als Spiegelkarpfen. Die Weibchen können generell älter und größer werden, als die Männchen und sind als dreisömmerige um 5-10 % schwerer.
Der Gemeine Karpfen kann bis zu 120 cm lang, 50 kg schwer und 38 Jahre alt werden, meist wird er jedoch nur 40-50 cm lang und 2-3 kg schwer.

Bedeutung:

Der Karpfen ist vermutlich der am längsten kultivierte und domestizierte Fisch und wirtschaftlich von großer Bedeutung, vor allem in Osteuropa und Ostasien, wo er in Teichen in Mono- oder Polykultur produziert wird. Für die Berufsfischerei ist er ebenfalls von großer Bedeutung. Am nördlichen Teil des Kaspischen Meeres wurden Mitte der 1910er bis 1920er Jahre jährlich etwa 10.000-60.000 t gefangen, was etwa 20-55 % des Cyrinidenfangs bzw. etwa 15-40 % des Gesamtfangs entspricht.
Mitte bis Ende der 1930er Jahre wurden jährlich am Kaspischen Meer 11.020-25.280 t (durchschnittlich 17.590 t), am Schwarzen- und Asowschen Meer 1.710-3.400 t (durchschnittlich 2.190 t) und am Aral- und Balchaschsee jeweils 9.320-12.640 t (durchschnittlich 11.125 t) gefangen. Im Donaudelta wurden in den 1950er Jahren jährlich 1.100-13.600 t gefangen. An der Wolga wurden jährlich Mitte bis Ende der 1970er Jahre 3.290-10.050 t, in den 1980er Jahren 4.100-7.600 t und Mitte der 1990er Jahre 2.200-2.500 t gefangen. Karpfen werden hauptsächlich mit Zugnetzen und zu einem geringeren Teil mit Stell- und Trapnetzen gefangen. Auch für die Sportfischerei ist er eine sehr bedeutende Fischart. In Europa werden zahlreiche Gewässer regelmäßig mit Zuchtkarpfen und teilweise wieder mit Wildkarpfen besetzt. Bedeutung erlangten auch die Buntkarpfen (Koi) als Zierfische, vor allem in Japan, mittlerweile aber auch in Europa etc.
Der weltweite Jahresfang in der Fischerei betrug durchschnittlich in den 1950er Jahren 33.425 t, 1960er Jahren 41.070 t, 1970er Jahren 32.440 t, 1980er Jahren 62.755 t, 1990er Jahren 77.940 t und in den 2000er Jahren 72.412 t (wobei ca. 12-45 % auf die USA, sowie 7-38 % auf Indonesien und 11-19 % auf Japan entfallen).
Die weltweite Jahresproduktion in der Aquakultur betrug durchschnittlich in den 1950er Jahren 124.340 t, 1960er Jahren 194.600 t, 1970er Jahren 315.520 t, 1980er Jahren 698.080 t, 1990er Jahren 717.070 t und 2000er Jahren 2.799.775 t (wobei ca. 36-8 % auf die UdSSR bzw. GUS, sowie 14-75 % auf China und 18-8 % auf Indonesien entfallen).

Weitere Arten:

In Europa kommen keine weiteren Arten dieser Gattung vor, sondern nur in Ostasien – *Cyprinus acutidorsalis* Wang, 1979 (Kuangsi und Hainan in China), *Cyprinus chilia* Wu, Yang et Huang, 1963 (Yunnan in China), sowie *Cyprinus rabaudi* Tchang, 1930 (Sichuan in China) und *Cyprinus mera* Lin, 1933 (Kuangsi in China). Die letzten beiden Arten werden gelegentlich auch in die Gattung bzw. Untergattung *Procypris* Lin, 1933 gestellt.

Cyprinus carpio (Spiegelkarpfen). (Foto: A. Hartl)

Cyprinus carpio (Buntkarpfen/Koi). (Foto: J. Jensen)

Ctenopharyngodon Steindachner, 1866

Ctenopharyngodon idella. (Foto: M. Hochleithner)

Ctenopharyngodon idella Cuvier et Valenciennes, 1844 **Graskarpfen**, Weißer Amur

Beschreibung:
Rückenflosse mit 1-3 Hart- und 6-8 Weichstrahlen, Afterflosse mit 2-3 Hart- und 7-9 Weichstrahlen, 38-45 gelochte Seitenlinienschuppen, 11-13 kurze Kiemenreusendornen, 1.4-5.2 Schlundzähne, 40-47 Wirbel.
Der lange Körper ist seitlich nur etwas zusammengedrückt. Die Körperhöhe kann 23-30 % und die Kopflänge 23-31 % der Standardlänge betragen. Die Basis der Bauchflossen befindet sich etwas hinter dem Ansatz der Rückenflosse. Die Spitzen von Rücken- und Afterflosse sind abgerundet, jene der paarigen Flossen zugespitzt. Die Brust ist nicht beschuppt. Die Augen sind tief platziert und der Augendurchmesser ist kleiner als die Schnauzenlänge. Die kurze Schnauze ist stumpf. Das endständige Maul ist klein, die nicht eingebuchteten Lippen dünn und Bartfäden fehlen. Der Verdauungstrakt ist lang und beträgt über 200 % der Körperlänge.

Zur Laichzeit bekommen vor allem die Männchen einen kleinen Laichausschlag am Kopf und an den vorderen Flossen, und auch der erste Brustflossenstrahl ist stärker ausgebildet.
Der Rücken ist meist grau-braun, die Seiten gold-braun und der Bauch gelb-weiß gefärbt. Die Flossen sind braun-grau. Die Schuppen haben eine grau-braune Basis. Das Bauchfell (Peritoneum) ist dunkel (schwarz-braun) pigmentiert.

Verbreitung:
Der Graskarpfen kommt natürlicherweise nur in Ostasien meist in tiefen Gewässerabschnitten von großen Flüssen und Seen vor (55-22° Nördlicher Breite).
Das Verbreitungsgebiet erstreckt sich in Asien vom Amur über Huang-He und Jangtsekiang bis zum Xi-Jiang. Er fehlt auf allen Inseln.
In andere Regionen wurde er in über 50 Länder eingeführt, so in den 1910er Jahren nach Indonesien und Sumatra, in den 1930er Jahren nach Malaysia und in die Sowjetunion, in den 1940er Jahren nach Japan, Java und Sri Lanka, in den 1950er Jahren in die USA, nach Indien, Israel, in die Ukraine und nach Rumänien, in den 1960er Jahren nach Österreich, in die Tschechoslowakei, nach Ungarn, Deutschland, Polen, Bulgarien, England, Frankreich, Belgien, Niederlande, sowie Brasilien, Mexiko, Kuba, Hawaii, Südafrika, Philippinen, Neuguinea, Neuseeland, Iran, Irak, Afghanistan, Pakistan, Myanmar, Nepal und Vietnam, in den 1970er Jahren nach Argentinien, Honduras, Panama, Peru, Costa Rica, Puerto Rico, sowie Kenia, Nigeria, Ägypten, Sudan, Äthiopien, Ruanda, Mauritius, Bangladesch, Schweden, Italien und Zypern, und in den 1980er Jahren nach Griechenland und Bolivien. In Europa kommt er heute zumindest in den Flusssystemen Ural, Wolga, Donau sowie Elbe und Rhein vor.

Lebensweise:
Die Geschlechtsreife wird bei den Männchen mit einem Alter von 7-9 Jahren mit einer Größe von 60-70 cm und einem Gewicht von 3-5 kg, und bei den Weibchen mit einem Alter von 9-11 Jahren mit einer Größe von 70-80 cm und einem Gewicht von 5-8 kg erreicht.
Nach dem Überwintern in tieferen Gewässerabschnitten ziehen die Fische zur Laichzeit auch in die Unterläufe größere Zuflüsse und zum Fressen in ruhigere Bereiche und überflutete Wiesen und Felder.
Die Laichzeit erstreckt sich von April bis September, bei einer Wassertemperatur von etwa 22-25 °C.

Im Amudarja, sowie der Wolga und der Donau wurde ein natürliches Ablaichen beobachtet. In Nordamerika gibt es selbsterhaltende Populationen.
Die Eiabgabe erfolgt oft auf einmal in den oberen Wasserschichten über kiesigem Grund bei einer Strömungsgeschwindigkeit von 0,9-1,2 m/s.
Das Ablaichen erfolgt in Gruppen von einem Weibchen und mehreren Männchen, wobei die Fische manchmal die Körper aneinander reiben und häufig aus dem Wasser springen.
Die Eimenge schwankt zwischen 100.000-2.000.000 Eier je Weibchen bzw. 50.000-170.000 Stück je kg Körpergewicht, im Durchschnitt rund 100.000 Stück. Die grau-blauen bis gelb-orangen halbpelagischen Eier haben ungequollen eine Größe von 0,9-1,5 mm und gequollen eine Größe von 3,5-5,3 mm. Bei einer Wassertemperatur von 22-24 °C schlüpfen die 5-7 mm langen Larven schon nach etwa 1-3 Tagen (24-30 Tagesgrade) und beginnen nach weiteren 6-8 Tagen (60-70 Tagesgrade) mit einer Länge von 6-8 mm mit der aktiven Nahrungsaufnahme. Die Eier driften mit der Strömung bis zum Schlupf meist 50-200 km flussabwärts. Die juvenilen Fische schließen sich zum Fressen meist in Gruppen zusammen und wandern dann bis zu 1.000 km flussauf- oder -abwärts.
Die Nahrung besteht anfangs hauptsächlich aus Phyto- (*Ankistrodesmus, Scenedesmus, Cryptomona, Coelastrum, Pediastrum, Nitzschia*) und Zooplankton (*Brachionus, Keratella, Chydorus, Daphnia, Moina, Cyclops*), später ab einer Größe von 5-6 cm vor allem aus Wasserpflanzen (*Acorus, Calla, Callitriche, Carex, Ceratophyllum, Chara, Cladophora, Elodea, Hydrocharis, Juncus, Lemna, Myriophyllum, Nitella, Oenanthe, Polygonum, Potamogeton, Schoenoplectus, Spirodela, Spirogyra, Trapa*), wobei die harten Stiele (wie: *Iris, Phragmites, Sium, Typha*) meist nicht gefressen, und einige Samen (wie: *Najas, Ruppia*) wieder unverdaut ausgeschieden werden. Der Konsum an Wasserpflanzen beträgt bei einer Wassertemperatur von 15-20 °C bis zu 50 % bzw. bei 20-30 °C bis über 100 % des Körpergewichts pro Tag, wobei eine große Menge an Phosphor und Stickstoff wieder freigesetzt wird. Adulte Fische benötigen etwa 30-70 kg Pflanzen für ein Kilogramm Zuwachs.
Das Wachstum kann je nach Gewässer unterschiedlich sein. Der Graskarpfen erreicht im Amur mit 1 Jahr 8-10 cm, 2 Jahren 15-20 cm, mit 3 Jahren 20-30 cm, mit 4 Jahren 30-40 cm, mit 5 Jahren 40-50 cm und mit 6 Jahren 50-60 cm bzw. in Teichen mit 1 Jahr 10-50 g, mit 2 Jahren 100-500 g, mit 3 Jahren 500-2.500 g und mit 4 Jahren 1.000-5.000 g.

Der Graskarpfen kann bis zu 150 cm lang, 50 kg schwer und 22 Jahre alt werden, meist wird er jedoch nur 80-100 cm lang, 5-15 kg schwer und 10-15 Jahre alt.

Bedeutung:
Der Graskarpfen ist wirtschaftlich von besonderer Bedeutung, vor allem in China, wo er seit dem 17. Jahrhundert in Polykultur mit anderen Cypriniden produziert wird. In Europa beträgt die Besatzdichte in Teichen meist 10 %, in Polykultur mit gleichalten Karpfen, wodurch sich die Gesamtproduktion wesentlich steigern lässt.
Der weltweite Jahresfang in der Fischerei betrug durchschnittlich etwa in den 1990er und 2000er Jahren 13.500 bzw. 25.985 t (wobei ca. 69-86 % auf Ägypten, sowie 27-9 % auf den Iran entfallen).
Die weltweite Jahresproduktion in der Aquakultur betrug durchschnittlich etwa in den 1950er Jahren 48.740 t, 1960er Jahren 71.600 t, 1970er Jahren 116.550 t, 1980er Jahren 405.080 t, 1990er Jahren 2.025.690 t und in den 2000er Jahren 3.364.155 t (wobei ca. 95-97 % auf China, sowie 2-0 % auf Indien und 1-0 % auf Ägypten entfallen).
Aber auch in der Angelfischerei hat seine Bedeutung stark zugenommen, so wurden in Ungarn in den 1980er Jahren bis über 200 t/Jahr mit der Angel gefangen.

Weitere Arten:
Weltweit kommen keine weiteren Arten dieser Gattung vor.

Mylopharyngodon Peters, 1881

Mylopharyngodon piceus. (Foto: L. Jurek)

Mylopharyngodon piceus Richardson, 1846 **Muschelkarpfen**, Schwarzer Amur

Beschreibung:
Rückenflosse mit 3 Hart- und 7-8 Weichstrahlen, Afterflosse mit 2-3 Hart- und 7-8 Weichstrahlen, 39-45 gelochte Seitenlinienschuppen, 19-21 dicke Kiemenreusendornen, 1.4-5.0 Schlundzähne, 38-41 Wirbel.
Der lange Körper ist seitlich nur etwas zusammengedrückt. Die Körperhöhe kann 23-28 % und die Kopflänge 25-30 % der Standardlänge betragen. Die Basis der Bauchflossen befindet sich etwas hinter dem Ansatz der Rückenflosse. Die Flossenspitzen sind zugespitzt. Die Brust ist nicht beschuppt. Die Augen sind tief platziert und der Augendurchmesser ist kleiner als die Schnauzenlänge. Das endständige Maul ist klein, die eingebuchtete Lippen dünn und Bartfäden fehlen. Der Verdauungstrakt ist kurz und beträgt 100-150 % der Körperlänge.
Der Rücken ist schwarz, die Seiten schwarz-grau bis blau-grau und der Bauch grau gefärbt. Die Flossen sind schwarz-grau.

Verbreitung:
Der Muschelkarpfen kommt natürlicherweise nur in Ostasien meist in tiefen Gewässerabschnitten von großen Flüssen und Seen vor (53-22° Nördlicher Breite).
Das Verbreitungsgebiet erstreckt sich in Asien vom Amur über Huang-He und Jangtsekiang bis zum Xi-Jiang. Er fehlt auf allen Inseln, ausgenommen auf Taiwan.
In anderen Regionen wurde er in den 1960-1980er Jahren eingeführt, so nach Südostasien (Thailand und Vietnam), Südasien (Bangladesch), Zentralasien (Aralsee-Becken) und Nahen Osten (Israel), sowie nach Mittelamerika (Panama, Costa Rica, Kuba) und Europa (Rumänien, Ungarn, Österreich, Deutschland) und kommt dort nun auch in Donau und Elbe vor.

Lebensweise:
Die Geschlechtsreife wird bei den Männchen meist mit einem Alter von 6-9 Jahren mit einer Größe von 60-80 cm und einem Gewicht von 10-12 kg, und bei den Weibchen mit einem Alter von 9-11 Jahren mit einer Größe von 80-100 cm und einem Gewicht von 13-17 kg erreicht.
Nach dem Überwintern in tieferen Gewässerabschnitten ziehen die Fische zur Laichzeit in die Unterläufe größere Zuflüsse.
Die Laichzeit erstreckt sich von April bis Juli bei einer Wassertemperatur von 20-30 °C. Ein natürliches Ablaichen wurde in Europa noch nicht beobachtet, ist aber in den größeren Flüssen (Wolga, Donau) generell vorstellbar. Im Amudarja gibt es eine sich selbst erhaltende Population; dort laichen die Fische bei einer Strömungsgeschwindigkeit von 0,9-1,2 m/s.
Die Eimenge schwankt zwischen 130.000-1.200.000 Eier je Weibchen und beträgt im Durchschnitt 65.000 Stück je kg Körpergewicht. Die pelagischen Eier haben ungequollen eine Größe von 1,2-1,5 mm und gequollen eine Größe von 4,3-5,6 mm. Bei einer Wassertemperatur von 20-22 °C schlüpfen die 5-6 mm langen Larven schon nach etwa 1-2 Tagen und beginnen nach weiteren 6-8 Tagen mit einer Länge von 8-9 mm mit der aktiven Nahrungsaufnahme. Die frischgeschlüpften Larven driften mit der Strömung flussabwärts bis sie groß genug sind, um selbst zu schwimmen und suchen zum Fressen ruhige Bereiche auf.
Die Nahrung besteht anfangs hauptsächlich aus Zooplankton und Insektenlarven (*Chironomus*), später vor allem aus Weichtieren (*Dreissena, Melania, Viviparus*).

Das Wachstum kann je nach Gewässer unterschiedlich sein. Der Muschelkarpfen erreicht im Amur mit 1 Jahr 8-12 cm, mit 2 Jahren 15-25 cm, mit 3 Jahren 25-35 cm, mit 4 Jahren 35-45 cm, mit 5 Jahren 45-55 cm und mit 6 Jahren 55-65 cm bzw. in Teichen mit 1 Jahr 50-80 g, mit 2 Jahren 700-900 g und mit 3 Jahren 3.000-5.000 g.
Der Muschelkarpfen kann bis zu 180 cm lang, 60 kg schwer und 20 Jahre alt werden, meist wird er jedoch nur 80-100 cm lang, 5-15 kg schwer und 10-15 Jahre alt.

Bedeutung:
Der Muschelkarpfen ist wirtschaftlich von Bedeutung, vor allem in China, wo er in einer Besatzdichte von 70-100 Stück/ha in Polykultur mit anderen Cypriniden produziert wird.
In Europa wird er in wenigen Teichwirtschaften (Donau und Kuban) künstlich vermehrt. Es kann durch seine Nahrungsnutzung (Schnecken) bei einer Besatzdichte von 25-50 Stück einjährigen Fischen je Hektar ein Jahreszuwachs von etwa 25-30 kg/ha erreicht werden.
Der weltweite Jahresfang in der Fischerei betrug durchschnittlich etwa in den 1990er und 2000er Jahren 25 t (wobei ca. 100 % auf China entfallen).
Die weltweite Jahresproduktion in der Aquakultur betrug durchschnittlich in den 1950er Jahren 9.490 t, 1960er Jahren 13.530 t, 1970er Jahren 21.160 t, 1980er Jahren 54.260 t, 1990er Jahren 98.890 t und in den 2000er Jahren 266.274 t (wobei ca. 100 % auf China entfallen).

Weitere Arten:
Weltweit kommen keine weiteren Arten dieser Gattung vor.

Gobio Cuvier, 1816

Gobio gobio. (Foto: M. Hochleithner)

Gobio gobio Linnaeus, 1758 **Gemeiner Gründling**, Gressling

Beschreibung:
Rückenflosse mit 2-3 Hart- und 6-9 Weichstrahlen, Afterflosse mit 2-3 Hart- und 5-7 Weichstrahlen, 33-46 gelochte Seitenlinienschuppen, 1-4 kurze Kiemenreusendornen, 1.5-5.3 Schlundzähne, 35-48 Wirbel.
Der lange Körper ist seitlich etwas zusammengedrückt. Die Körperhöhe kann 16-28 % und die Kopflänge 23-32 % der Standardlänge betragen, wobei Populationen aus stehenden Gewässern generell hochrückiger als jene aus fließenden Gewässern sind. Auch die paarigen Flossen, der Schwanzstiel und die Barteln sind bei Populationen in Fließgewässern meist länger. Der After befindet sich näher zur Afterflosse als zu den Bauchflossen. Die Schuppen am Rücken haben keine epithelialen Kiele. Der Augendurchmesser ist kleiner als die Schnauzenlänge. Das unterständige Maul ist hufeisenförmig, die Unterlippe nicht unterbrochen und 1 Paar Bartfäden am Oberkiefer vorhanden. Der Verdauungstrakt ist kurz und beträgt unter 100 % der Körperlänge.

Bei den Männchen sind die paarigen Flossen, der Schwanzstiel und die Schnauze etwas länger als bei den Weibchen, bei denen wiederum die Barteln und Schwanzflosse länger und die Rücken- und Afterflosse höher sind. Zur Laichzeit sind die Männchen dunkler gefärbt und bekommen einen Laichausschlag von kleinen Warzen an der Oberseite des Kopfes, am Rücken, sowie an den äußeren Brustflossenstrahlen.
Der Rücken ist meist grün-grau, die Seiten gelb-grau und der Bauch weiß gefärbt. Die Flossen sind grau bis transparent und die Rücken- und Schwanzflosse hat 3-4 Reihen von deutlichen, schwarzen Punkten. Am Rücken und entlang der Seitenlinie befinden sich 6-12 größere, dunkle, runde bis eckige Flecken. Bei Populationen aus Fließgewässern befinden sich oft auch etwa fünf dunkle, schmale, längliche Streifen über der Seitenlinie. Das Bauchfell (Peritoneum) ist silbrig pigmentiert. Populationen aus fließenden Gewässern sind meist intensiver und dunkler gefärbt als jene aus stehenden Gewässern.

Verbreitung:
Der Gemeine Gründling kommt in Europa und Asien meist in seichten Gewässerabschnitten mit steinigem bis schlammigen Grund von Flüssen und einigen Seen (Ohrid-, Skutari-, sowie Ysykkulsee) vor (67-36° Nördlicher Breite).
Das Verbreitungsgebiet erstreckt sich in Europa von Duero, Ebro, Garonne, Dordogne, Loire, Seine, Somme, Schelde, Maas, Rhein, Ems, Weser, Elbe, Oder, Weichsel, Memel, Newa, Dwina und Petschora, sowie Themse und Tweed bis Südskandinavien, über Rhône, Po, Etsch, Piave, Isonzo, Drin, Pinios, Aliakmon, Vardar, Struma, Mestra und Maritza, sowie Donau, Dnjestr, Bug, Dnjepr, Don und Kuban, bis Terek, Wolga und Ural. Er fehlt in Italien südlich des Po, auf allen Mittelmeerinseln und im Norden Skandinaviens.
In Asien kommt er von Anatolien (Sakarya, Kizilirmak und Yeşilirmak) über das Aralsee- und Issykkul-Becken in Zentralasien, sowie in fast ganz Sibirien (bis Lena und Kolyma) vor.
In einigen Gewässern, wie in Italien (Arno) und in Irland (Shannon über Barrow und Slaney bis Boyne), sowie möglicherweise großteils auch auf der Iberischen Halbinsel (Tajo bis Júcar), wurde er eingebürgert.
Der Gemeine Gründling wird meist in mehrere Unterarten eingeteilt: *Gobio gobio gobio* Linnaeus, 1758 (Mitteleuropa), *Gobio gobio benacensis* Pollini, 1816 (Po, Etsch und Piave), *Gobio gobio caucasicus* Kamensky, 1901 (Thessalien, Rodophen, Krim und Kaukasien), *Gobio gobio ohridanus* Karaman, 1924 (Drin), *Gobio gobio lozanoi* Doadrio et Madeira, 2004 (Iberische Halbinsel), sowie *Gobio gobio microlepidotus*

Battalgil, 1942 (Anatolien), *Gobio gobio lepidolaemus* Kessler, 1872 (Zentralasien) und *Gobio gobio tungussicus* Borisov, 1928 (Lena und Kolyma).

Lebensweise:

Die Geschlechtsreife wird bei beiden Geschlechtern meist mit einem Alter von 2-4 Jahren und einer Größe von 5-8 cm erreicht.

Zur Laichzeit werden meist keine Wanderungen durchgeführt, ausgenommen von Populationen aus Seen, welche zum Laichen in die Zuflüsse wandern. Nach dem Überwintern in tieferen Gewässerabschnitten ziehen alle Fische, auch die unreifen, zur Laichzeit nahe ans Ufer oder in Mündungen von Zuflüssen.

Die Laichzeit erstreckt sich von Mai bis August bei einer Wassertemperatur von etwa 13-18 °C. Die Eiabgabe erfolgt in mehreren Intervallen, meist an Wurzeln oder gelegentlich an Steinen vorzugsweise über kiesigem Grund in einer Tiefe von 0,2-0,5 m. Zum Laichen, das oft in Gruppen erfolgt, springen die Fische oft aus dem Wasser und reiben sich anschließend mit dem Körper aneinander, wobei gleichzeitig Eier und Sperma abgegeben werden. Die abgelegten Eier haften am Substrat oft in kleinen Klumpen.

Die Eimenge schwankt von 1.000 Eiern je Weibchen bei zweijährigen Fischen bis zu 20.000 Eiern bei sechsjährigen Fischen und beträgt 180.000-850.000 bzw. im Mittel rund 400.000 Eier je kg Körpergewicht. Die gelb-orangen runden Eier haben eine Größe von 1,2-1,7 mm. Die hellen 0,5 mg schweren Larven schlüpfen bei einer Wassertemperatur von 16-20 °C nach etwa 6-9 Tagen und beginnen nach weiteren 8-12 Tagen mit der aktiven Nahrungsaufnahme.

Die Nahrung besteht hauptsächlich aus Insektenlarven (*Chironomus*), Zooplankton (*Alona, Chydorus, Cyclops*) und Krebsen (*Asellus, Gammarus*), sowie Würmern (*Tubifex, Lumbriculus*). Gelegentlich werden auch Algen und Detritus, sowie Schnecken und die Eier anderer Fische gefressen. Juvenile und adulte Gründlinge werden gelegentlich gerne von anderen Fischen (Welse und Störe) gefressen.

Die Bestandsdichte kann bis über 1.000 Stück je ha erreichen. Das Geschlechterverhältnis beträgt meist etwa 1:1, die Weibchen können aber oft etwas älter und größer werden als die Männchen.

Das Wachstum kann je nach Gewässer unterschiedlich sein. Gründlinge erreichen generell mit 1 Jahr 2-7 cm, mit 2 Jahren 4-10 cm und mit 3 Jahren 7-12 cm.

Der Gemeine Gründling kann bis zu 20 cm lang und 7 Jahre alt werden, meist wird er jedoch nur 10-14 cm lang und 5-6 Jahre alt.

Bedeutung:

Die Gründlinge haben wirtschaftlich eine geringe Bedeutung. In Frankreich werden sie jedoch in Teichen produziert (ca. 20 t/Jahr) und wegen ihres guten Fleisches gerne von Gourmets gegessen.

Weitere Arten:

In Europa kommen folgende weiteren Arten dieser Gattung vor –
Gobio pentatrichus Naseka et Bogutskaya, 1998 (Langbartliger Gründling) - kommt im Kuban vor.
Gobio uranoscopus Agassiz, 1828 (Steingründling) - kommt von Donau über Vardar bis Aliakmon und Pinios vor.
Gobio albipinnatus Lukasch, 1933 (Weißflossengründling) - kommt von Oder, Weichsel und Wolchow über Donau, Dnjestr, Dnjepr und Don bis Wolga und Ural vor.
Gobio ciscaucasicus Berg, 1932 (Kaukasischer Gründling) - kommt vom Kuban über Kuma bis Terek vor.
Gobio kesslerii Dybowski, 1862 (Sandgründling) - kommt von Weichsel über Dnjestr und Donau bis Axios, Aliakmon und Pinios vor.
Die letzten drei Arten werden gelegentlich auch in die Gattung bzw. Untergattung *Romanogobio* Bănărescu, 1961 gestellt.
In Asien kommen noch folgende Arten dieser Gattung vor –
Gobio coriparoides Nichols, 1925 (Huang He), *Gobio cynocephalus* Dybowski, 1869 (Ob bis Amur), *Gobio hettitorum* Ladiges, 1960 (Anatolien), *Gobio macrocephalus* Mori, 1930 (Tumen), *Gobio rivuloides* Nichols, 1925 (Huang He), und *Gobio soldatovi* Berg, 1914 (Amur), sowie *Gobio amplexililabris* Banarescu et Nalbant, 1973 (Huang He), *Gobio johntreadwelli* Banarescu et Nalbant, 1973 (Huang He), *Gobio persus* Günther, 1899 (Kura und Urmiasee), und *Gobio tenuicorpus* Mori, 1934 (Amur).
Die letzten vier Arten werden gelegentlich auch in die Gattung bzw. Untergattung *Romanogobio* Bănărescu, 1961 gestellt.

Gobio albipinnatus. (Foto: A. Hartl)

Pseudorasbora Bleeker, 1860

Pseudorasbora parva. (Foto: M. Hochleithner)

Pseudorasbora parva Temminck et Schlegel, 1846
Blaubandbärbling, Keilfleckbärbling

Beschreibung:
Rückenflosse mit 3 Hart- und 7-8 Weichstrahlen, Afterflosse mit 2-3 Hart- und 5-7 Weichstrahlen, 32-39 gelochte Seitenlinienschuppen, 8-11 kurze Kiemenreusendornen, 5-6 Schlundzähne, 31-36 Wirbel.
Der langgestreckte Körper ist seitlich etwas zusammengedrückt. Die Körperhöhe kann 20-33 % und die Kopflänge 22-28 % der Standardlänge betragen. Die Basis der Bauchflossen befindet sich meist unter dem Ansatz der Rückenflosse. Die Flossenspitzen sind abgerundet. Der Augenabstand ist meist doppelt so breit wie der Augendurchmesser, und dieser kleiner als die Schnauzenlänge. Das oberständige Maul ist klein, die nicht unterbrochenen Lippen dünn und Bartfäden fehlen. Der Verdauungstrakt ist kurz und beträgt unter 100 % der Körperlänge.
Bei den reifen Männchen ist die maximale Körperhöhe größer als bei den Weibchen (über 28 % zu unter 29 % der Standardlänge).

Zur Laichzeit sind die Männchen etwas dunkler gefärbt als die Weibchen und beide Geschlechter bekommen einen Laichausschlag aus kleinen Warzen am Kopf, der bei Männchen stärker ausgeprägt ist. Der Rücken ist meist braun-grau, die Seiten silbrig und der Bauch weiß gefärbt. Die Flossen sind gelb-grau und zur Laichzeit manchmal schwarz gefärbt. Entlang der Seitenlinie befindet sich ein blau-grauer Streifen, der meist an der Hinterseite deutlicher sichtbar ist. Die Schuppen besitzen einen sichelförmigen, dunkeln, hinteren Rand. Das Bauchfell (Peritoneum) ist silbrig pigmentiert.

Verbreitung:

Der Blaubandbärbling kommt natürlicherweise nur in Ostasien, meist in seichten Gewässerabschnitten von fließenden bis stehenden Gewässern vor (54-21° Nördlicher Breite).

Das Verbreitungsgebiet erstreckt sich in Asien vom Amur über Huang-He und Jangtsekiang bis zum Xi-Jiang. Er fehlt auf den Inseln nördlich von Honshu und südlich von Taiwan.

In Europa wurde er in den 1960er Jahren unabsichtlich mit Brütlingen der pflanzenfressenden Cypriniden aus China nach Rumänien eingeschleppt und kommt heute in Wolga, Don, Dnjestr, Donau, Maritza, Drin, sowie Memel, Weichsel, Oder, Elbe, Rhein, Po und Rhône vor.

Der Blaubandbärbling wird gelegentlich in folgende Unterarten eingeteilt: *Pseudorasbora parva parva* Temminck et Schlegel, 1846 (Amur über Japan bis Korea) und *Pseudorasbora parva altipinna* Nichols, 1925 (Huang-He über Jangtsekiang bis Xi-Jiang).

Lebensweise:

Die Geschlechtsreife wird bei beiden Geschlechtern meist mit einem Alter von einem Jahr und einer Größe von 5-8 cm erreicht.

Die Laichzeit erstreckt sich von April bis August bei einer Wassertemperatur von etwa 15-20 °C. Zur Laichzeit säubert das Männchen den Untergrund in einem Bereich von rund 10-30 cm Durchmesser und versucht einige Weibchen anzulocken. Die Eiabgabe erfolgt in mehreren, meist 3-4 Intervallen, meist an Steinen oder Pflanzenteilen. Nach dem Laichen bewacht das Männchen das klebrige Gelege.

Die Eimenge schwankt zwischen 300-4.200 Eier je Weibchen und beträgt im Durchschnitt 800-1.400 Stück. Die ovalen Eier haben eine Größe von 2,0-2,5 mm. Bei einer Wassertemperatur von 21-23 °C schlüpfen die 4-5 mm langen Larven nach etwa 5-7 Tagen und beginnen nach weiteren 3-4 Tagen bei einer Länge von 5-6 mm mit der aktiven Nahrungsaufnahme.

Die Nahrung besteht in stehenden Gewässern hauptsächlich aus Phyto- und Zooplankton und in fließenden Gewässern hauptsächlich aus anderen Krebsen (*Asellus*) und Insektenlarven (*Chironomus*). Er ist bei der Nahrungsaufnahme jedoch nicht besonders wählerisch.
Das Wachstum kann je nach Gewässer unterschiedlich sein. Der Blaubandbärbling erreicht generell mit 1 Jahr 5-7 cm, mit 2 Jahren 6-8 cm und mit 3 Jahren 7-9 cm. Die Männchen sind meist größer als die Weibchen.
Der Blaubandbärbling kann bis zu 12 cm lang und 5 Jahre alt werden, meist wird er jedoch nur 7-8 cm lang und 2-3 Jahre alt.

Bedeutung:
Der Blaubandbärbling hat wirtschaftlich kaum eine direkte Bedeutung. In einigen Teichwirtschaften wird er jedoch gerne als Futterfisch für Zander verwendet. Da er jedoch oft das Futter, das für die anderen Fischarten bestimmt ist, wegfrisst, wird er eher als Nahrungskonkurrent betrachtet. Blaubandbärblinge werden hauptsächlich mit Reusen und zu einem geringeren Teil mit Senken gefangen.

Weitere Arten:
In Europa kommen keine weiteren Arten dieser Gattung vor, sondern nur in Ostasien – *Pseudorasbora elongata* Wu, 1939 (Xi-Jiang in China), *Pseudorasbora interrupta* Xiao, Lan et Chen, 2007 (Guangdong in China), und *Pseudorasbora pumila* Miyadi, 1930 (Honshu in Japan).

Abramis Cuvier, 1816

Abramis brama. (Foto: M. Hochleithner)

Abramis brama Linnaeus, 1758 **Brachse**, Blei

Beschreibung:

Rückenflosse mit 3 Hart- und 8-10 Weichstrahlen, Afterflosse mit 3 Hart- und 22-30 Weichstrahlen, 48-60 gelochte Seitenlinienschuppen, 17-30 Kiemenreusendornen, 5-6 Schlundzähne, 38-46 Wirbel.

Der hochrückige Körper ist seitlich stark zusammengedrückt. Die Körperhöhe kann 35-44 % und die Kopflänge 20-25 % der Standardlänge betragen. Die Flossenspitzen sind zugespitzt. Die Schuppen sind dick und tief eingebettet. Der Augendurchmesser ist kleiner als die Schnauzenlänge und beide sind kleiner als der Augenabstand. Das leicht unterständige Maul ist rüsselartig vorstülpbar und Bartfäden fehlen. Zwischen Bauchflossen und After befindet sich ein schuppenloser Kiel. Der Verdauungstrakt ist kurz und beträgt unter 100 % der Körperlänge.

Die Männchen haben meist etwas längere paarige Flossen als die Weibchen. Zur Laichzeit bekommen die Männchen als Laichausschlag kleine Warzen an Kopf, Seiten und Flossen.

Der Rücken ist meist grau-braun, die Seiten silber-grau und der Bauch grau-weiß gefärbt. Die Flossen sind grau und bei älteren Fischen oder zur Laichzeit, mit Ausnahme der Brustflossen, oft mit einer schwarzen Spitze versehen oder komplett schwarz gefärbt.

Verbreitung:
Die Brachse kommt meist in ruhig fließenden bis stehenden Gewässern im Einzugsgebiet von Nord- und Ostsee, Schwarzen-, Asowschen- und Kaspischen Meer sowie Aralsee vor (67-35° Nördlicher Breite). Im Baltischen und Aralo-Pontokaspischen Raum kommt sie auch im Brackwasser (bis 10-12 ‰) vor.
Das Verbreitungsgebiet erstreckt sich in Europa von Adour, Gironde, Seine, Rhein und Elbe über Oder und Weichsel bis Mezen und Petschora, sowie von Rhône und Donau, Struma und Maritza, Dnjepr und Don, bis Wolga und Ural. Sie fehlt auf der Iberischen und Apenninischen Halbinsel, in Schottland und im Nordwesten von Skandinavien.
Sie wurde in Spanien in der Muga und in Sibirien in Ob und Jenissej, sowie Balchasch-, Saissan- und Baikalsee eingebürgert.
Die Brachse wird meist in folgende Unterarten eingeteilt:
Abramis brama brama Linnaeus, 1758 (Europäische Brachse) - kommt von Nord- und Ostsee bis Schwarzes- und Asowsches Meer vor.
Abramis brama orientalis Berg, 1949 (Orientalische Brachse) - kommt vom Kaspischen Meer bis zum Aralsee vor.
A. b. orientalis hat durchschnittlich etwas mehr Kiemenreusendornen (20-30 zu 17-27) und weniger Wirbelknochen (41-44 zu 42-46) als *A. b. brama*.

Lebensweise:
Die Geschlechtsreife wird mit einem Alter von 3-6 Jahren bei einer Länge von 15-30 cm und einem Gewicht von 100-500 g erreicht, wobei die Männchen meist ein Jahr vor den Weibchen reif werden.
Vom Schwarzen-, Asowschen- und Kaspischen Meer sowie einigen großen Seen (Ilmensee) wandern die Laichfische von März bis Mai auch bis zu 100 km in die Unterläufe der großen Zuflüsse. Die Männchen erscheinen an den Laichplätzen meist vor den Weibchen und bleiben auch länger dort.
Zur Laichzeit besetzen die größeren Männchen entlang des seichten Ufers mit Wasserpflanzen ein Revier, das von 1 m^2 bei stark bewachsenen Gewässern bis 5 m^2 bei gering bewachsenen Gewässern reichen kann.

Die Laichzeit erstreckt sich von April-Juli bei Wassertemperaturen von 13-20 °C. Die Abgabe der klebrigen 1,0-2,0 mm großen und 0,8-1,3 mg schweren Eier erfolgt meist in 1-3 Intervallen mit einem Abstand von 1-2 Wochen in einer Tiefe von 0,2-2,0 m über Pflanzen. In manchen Gewässern laichen die jüngeren und kleineren Fische früher als die älteren und größeren Fische. Die Eizahl beträgt etwa 100.000-200.000 Stück je Kilogramm Körpergewicht. An den Laichplätzen kann die Anzahl der abgelegten Eier 10.000 bis 500.000 Stück/m^2 betragen, wobei an seichteren Stellen meist mehr Eier abgelegt werden, als an tieferen. Die Entwicklungsdauer bis zum Schlupf beträgt 60-70 Tagesgrade und bis zur Schwimm-fähigkeit weitere 50-60 Tagesgrade. Die frischgeschlüpften Larven sind etwa 4-5 mm lang.

Gelegentlich treten auch Hybriden mit Güster, Plötze oder Rotfeder auf.

Einige Eier und Jungfische werden manchmal von Plötzen, Barschen und Stichlingen gefressen.

Die Fische schließen sich oft zu größeren Gruppen zusammen und schwimmen dabei meist mit einer Geschwindigkeit von 0,6-0,7 m/s. Von den Zuflüssen der brackigen Meere wandern die Laichfische bald nach dem Laichen, meist von Mai-Juli, oft zur selben Zeit wie die etwa einen Monat alten etwa 2,5-3,0 cm langen Jungfische, flussabwärts. Der Winter wird ziemlich inaktiv in größeren Gruppen in tiefen Gewässerabschnitten verbracht.

Die Nahrung besteht anfangs und im Sommer hauptsächlich aus Zooplankton (*Alona, Arctodiaptomus, Bosmina, Cyclops, Daphnia, Diaphanosoma, Iliocryptus, Leptodora, Moina, Pleuroxus*), ab einer Länge von etwa 3-4 cm und im Frühjahr und Herbst überwiegend aus Insektenlarven (*Chironomus, Einfelia, Polypedium, Procladius, Tanypus*), sowie Würmern (*Tubifex*) und Weichtieren (*Adacna, Dreissena*). Im Winter und bei der Wanderung sowie zur Laichzeit wird die Nahrungsaufnahme stark reduziert. Bei der Nahrungssuche kann der Gewässerboden (bis zu 5-15 cm tief) bis zu 4-mal pro Jahr umgewühlt und die Bestandsdichte von Tubifiziden und Chironomiden stark reduziert werden. In den Seen fressen die jüngeren Fische häufig in flacherem und die älteren Fische in tieferem Wasser.

Das Wachstum ist je nach Lebensraum und Wassertemperatur sehr unterschiedlich. Die Brachse erreicht generell mit 1 Jahr 5-10 cm, mit 3 Jahren 15-25 cm, mit 5 Jahren 25-35 cm und mit 7 Jahren 35-40 cm.

Die Weibchen wachsen etwas schneller und werden größer und älter als die Männchen.

Die Brachse kann bis zu 75 cm lang, 11 kg schwer und 32 Jahre alt werden, meist wird sie jedoch nur 40-60 cm lang und 1-3 kg schwer.

Bedeutung:

Brachsen haben eine große wirtschaftliche Bedeutung, vor allem in Osteuropa. Der Fang erfolgt hauptsächlich mit Zugnetzen (MW 50-60 mm) und zu einem geringeren Teil mit Trappnetzen (speziell zur Laichzeit) und weniger mit Stellnetzen (MW 60-90 mm). Die effektivste Maschenweite für Kiemennetze beträgt etwa 20 % der Körperlänge der zu fangenden Fische. Der Jahresfang kann in Seen bis zu 25 kg je ha erreichen und der Anteil am Gesamtfang bis zu 40 %.

Mitte bis Ende der 1930er Jahre wurden am Kaspischen Meer 47.600-105.360 t (durchschnittlich 67.610 t), am Schwarzen Meer 7.970-34.630 t (durchschnittlich 22.560 t), am Asowschen Meer 5.910-12.440 t (durchschnittlich 9.650 t), und am Aralsee 9.850-16.700 t (durchschnittlich 12.510 t) gefangen.

Der weltweite Jahresfang in der Fischerei betrug durchschnittlich etwa in den 1950er Jahren 73.370 t, 1960er Jahren 55.100 t, 1970er Jahren 59.650 t, 1980er Jahren 66.730 t, 1990er Jahren 64.420 t und in den 2000er Jahren 51.310 t (wobei ca. 88-93 % auf die UdSSR bzw. GUS entfallen).

Die weltweite Jahresproduktion in der Aquakultur betrug durchschnittlich etwa in den 1990er und 2000er Jahren 275 bzw. 185 t (wobei ca. 37-30 % auf Rumänien, sowie 36-0 % auf Kasachstan und 32-11 % auf Russland entfallen).

In Russland werden Brachsen (oft 1:1 mit Karpfen) in Teichen vorgestreckt und nach etwa 2 Monaten je 30.000-60.000 Stück/ha (insgesamt 200-400 kg/ha) abgefischt und einige Flussdeltas (Wolga, Don, Kuban) damit besetzt. Neu errichtete Stauseen werden gelegentlich auch mit Laichfischen (1 Weibchen und 1-2 Männchen/ha) besetzt.

Weitere Arten:

In Eurasien kommen noch folgende Arten dieser Gattung vor –

Abramis ballerus Linnaeus, 1758 Zope (Spitzpleinzen) - kommt im Einzugsbereich von Nord- und Ostsee bis Schwarzes-, Asowsches- und Kaspisches Meer vor.

Abramis sapa Pallas, 1814 Zobel (Steinbrachsen) - kommt im Einzugsbereich von Ostsee, über Schwarzes-, Asowsches- und Kaspisches Meer bis zum Aralsee vor.

Die beiden Arten werden gelegentlich auch in die Gattung bzw. Untergattung *Ballerus* Heckel, 1843 gestellt.

Abramis ballerus. (Foto: A. Hartl)

Abramis sapa. (Foto: A. Hartl)

Alburnoides Jeitteles, 1861

Alburnoides bipunctatus. (Foto: A. Hartl)

Alburnoides bipunctatus Bloch, 1782 **Gemeiner Schneider**, Schusslaube

Beschreibung:
Rückenflosse mit 2-3 Hart- und 7-10 Weichstrahlen, Afterflosse mit 2-3 Hart- und 10-18 Weichstrahlen, 40-56 gelochte Seitenlinienschuppen, 6-10 kurze Kiemenreusendornen, 2.5-4.2 Schlundzähne, 38-43 Wirbel.
Der langgestreckte Körper ist seitlich stark zusammengedrückt. Die Körperhöhe kann 25-33 % und die Kopflänge 24-28 % der Standardlänge betragen. Die Flossenspitzen sind zugespitzt. Die Schuppen sind relativ groß und dünn. Der Augendurchmesser ist meist kleiner als die Schnauzenlänge und beide kleiner als der Augenabstand. Das endständige Maul ist klein und Bartfäden fehlen. Zwischen Bauchflossen und After befindet sich ein beschuppter bis schuppenloser Kiel. Der Verdauungstrakt ist kurz und beträgt unter 100 % der Körperlänge.

Die Oberseite ist grün-braun und die Unterseite silbrig-weiß gefärbt. Die Basis der gelb-orangen Flossen (vor allem die der Brustflossen) ist orange-braun. Über der schwarz-grau eingefassten Seitenlinie befindet sich oft ein blau-graues Längsband oder einige Reihen schwarz-grauer Flecken.

Verbreitung:
Der Gemeine Schneider kommt meist in fließenden Gewässern im Einzugsgebiet von Nord- und Ostsee, Mittelmeer, Schwarzem-, Asowschem- und Kaspischem Meer, sowie Aralsee vor (61-34° Nördlicher Breite).
Das Verbreitungsgebiet erstreckt sich in Europa von Loire, Maas, Rhein und Elbe über Oder und Weichsel bis Daugava, sowie von Rhône und Donau über Drin, Seman, Acheloos und Sperchios, Vardar und Struma, Dnjepr und Dnjestr, Don und Kuban bis Terek und Wolga. Er fehlt auf der Iberischen und Apenninischen Halbinsel, sowie auf den Britischen Inseln und in Skandinavien.
Der Gemeine Schneider wird meist in folgende Unterarten eingeteilt:
Alburnoides bipuncatatus bipunctatus Bloch, 1782 (Europäischer Schneider) - kommt im Einzugsbereich von Nord- und Ostsee, sowie Mittelmeer (und Donau) vor.
Alburnoides bipunctatus fasciatus Nordmann, 1840 (Pontokaspischer Schneider) - kommt im Einzugsbereich von Schwarzen- (ohne Donau), Asowschen- und Kaspischen Meer, sowie Aralsee vor.
A. b. fasciatus hat durchschnittlich etwas mehr Weichstrahlen in der Afterflosse (11-18 zu 10-17) und etwas mehr Seitenlinienschuppen (42-56 zu 40-51) als *A. b. bipunctatus.*

Lebensweise:
Die Geschlechtsreife wird mit einem Alter von 2-3 Jahren bei einer Größe von 5-10 cm erreicht.
Die Laichzeit erstreckt sich von April-Juli bei Wassertemperaturen von 12-17 °C. Die Abgabe der 1.000-7.000 Eier je Weibchen (250.000-450.000 Stück/kg Körpergewicht) erfolgt in 2-3 Intervallen über Kies meist in fließendem Wasser. Die klebrigen Eier haben einen Durchmesser von 1,7-2,0 mm. Je nach Wassertemperatur beträgt die Erbrütungsdauer etwa 7-9 Tage. Nach weiteren 5-7 Tagen gehen die Brütlinge zur aktiven Nahrungsaufnahme über.
Die Fische halten sich meist in Gruppen auf.

Die Nahrung besteht hauptsächlich aus Algen (*Bacillariophyceae, Chlorophyceae*), sowie Insekten (*Anopheles*), Krebsen (*Asellus*) und Würmern (*Tubifex*).
Das Wachstum ist je nach Nahrungsangebot und Wassertemperatur unterschiedlich. Der Gemeine Schneider erreicht generell mit 1 Jahr 3-6 cm, mit 3 Jahren 7-10 cm, und mit 5 Jahren 10-13 cm.
Der Gemeine Schneider kann bis zu 16 cm lang, 50 g schwer und 7 Jahre alt werden.

Bedeutung:
Der Gemeine Schneider hat wirtschaftlich eine sehr geringe Bedeutung.

Weitere Arten:
In Europa kommen noch folgende Arten dieser Gattung vor –
Alburnoides ohridanus Karaman, 1928 (Ohrid Schneider) - kommt im Ohrid- und Skutarisee vor.
In Asien kommen noch 5-10 weitere Arten dieser Gattung vor.

Alburnus Rafinesque, 1820

Alburnus alburnus. (Foto: M. Hochleithner)

Alburnus alburnus Linnaeus, 1758 **Europäische Ukelei,** Laube

Beschreibung:
Rückenflosse mit 3-4 Hart- und 7-9 Weichstrahlen, Afterflosse mit 2-3 Hart- und 11-22 Weichstrahlen, 39-58 gelochte Seitenlinienschuppen, 13-26 lange Kiemenreusendornen, 3.5-4.2 Schlundzähne, 37-46 Wirbel. Der langgestreckte Körper ist seitlich zusammengedrückt. Die Körperhöhe kann 19-26 % und die Kopflänge 17-24 % der Standardlänge betragen. Die Flossenspitzen sind zugespitzt. Die Schuppen sind groß und oval. Der Augendurchmesser ist kleiner als die Schnauzenlänge, und diese wiederum meist etwas kleiner als der Augenabstand. Das oberständige Maul ist klein und Bartfäden fehlen. Zwischen Bauchflossen und After befindet sich ein schuppenloser Kiel. Der Verdauungstrakt ist kurz und beträgt unter 100 % der Körperlänge.
Der Rücken ist blau-grün, die Seiten silbrig und der Bauch weiß gefärbt. Die unteren Flossen sind gelb-rosa bis farblos.

Verbreitung:

Die Europäische Ukelei kommt meist in langsam fließenden bis stehenden Gewässern im Einzugsgebiet von Nord- und Ostsee, sowie Mittelmeer, Marmara-, Schwarzem-, Asowschem- und Kaspischem Meer vor (68-35° Nördlicher Breite). Im Baltischen und Pontokaspischen Raum kommt sie gelegentlich auch im Brackwasser vor.

Das Verbreitungsgebiet erstreckt sich in Europa von Loire, Rhein und Elbe über Oder und Weichsel bis Newa und Dwina, sowie von Po, Drin, Vardar, Struma, Maritza, über Donau, Dnjepr, Dnjestr und Don bis Wolga und Ural. Sie fehlt auf der Iberischen Halbinsel, sowie im Nordwesten der Britischen Inseln und von Skandinavien.

Vom Menschen eingebürgert wurde sie auf Zypern (in den 1970er Jahren) und der Iberischen Habinsel (in den 1990er Jahren).

Die Europäische Ukelei wird meist in folgende Unterarten eingeteilt:

Alburnus alburnus alburnus Linnaeus, 1758 (Gemeine Ukelei) - kommt von Loire bis Dwina und Donau bis Ural vor.

Alburnus alburnus albidus Costa, 1838 (Weiße Ukelei) - kommt von Volturno bis Alento und Trigno bis Basento in Süditalien vor.

Alburnus alburnus arborella Bonaparte, 1841 (Italienische Ukelei) - kommt von Arno und Po über Isonzo und Zrmanja bis Neretva und Drin vor.

Alburnus alburnus hohenackeri Kessler, 1877 (Kaukasische Ukelei) - kommt von Kuma und Terek über Sulak und Kura bis Sefid Rud und Atrek vor.

Alburnus alburnus macedonicus Karaman, 1928 (Makedonische Ukelei) - kommt von Peneus über Vardar und Struma bis Maritza vor.

A. a. alburnus hat durchschnittlich etwas mehr Weichstrahlen in der Afterflosse (14-22 zu 10-19) als die restlichen Unterarten.

A. a. albidus hat durchschnittlich etwas weniger Kiemenreusendornen (13-18 zu 16-26) als die restlichen Unterarten.

A. a. hohenackeri hat durchschnittlich etwas weniger Seitenlinienschuppen (39-47 zu 42-58) als die restlichen Unterarten.

A. a. macedonicus hat durchschnittlich etwas mehr Kiemenreusendornen (18-26 zu 13-25) als die restlichen Unterarten.

A. a. arborella und *A. a. hohenackeri* haben durchschnittlich etwas weniger Wirbel (37-44 zu 42-46) als *A. a. alburnus*.

Lebensweise:

Die Geschlechtsreife wird mit einem Alter von 2-4 Jahren bei einer Länge von 8-12 cm und einem Gewicht von 10-20 g erreicht.

Die Laichzeit erstreckt sich von März-August, bei Wassertemperaturen von 12-23 °C.
Die Abgabe der 2.000-10.000 Eier je Weibchen erfolgt meist am Morgen an flachen kiesigen Stellen in mehreren (meist 3-6) Intervallen im Abstand von 9-11 Tagen.
Die klebrigen Eier haben ungequollen einen Durchmesser von 1,2-1,4 mm und gequollen 1,5-1,7 mm.
Gelegentlich treten auch Hybriden mit Plötze, Döbel, Rotfeder oder Güster auf.
Die Eientwicklung dauert bei einer Wassertemperatur von 18-22 °C etwa 4-5 Tage.
Die Nahrung besteht hauptsächlich aus Zooplankton (*Bosmina, Daphnia, Diaphanosoma, Diaptomus, Ceriodaphnia, Cyclops, Eudiaptomus, Mesocyclops*), sowie gelegentlich aus Insekten (*Chaoborus*), Weichtieren (*Dreissena*) und kleinen Fischen oder Fischeiern.
Das Wachstum ist je nach Nahrungsangebot und Wassertemperatur unterschiedlich. Die Europäische Ukelei erreich generell mit 1 Jahr 4-6 cm, mit 3 Jahren 8-12 cm, mit 5 Jahren 12-14 cm und mit 7 Jahren 14-16 cm.
Die Europäische Ukelei kann bis zu 20 cm lang, 100 g schwer und 10 Jahre alt werden.

Bedeutung:
Ukeleis haben eine mäßige wirtschaftliche Bedeutung. Der Fang erfolgt hauptsächlich mit Zugnetzen und zu einem geringeren Teil mit Reusen.
Aus den Schuppen wurde früher in Westeuropa und heute noch in Osteuropa (Dnjepr, Don, Wolga) gelegentlich die Guanin-Kristalle herausgelöst und dieses Extrakt für die Beschichtung von Kunstperlen verwendet. Dabei werden für 1 kg dieser Essenz die Schuppen von etwa 40.000 Fischen benötigt. Ukeleis stellen auch eine wichtige Nahrung für andere Raubfische (wie Barsche) dar.
Der weltweite Jahresfang in der Fischerei betrug durchschnittlich etwa in den 1990er und 2000er Jahren 190 bzw. 426 t (wobei ca. 73-84 % auf Albanien, sowie 12-4 % auf Bulgarien und 1-5 % auf Griechenland entfallen).
Die weltweite Jahresproduktion in der Aquakultur betrug durchschnittlich etwa in den 1990er und 2000er Jahren 140 bzw. 24 t (wobei ca. 99-96 % auf Mazedonien entfallen).

Weitere Arten:
In Europa kommen noch folgende Arten dieser Gattung vor –
Alburnus belvica Karaman, 1924 (Prespasee Ukelei) - kommt im Prespasee vor).
Alburnus chalcoides Güldenstädt, 1772 (Pontokaspische Laube) - kommt vom Schwarzen-, Marmara-, Asowschen- und Kaspischen Meer bis zum Aralsee vor.
Die Lauben werden gelegentlich auch in die Gattung bzw. Untergattung *Chalcalburnus* Berg, 1932 gestellt.
In Asien kommen noch 5-10 weitere Arten dieser Gattung vor.

Alburnus chalcoides. (Foto: A. Hartl)

Anaecypris Collares-Pereira, 1983

Anaecypris hispanica. (Foto: F. Ribeiro)

Anaecypris hispanica Steindachner, 1866 **Jarabugo**, Saramugo

Beschreibung:
Rückenflosse mit 3 Hart- und 7-8 Weichstrahlen, Afterflosse mit 3 Hart- und 9-10 Weichstrahlen, 1-23 gelochte Seitenlinienschuppen, 84-130 Kiemenreusendornen, 4-5 Schlundzähne, 40-42 Wirbel.
Der langgestreckte Körper ist seitlich stark zusammengedrückt. Die Körperhöhe kann 16-20 % und die Kopflänge 20-24 % der Standardlänge betragen. Der Ansatz der Rückenflosse liegt hinter dem Ansatz der Bauchflossen. Die Flossenspitzen sind zugespitzt. Der Augendurchmesser ist größer als die Schnauzenlänge. Das end- bis oberständige Maul ist klein und Bartfäden fehlen. Zwischen Bauchflossen und After befindet sich ein schuppenloser Kiel.
Die Oberseite ist grün-braun bis grau-rosa und die Unterseite gelb-braun bis weiß gefärbt. An den Seiten befinden sich kleine schwarze Punkte. Die Flossen sind transparent.

Verbreitung:
Der Jarabugo kommt nur in Europa im Guadiana in Portugal und Spanien vor (44-36° Nördlicher Breite).
Er bevorzugt sauerstoffreiche Bäche mit einer Breite unter 10 m, einer Tiefe von weniger als 70 cm und einer Wassertemperatur unter 25 °C. Er hält sich dort gern an Stellen mit Wasserpflanzen und einer Strömungsgeschwindigkeit von 0,1-0,7 m/s auf.

Lebensweise:
Die Geschlechtsreife wird meist mit einem Alter von 1 Jahr bei einer Größe von 3-4 cm erreicht.
Zur Laichzeit wandern die Laichfische flussaufwärts.
Die Laichzeit erstreckt sich von April bis Mai bei Wassertemperaturen von 20-23 °C.
Die Abgabe der klebrigen 500-900 Eier je Weibchen erfolgt in Intervallen. Die transparenten Eier haben eine Größe von etwa 1,4 mm.
Die Entwicklungszeit beträgt bei einer Wassertemperatur von 22 °C etwa 3 Tage bis zum Schlupf und weitere 7 Tage bis zur aktiven Nahrungsaufnahme. Die Larven sind frischgeschlüpft etwa 5 mm und fressfähig etwa 6 mm lang.
Nach dem Laichen wandern die Fische zu Beginn des Sommers wieder flussabwärts. Bei Trockenheit ziehen sich die Fische in Kolke zurück.
Die Nahrung besteht hauptsächlich aus Zooplankton, fädigen Algen und Wasserpflanzen, sowie kleinen Wirbellosen wie Insekten.
Da Wachstum ist relativ langsam.
Der Jarabugo kann bis zu 10 cm lang und 3 Jahre alt werden.

Bedeutung:
Der Jarabugo hat wirtschaftlich keine Bedeutung.
Er ist durch Wasserbau- (Dämme) und Besatzmaßnahmen (Sonnen- und Forellenbarsch) stark gefährdet.

Weitere Arten:
Weltweit kommen keine weiteren Arten dieser Gattung vor.

Aspius Agassiz, 1835

Aspius aspius. (Foto: M. Hochleithner)

Aspius aspius Linnaeus, 1758 **Pontokaspischer Rapfen**, Schied

Beschreibung:
Rückenflosse mit 3 Hart- und 7-10 Weichstrahlen, Afterflosse mit 2-4 Hart- und 11-15 Weichstrahlen, 62-90 gelochte Seitenlinienschuppen, 6-11 Kiemenreusendornen, 2.5-5.3 Schlundzähne, 44-51 Wirbel.
Der langgestreckte Körper ist seitlich stark zusammengedrückt. Die Körperhöhe kann 23-29 % und die Kopflänge 23-26 % der Standardlänge betragen. Die Flossenspitzen sind zugespitzt. Die Schuppen sind relativ klein und oval. Der Augendurchmesser ist wesentlich kleiner als die Schnauzenlänge. Das große oberständige Maul ist bis unter die Augen gespalten und Bartfäden fehlen. Zwischen Bauchflossen und After befindet sich ein beschuppter Kiel. Der Verdauungstrakt ist sehr kurz und beträgt unter 100 % der Körperlänge. Zur Laichzeit bekommen die Männchen kleine Warzen an den Seiten.
Der Rücken ist braun-grün, die Seiten silber-blau und der Bauch silbrig-weiß gefärbt. Die Flossen sind meist rot-grau, und die Rücken- und Schwanzflosse hat manchmal dunkle Spitzen.

Verbreitung:

Der Pontokaskische Rapfen kommt in ruhig fließenden bis stehenden Gewässern im Einzugsgebiet von Nord- und Ostsee, Schwarzem-, Asowschem- und Kaspischem Meer sowie Aralsee vor (66-35° Nördlicher Breite). Im Baltischen und Aralo-Pontokaspischen Raum kommt er auch im Brackwasser vor.

Das Verbreitungsgebiet erstreckt sich in Europa von Weser und Elbe über Oder und Weichsel bis Newa, sowie von Donau, Struma und Maritza über Dnjepr und Dnjestr, Don und Kuban, bis Terek, Wolga und Ural. Er fehlt auf den Britischen Inseln und im Nordwesten von Skandinavien.

Im Rhein wurde der Rapfen eingesetzt oder ist über den Rhein-Main-Donau-Kanal eingewandert.

Der Pontokaspische Rapfen wird meist in folgende Unterarten eingeteilt:

Aspius aspius aspius Linnaeus, 1758 (Baltisch-Pontischer Rapfen) - kommt im Schwarzen- und Asowschen Meer, sowie in Ostsee vor.

Aspius aspius taeniatus Eichwald, 1831 (Aralo-Kaspischer Rapfen) - kommt im Kaspischen Meer, sowie im Aralsee vor.

A. a. taeniatus hat durchschnittlich etwas mehr (67-90 zu 64-76) Seitenlinienschuppen als *A. a. aspius,* sowie oft auch rote Lippen.

Lebensweise:

Die Geschlechtsreife wird mit 3-6 Jahren bei einer Länge von 40-60 cm und einem Gewicht von 1-2 kg erreicht.

Vom Kaspischen Meer wandert der Rapfen von Oktober bis Februar in die Flüsse oder Seen und überwintert dort an tieferen Stellen.

Die Laichzeit erstreckt sich von März-Mai bei Wassertemperaturen von 6-16 °C. Die Abgabe der 40.000-50.000 Eier je Kilogramm Körpergewicht erfolgt meist in Gruppen über kiesigem Grund in der Strömung in Flussmitte. Die klebrigen Eier haben ungequollen einen Durchmesser von 1,1-1,8 mm (2,3-3,1 mg) und gequollen 2,0-3,0 mm. Bei einer Wassertemperatur von 7-16 °C dauert die Eientwicklung etwa 11-15 Tage (ca. 270 Tagesgrade). Temperaturen über 20 °C führen zum Absterben der Eier und Larven. Die Brütlinge haben frischgeschlüpft eine Länge von 5-7 mm und fressfähig eine Länge von 7-9 mm. Gelegentlich treten auch Hybriden mit Orfe oder Laube auf.

Von den Zuflüssen des Kaspischen Meeres wandern die Laichfische bald nach dem Laichen und die Jungfische von Juni-August bei einer Größe von 5-10 cm ins Brackwasser. Die Jungfische schließen sich meist zu Gruppen zusammen; ältere Fische sind Einzelgänger. In den Zuflüssen des Aralsees gibt es auch Populationen die kaum wandern.

Die Nahrung besteht anfangs hauptsächlich aus Wirbellosen, wie Zooplankton, später vor allem aus Fischen (*Abramis, Alburnus, Leuciscus, Osmerus, Pelecus, Rutilus, Scardinius*), die oft in der Dämmerung nahe der Wasseroberfläche gejagt werden. Gelegentlich werden auch Frösche, junge Wasservögel und kleine Säugetiere gefressen. Der Rapfen ist der einzige echte Raubfisch unter den Karpfenfischen in Europa.
Das Wachstum ist im Aralsee langsamer als im Kaspischen Meer. Der Pontokaspische Rapfen erreicht generell mit 1 Jahr 10-15 cm, mit 3 Jahren 30-40 cm, und mit 5 Jahren 50-60 cm.
Die Weibchen wachsen schneller und werden größer als die Männchen.
Der Pontokaspische Rapfen kann bis zu 100 cm lang, 12 kg schwer und 11 Jahre alt werden, meist wird er jedoch nur 60-70 cm lang und 2-3 kg schwer.

Bedeutung:
Der Rapfen hat eine mäßige wirtschaftliche Bedeutung, vor allem am Kaspischen Meer. Rapfen werden hauptsächlich mit Kiemennetzen und zu einem geringeren Teil mit Trappnetzen gefangen.
Im nördlichen Kaspischen Meer wurden Anfang bis Mitte der 1910er Jahre 1.580 t (ca. 2 Mio. Stück) und Mitte bis Ende der 1920er Jahre 1.726 t jährlich gefangen. Im Aralsee wurden Mitte bis Ende der 1930er Jahre etwa 178 t (1-2 % des Gesamtfangs) jährlich gefangen.
Der weltweite Jahresfang in der Fischerei betrug durchschnittlich etwa in den 1980er Jahren 190 t, 1990er Jahren 930 t und in den 2000er Jahren 1.735 t (wobei ca. 95-100 % auf die UdSSR bzw. GUS entfallen).
Die weltweite Jahresproduktion in der Aquakultur betrug durchschnittlich etwa in den 1990er und 2000er Jahren 2-4 t (wobei ca. 100 % auf Kasachstan und die Ukraine entfallen). In Osteuropa wird der Rapfen auch künstlich vermehrt und in Teichen zu Besatzfischen gezogen.

Weitere Arten:
In Europa kommen keine weiteren Arten dieser Gattung vor, sondern nur in Asien – *Aspius vorax* Heckel, 1843 (Mesopotamischer Rapfen) - kommt in Euphrat und Tigris vor.

Blicca Heckel, 1843

Blicca bjoerkna. (Foto: A. Hartl)

Blicca bjoerkna Linnaeus, 1758 **Güster**, Blicke

Beschreibung:

Rückenflosse mit 3 Hart- und 7-9 Weichstrahlen, Afterflosse mit 3 Hart- und 17-25 Weichstrahlen, 40-51 gelochte Seitenlinienschuppen, 13-21 Kiemenreusendornen, 1.5-5.3 Schlundzähne, 39-42 Wirbel.

Der hochrückige Körper ist seitlich stark zusammengedrückt. Die Körperhöhe kann 37-45 % und die Kopflänge 20-24 % der Standardlänge betragen. Die Flossenspitzen sind zugespitzt. Die Schuppen sind dick und tief eingebettet. Der Augendurchmesser ist größer als die Schnauzenlänge und beide sind kleiner als der Augenabstand. Das leicht unterständige Maul ist nicht rüsselartig vorstülpbar und Bartfäden fehlen. Zwischen Bauchflossen und After befindet sich ein schuppenloser Kiel. Der Verdauungstrakt ist kurz und beträgt unter 100 % der Körperlänge.

Der Rücken ist meist grau-braun, die Seiten silber-grau und der Bauch grau-weiß gefärbt. Die Flossen sind grau und die Basis der Brust- und Bauchflossen ist oft orange-braun. Das Bauchfell (Peritoneum) ist hell.

Verbreitung:
Die Güster kommt meist in ruhig fließenden bis stehenden Gewässern im Einzugsgebiet von Nord- und Ostsee, sowie Marmara-, Schwarzem-, Asowschem- und Kaspischem Meer vor (65-35° Nördlicher Breite).
Das Verbreitungsgebiet erstreckt sich in Europa von Adour, Seine, Loire, Rhein und Elbe über Oder und Weichsel bis Newa, sowie von Rhône und Donau über Kamčija, Dnjepr und Kuban, bis Terek, Wolga und Ural. Sie fehlt auf der Iberischen und Apenninischen Halbinsel, sowie im Nordwesten der Britischen Inseln und von Skandinavien.
In einigen Flüssen im Südosten von Spanien wurde sie eingebürgert.
Die Güster wird meist in folgende Unterarten eingeteilt:
Blicca bjoerkna bjoerkna Linnaeus, 1758 (Europäische Güster) - kommt von Terek nördlich vor.
Blicca bjoerkna transcaucasica Berg, 1916 (Transkaukasische Güster) - kommt von Kura südlich vor.
B. b. transcaucasica hat durchschnittlich etwas weniger Seitenlinienschuppen (40-45 zu 43-51) als *B. b. bjoerkna*.

Lebensweise:
Die Geschlechtsreife wird mit einem Alter von 2-5 Jahren bei einer Länge von 10-20 cm und einem Gewicht von 100-200 g erreicht.
Die Laichzeit erstreckt sich von April-Juli bei Wassertemperaturen von 15-22 °C. Die Abgabe der klebrigen 0,8-2,0 mm großen Eier erfolgt meist am Morgen, in 1-3 Intervallen im Abstand von 1-3 Wochen über kiesigen Stellen oder Pflanzen. Die Eizahl beträgt etwa 10.000-100.000 Stück je Weibchen.
Gelegentlich treten auch Hybriden mit Brachse, Zährte, Laube, Rotfeder oder Plötze auf.
Die Jungfische und im Winter auch die adulten Fische halten sich in ruhigeren Rückströmbereichen auf.
Die Nahrung besteht im Sommer hauptsächlich aus Zooplankton (*Diaphanosoma, Leptodora*) und im Frühjahr und Herbst überwiegend aus Insektenlarven (*Chironomus*) und Kieselalgen. Gelegentlich werden auch Würmer (*Tubifex*) und Weichtiere (*Dreissena*) gefressen.
Das Wachstum ist je nach Nahrungsangebot und Wassertemperatur unterschiedlich. Die Güster erreicht generell mit 1 Jahr 5-10 cm, mit 3 Jahren 10-15 cm, mit 5 Jahren 15-20 cm und mit 7 Jahren 20-25 cm.
Die Weibchen wachsen etwas schneller und werden länger und schwerer als die Männchen.
Die Güster kann bis zu 40 cm lang, 1 kg schwer und 16 Jahre alt werden, meist wird sie jedoch nur 20-30 cm lang und 0,2-0,3 kg schwer.

Bedeutung:
Die Güster hat wirtschaftlich eine mäßige Bedeutung. Das Hauptfanggebiet ist das Delta von Wolga und Dnjepr.
Der weltweite Jahresfang in der Fischerei betrug durchschnittlich etwa in den 1990er und 2000er Jahren 364 bzw. 485 t (wobei ca. 31-60 % auf Polen und 68-30 % auf die Ukraine entfallen).
Die weltweite Jahresproduktion in der Aquakultur betrug durchschnittlich etwa in den 2000er Jahren 6 t (wobei ca. 100 % auf die Ukraine entfallen).

Weiter Arten:
Weltweit kommen keine weiteren Arten dieser Gattung vor.

Chondrostoma Agassiz, 1835

Chondrostoma nasus. (Foto: M. Hochleithner)

Chondrostoma nasus Linnaeus, 1758 **Eurasische Nase**, Näsling

Beschreibung:

Rückenflosse mit 3-4 Hart- und 8-11 Weichstrahlen, Afterflosse mit 3 Hart- und 8-13 Weichstrahlen, 50-67 gelochte Seitenlinienschuppen, 20-38 kurze Kiemenreusendornen, 5-7 Schlundzähne, 40-48 Wirbel.

Der langgestreckte Körper ist seitlich etwas zusammengedrückt. Die Körperhöhe kann 20-29 % und die Kopflänge 18-25 % der Standardlänge betragen. Die Flossenspitzen sind zugespitzt. Die Schuppen sind groß und oval. Der Augendurchmesser ist kleiner als die Schnauzenlänge. Das unterständige Maul ist klein und quergestellt und von scharfkantig verhornten Lippen umgeben, die Schnauze nasenartig vorspringend und Bartfäden fehlen. Zwischen Brustflossen und After befindet sich kein Kiel. Der Verdauungstrakt ist mittellang und beträgt etwa 200-300 % der Körperlänge.

Zur Laichzeit bekommen die Männchen einen Laichausschlag aus kleinen Warzen am Kopf.

Die Oberseite ist blau-grau bis grün-braun und die Unterseite gelb-weiß gefärbt. Die Rücken- und Schwanzflosse ist rot-grau und die restlichen Flossen rot-braun gefärbt. Das Bauchfell (Peritoneum) ist dunkel (schwarz) pigmentiert.

Verbreitung:
Die Eurasische Nase kommt in Europa und Asien meist in schnell fließenden Gewässern im Einzugsgebiet von Nord- und Ostsee, sowie Mittelmeer, Schwarzem-, Asowschem- und Kaspischem Meer vor (56-37° Nördlicher Breite).
Das Verbreitungsgebiet erstreckt sich in Europa von Maas und Rhein über Elbe und Oder bis Weichsel und Pregel, sowie Po, Isonzo, Drin, Vardar, Struma, Mesta und Maritza über Donau, Dnjestr, Bug, Dnjepr, Don und Kuban bis Wolga und Ural. Sie fehlt auf den Britischen Inseln, in Skandinavien und auf der Krim Halbinsel.
In Loire und Seine, sowie Rhône wurde sie eingebürgert.
Die Eurasische Nase wird meist in folgende Unterarten eingeteilt:
Chondrostoma nasus nasus Linnaeus, 1758 (Gemeine Nase) - kommt im Einzugsbereich von Nord- und Ostsee von Somme bis Pregel, sowie Drin und Donau vor.
Chondrostoma nasus angorensis Elvira, 1987 (Türkische Nase) - kommt im Einzugsbereich vom südlichen Schwarzen Meer von Sakarya und Kizilirmak vor.
Chondrostoma nasus soetta Bonaparte, 1840 (Italienische Nase) - kommt im Einzugsbereich vom Adriatischen Meer von Po bis Isonzo vor.
Chondrostoma nasus prespense Karaman, 1924 (Balkan Nase) - kommt im Einzugsbereich vom Adriatischen und Ägäischen Meer von Drin über Vardar bis Maritza vor.
Chondrostoma nasus variabile Yakovlev, 1870 (Pontokaspische Nase) - kommt im Einzugsbereich von Schwarzen-, Asowschen- und Kaspischen Meer (ohne Donau) von Dnjepr und Dnjestr über Don und Kuban bis Wolga und Ural vor.
C. n. soetta hat durchschnittlich etwas mehr Weichstrahlen in der Afterflosse (11-13 zu 9-12) als *C. n. nasus*.
C. n. prespense hat durchschnittlich etwas mehr Seitenlinienschuppen (57-67 zu 56-63), sowie weniger Weichstrahlen in der Afterflosse (8-10 zu 9-12) als *C. n. nasus*.
C. n. variabilie hat durchschnittlich etwas weniger Seitenlinienschuppen (50-62 zu 56-67) und Wirbel (40-48 zu 46-48) als *C. n. nasus*.

Lebensweise:
Die Geschlechtsreife wird mit einem Alter von 2-7 Jahren bei einer Größe von 15-25 cm erreicht.
Zur Laichzeit wandern die Fische einige Kilometer flussaufwärts, oft in Seitenflüsse. Die Männchen erscheinen an den Laichplätzen meist vor den Weibchen und bleiben auch länger, wobei sie oft Revierkämpfe austragen.
Die Laichzeit erstreckt sich von März-Mai bei Wassertemperaturen von 8-16 °C.
Die Abgabe der 35.000-50.000 Eier/kg Körpergewicht erfolgt meist innerhalb weniger (3-5) Tage, an flachen, kiesigen Stellen in fließendem Wasser in einer Tiefe von etwa 30-40 cm. Die Anzahl der Eier an den Laichplätzen kann bis zu 20.000-40.000 Stück/m^2 betragen. Die klebrigen, gelbbraunen Eier haben, abhängig von der Fischgröße, ungequollen einen Durchmesser von 1,5-2,6 mm (4-6 mg) und gequollen einen Durchmesser von 2,6-3,5 mm. Die Entwicklungsdauer bis zum Schlupf beträgt 130-220 Tagesgrade und bis zur Schwimmfähigkeit weitere 60-160 Tagesgrade. Die frischgeschlüpften Larven haben eine Länge von 7-8 mm (5-6 mg) und sind bei einer Länge von 9-10 mm schwimm- und fressfähig.
Die Jungfische halten sich meist im seichten Wasser in Ufernähe auf.
Die Nahrung besteht hauptsächlich aus Aufwuchsalgen, die vorwiegend in der Dämmerung mit den Lippen abgeschabt und gefressen werden. Gelegentlich werden auch Fischeier gefressen.
Im Herbst schließen sich die Fische zu größeren Gruppen zusammen und überwintern an tieferen, strömungsberuhigten Stellen.
Das Wachstum ist je nach Gewässer unterschiedlich. Die Eurasische Nase erreicht generell mit 1 Jahr 6-8 cm, mit 3 Jahren 14-16 cm und mit 5 Jahren 20-25 cm. Die Weibchen werden meist älter und größer als die Männchen.
Die Eurasische Nase kann bis zu 55 cm lang, 3 kg schwer und 20 Jahre alt werden, meist wird sie jedoch nur 30-40 cm lang und 0,2-0,4 kg schwer.

Bedeutung:
Die Eurasische Nase hat eine mäßige wirtschaftliche Bedeutung.
Der Fang erfolgt oft mit Kiemennetzen oder Reusen.
Der weltweite Jahresfang in der Fischerei betrug durchschnittlich etwa in den 1990er und 2000er Jahren 30 bzw. 94 t (wobei ca. 90-16 % auf die Slowakei entfallen).

Weitere Arten:

In Europa kommen folgende weiteren Arten dieser Gattung vor –

Chondrostoma arrigonis Steindachner, 1866 (Júcar Nase) - kommt im Júcar vor.

Chondrostoma colchicum Derjugin, 1899 (Kolchische Nase) - kommt von Kuban bis Corhu vor.

Chondrostoma genei Bonaparte, 1839 (Lau) - kommt von Vomano über Po und Etsch bis Isonzo vor.

Chondrostoma knerii Heckel, 1843 (Dinarische Nase) - kommt in der Neretva vor.

Chondrostoma miegii Steindachner, 1866 (Ebro Nase) - kommt in Ebro und Tagus, sowie Turia und Mijares vor.

Chondrostoma oxyrhynchum Kessler, 1877 (Kaukasische Nase) - kommt von Kuma und Terek über Sulak und Samur bis Kura vor.

Chondrostoma phoxinus Heckel, 1843 (Dalmatische Nase) - kommt in der Cetina vor.

Chondrostoma polylepis Steindachner, 1865 (Nordiberische Nase) - kommt von Douro über Tajo bis Sago vor.

Chondrostoma toxostoma Vallot, 1837 (Sofie) - kommt von Adour bis Gironde und Rhône bis Aude vor.

Chondrostoma willkommii Steindachner, 1866 (Südiberische Nase) - kommt von Guadiana über Guadalquivir bis Guadaldente vor.

Chondrostoma arcasii Steindachner, 1866 - kommt in Mino, Tejo, Ebro, sowie Limia bis Tornada und Tagus vor.

Chondrostoma lemmingii Steindachner, 1866 - kommt in Tejo und Guadina vor.

Chondrostoma lusitanicum Collares-Pereira, 1890 - kommt in Tejo und Sado, sowei Mira und Arade vor.

Chondrostoma olisiponensis Gante, Santos et Alves, 2007 - kommt im Tejo vor.

Chondrostoma oretanum Doadrio et Carmona, 2003 - kommt im Guadalquivir vor.

Chondrostoma salmantinum Doadrio et Elvira, 2007 - kommt im Duero vor.

Die letzten 6 Iberischen Arten werden manchmal auch in die Gattung bzw. Untergattung *Achondrostoma* Robalo, Almada, Levy et Doadrio, 2007 gestellt.

In Asien kommen noch folgende Arten dieser Gattung vor –
Chondrostoma beysehirense Bogustkaya, 1997 (Beysehir Nase) - kommt im Beysehir-See-Becken in der Türkei vor.
Chondrostoma holmwoodii Boulenger, 1896 (Izmir Nase) - kommt in Bakir und Gediz, sowie Menderes in der Türkei vor.
Chondrostoma regium Heckel, 1843 (Mesopotamische Nase) - kommt von Ceyhan und Seyhan über Orontes bis Euphrat und Tigris sowie Kor vor.

Chondrostoma willkommii. (Foto: F. Ribeiro)

Chondrostoma lemmingii. (Foto: M.A. Aboim)

Ladigesocypris Karaman, 1972

Ladigesocypris ghigii. (Foto: M. Hochleithner)

Ladigesocypris ghigii Gianferrari, 1927 **Goldrücken Moderlieschen**, Gizani

Beschreibung:
Rückenflosse mit 2 Hart- und 6-11 Weichstrahlen, Afterflosse mit 2 Hart- und 7-10 Weichstrahlen, 5-17 gelochte Seitenlinienschuppen, 19-21 Kiemenreusendornen, 2.5-5.2 Schlundzähne.
Der langgestreckte Körper ist seitlich etwas zusammengedrückt. Die Flossenspitzen sind etwas abgerundet. Die Schuppen sind groß. Der Augendurchmesser ist kleiner als die Schnauzenlänge. Das endständige Maul ist klein und Bartfäden fehlen. Zwischen Brustflossen und After befindet sich kein Kiel.
Die Oberseite ist braun-grau und die Unterseite gelb-weiß gefärbt. Entlang der Seiten befindet sich ein dunkler Streifen. Die Flossen sind gelb-braun.

Verbreitung:
Das Goldrücken Moderlieschen kommt im Südwesten von Anatolien (Bergama bis Dalaman) in der Türkei sowie auf der Insel Rhodos in Griechenland vor (37-36° Nördlicher Breite).
Es besiedelt langsam fließende Quellbäche und bevorzugt Stellen mit Wasserpflanzen oder Wurzelstöcken.
Rhodos gehört zwar geografisch schon zu Asien aber politisch derzeit zu Europa, daher wird diese Art der Vollständigkeit wegen hier auch aufgeführt.
Das Goldrücken Moderlieschen wird meist in folgende Unterarten eingeteilt:
Ladigesocypris ghigii ghigii Gianferrari, 1927 - kommt auf Rhodos vor.
Ladigesocypris ghigii irideus Ladiges, 1960 - kommt in Anatolien vor.

Lebensweise:
Die Geschlechtsreife wird meist mit einem Alter von 1 Jahr erreicht.
Die Laichzeit erstreckt sich von Februar-Juni.
Die Abgabe der klebrigen 1,2-1,4 mm großen Eier erfolgt in Intervallen über Wasserpflanzen.
Die Jungfische halten sich meist in Ufernähe bei Wasserpflanzen auf.
Die Nahrung besteht hauptsächlich aus Planktonkrebsen und Insekten, im Sommer aber vorwiegend aus Pflanzen.
Das Wachstum ist relativ langsam.
Das Goldrücken Moderlieschen kann bis zu 12 cm lang und 3 Jahre alt werden.

Bedeutung:
Das Goldrücken Moderlieschen hat wirtschaftlich keine Bedeutung.
Es ist durch Wasserentnahme und Umweltveränderungen gefährdet.

Weitere Arten:
In Asien kommt noch folgende Art dieser Gattung vor –
Ladigesocypris mermere Ladiges, 1960 - kommt im Marmarasee in der Türkei vor.

Leucaspius Heckel et Kner, 1858

Leucaspius delineatus. (Foto: A. Hartl)

Leucaspius delineatus Heckel, 1843 **Gemeines Moderlieschen**, Rapfenlaube

Beschreibung:
Rückenflosse mit 2-3 Hart- und 7-9 Weichstrahlen, Afterflosse mit 3-4 Hart- und 10-13 Weichstrahlen, 1-13 gelochte Seitenlinienschuppen, 14-16 Kiemenreusendornen, 1.4-5.2 Schlundzähne, 36-42 Wirbel.
Der langestreckte Körper ist seitlich stark zusammengedrückt. Die Körperhöhe kann 25-30 % und die Kopflänge 22-32 % der Standardlänge betragen. Die Schuppen sind relativ groß. Die Seitenlinie ist unvollständig. Der Augendurchmesser entspricht etwa der Schnauzenlänge. Das oberständige Maul ist klein und Bartfäden fehlen.
Zur Laichzeit bekommen die Männchen einen Laichausschlag am Kopf und die Weibchen eine 2-3 mm lange Legeröhre.
Der Rücken ist meist grün-blau, die Seiten silber-grau und der Bauch silbrig-weiß gefärbt. Entlang der Seitenlinien, vor allem am Schwanzstiel, ist meist ein blau-grüner Streifen vorhanden. Die Flossen sind farblos.

Verbreitung:
Das Gemeine Moderlieschen kommt meist in stehenden Gewässern im Einzugsgebiet von Nord- und Ostsee, sowie Marmara-, Schwarzem-, Asowschem- und Kaspischem Meer vor (64-38° Nördlicher Breite).
Das Verbreitungsgebiet erstreckt sich in Europa von Rhein und Elbe über Oder und Weichsel bis Dwina und Newa, sowie von Maritza, Nestos, Donau über Don und Kuban bis Kuma und Wolga. Das Moderlieschen fehlt auf den Britischen Inseln und im Westen und Norden von Skandinavien, sowie auf der Apenninischen Halbinsel.
In Großbritannien und Frankreich wurde es eingebürgert.
Das Gemeine Moderlieschen wird meist in folgende Unterarten eingeteilt:
Leucaspius delineatus delineatus Heckel, 1843 (Europäisches Moderlieschen) - kommt vom Don westlich vor.
Leucaspius delineatus caucasicus Berg, 1949 (Kaukasisches Moderlieschen) - kommt vom Kuban östlich vor.
L. d. caucasicus hat durchschnittlich etwas weniger Weichstrahlen in der Rückenflosse (7-8 zu 8-9) als *L. d. delineatus*.

Lebensweise:
Die Geschlechtsreife wird mit einem Alter von 1-3 Jahren und einer Größe von 4-6 cm erreicht.
Die Laichzeit erstreckt sich von April-August bei Wassertemperaturen von 16-20 °C.
Der Laich wird, über mehrere Wochen hinweg in mehreren (meist 2-3) Raten in unregelmäßigen, mehrzeiligen Reihen im flachen Wasser an Wasserpflanzen (bevorzugt Stängel) geklebt und vom Männchen betreut und bewacht. Die durchsichtigen 500-3.500 Eier je Weibchen (bzw. 230.000-1.300.000 Eier/kg Körpergewicht) haben einen Durchmesser von 1,0-1,5 mm. Die Entwicklung der Eier dauert bei einer Wassertemperatur von 21-22 °C etwa 5-6 Tage (100-120 Tagesgrade).
Die Nahrung besteht hauptsächlich aus Zooplankton und Insekten.
Das Wachstum ist relativ langsam. Das Moderlieschen erreicht generell mit 1 Jahr 3-4 cm, mit 2 Jahren 4-5 cm, mit 3 Jahren 5-6 cm und mit 4 Jahren 6-7 cm.
Die Weibchen werden etwas größer als die Männchen.
Das Gemeine Moderlieschen kann bis zu 12 cm lang und 6 Jahre alt werden, meist wird es jedoch nur 6-9 cm lang und 3-5 Jahre alt.

Bedeutung:
Moderlieschen haben wirtschaftlich eine sehr geringe Bedeutung. Sie werden hauptsächlich mit Reusen und zu einem geringeren Teil mit Senken gefangen.
In einigen Gegenden werden sie jedoch getrocknet oder eingelegt und als Sardinenersatz verwendet. Auch für Raubfische (wie Barsche) stellen sie eine wichtige Nahrung dar.

Weitere Arten:
Weltweit kommen keine weiteren Arten dieser Gattung vor.

Leuciscus Cuvier, 1816

Leuciscus leuciscus. (Foto: A. Hartl)

Leuciscus leuciscus Linnaeus, 1758 **Europäischer Hasel**

Beschreibung:

Rückenflosse mit 3 Hart- und 7-8 Weichstrahlen, Afterflosse mit 3 Hart- und 7-9 Weichstrahlen, 45-55 gelochte Seitenlinienschuppen, 6-9 kurze Kiemenreusendornen, 2.5-5.3 Schlundzähne, 40-45 Wirbel.

Der langgestreckte Körper ist seitlich etwas zusammengedrückt. Die Körperhöhe kann 19-25 % und die Kopflänge 18-22 % der Standardlänge betragen. Die Flossenspitzen sind etwas abgerundet. Die Schuppen sind groß und oval. Der Augendurchmesser ist kleiner als die Schnauzenlänge, und diese wiederum kleiner als der Augenabstand. Das endständige Maul ist klein, die Lippen dick und Bartfäden fehlen. Zwischen Brustflossen und After befindet sich kein Kiel. Der Verdauungstrakt ist kurz und beträgt 100-200 % der Körperlänge.

Die Oberseite ist grau-braun und die Unterseite silbrig-weiß gefärbt. Die Rücken- und Schwanzflosse ist grau-braun, die restlichen gelb-braun bis farblos.

Verbreitung:
Der Europäische Hasel kommt meist in fließenden und stehenden Gewässern im Einzugsgebiet von Nord- und Ostsee, sowie Weißem-, Schwarzem-, Asowschem- und Kaspischem Meer vor (69-41° Nördlicher Breite).
Das Verbreitungsgebiet erstreckt sich in Europa von Adour, Gironde, Loire, Rhein und Elbe über Oder und Weichsel bis Newa und Petschora, sowie von Aude, Hérault, Rhône und Arc, über Donau und Don bis Wolga und Ural. Er fehlt auf der Iberischen-, Apenninischen-, Balkan- und Krim-Halbinsel.
Der Europäische Hasel wird meist in folgende Unterarten eingeteilt:
Leuciscus leuciscus leuciscus Linnaeus, 1758 (Gemeiner Hasel) - kommt von Seine und Rhône östlich vor.
Leuciscus leuciscus burdigalensis Valenciennes, 1844 (Französischer Hasel) - kommt von Loire und Hérault westlich vor.
L. l. burdigalensis hat durchschnittlich ein etwas längeres Oberkiefer, sowie etwas dickere Lippen als *L. l. leuciscus*.

Lebensweise:
Die Geschlechtsreife wird mit einem Alter von 3-4 Jahren bei einer Größe von 15-20 cm erreicht.
Zur Laichzeit wandern die Fische meist einige Kilometer flussaufwärts zu den Laichplätzen, die sich oft in Seitenflüssen befinden.
Die Laichzeit erstreckt sich von März bis Mai bei Wassertemperaturen von 8-15 °C.
Die Laichabgabe erfolgt meist auf einmal binnen weniger (3-5) Tage, vorzugsweise über Kies. Eier haben einen Durchmesser von etwa 1,9-2,1 mm und haften am Substrat.
Die Jungfische halten sich meist im seichten Wasser des Uferbereichs auf. Der Winter wird in größeren Gruppen in ruhigeren Stellen verbracht.
Die Nahrung besteht hauptsächlich aus Insekten.
Der Europäische Hasel kann bis zu 40 cm lang, 0,4 kg schwer und 10 Jahre alt werden.

Bedeutung:
Der Europäische Hasel hat wirtschaftlich nur eine mäßige Bedeutung.
Der Fang erfolgt hauptsächlich mit Kiemennetzen und zu einem geringeren Teil mit Reusen.
Der weltweite Jahresfang in der Fischerei betrug durchschnittlich etwa in den 1990er und 2000er Jahren 225 bzw. 83 t (wobei ca. 98-100 % auf die Türkei entfallen).

Weitere Arten:
In Europa kommen noch folgende Arten dieser Gattung vor –
Leuciscus danilewskii Kessler, 1877 (Danilevsky Hasel) - kommt in Don und Dnjepr vor.
Leuciscus idus Linnaeus, 1758 (Eurasische Orfe) - kommt von Loire bis Lena, sowie von Donau bis Ural vor.
Leuciscus albus Bonaparte, 1838 (Trasimeno Döbel) - kommt im Trasimeno-See vor.
Leuciscus aphipsi Aleksandrov, 1927 (Afips Döbel) - kommt im Kuban vor.
Leuciscus aradensis Coelho, Bogutskaya, Rodrigues et Collares-Pereira, 1998 (Arade Döbel) - kommt von Seixe und Aljezur über Alvor und Arade bis Bordeira und Quarteira vor.
Leuciscus borysthenicus Kessler, 1859 (Pontischer Döbel) - kommt von Dnjestr und Dnjepr über Kuban und Rioni bis Kizilirmak und Kamčija (ohne Donau), sowie in Struma, Menderes und auf Lesbos vor.
Leuciscus carolitertii Doadrio, 1988 (Nordiberischer Döbel) - kommt von Mino über Lima bis Duero vor.
Leuciscus castellanus Doadrio, Perea et Alonso, 2007 (Gallo Döbel) - kommt im Tajo vor.
Leuciscus cephalus Linnaeus, 1758 (Gemeiner Döbel) - kommt im Einzugsbereich von Nord- und Ostsee, sowie Schwarzen-, Asowschen- und Kaspischen Meer vor.
Leuciscus cii Richardson, 1857 (Lesbos Döbel) - kommt auf Lesbos, sowie in Bakir und Gediz vor.
Leuciscus illyricus Heckel et Kner, 1858 (Illyrischer Döbel) - kommt in Isonzo, Cetina und Krka vor.
Leuciscus janae Bogutskaya et Zupančič, 2010 (Istrischer Döbel) - kommt in Dragonja, Pazincica und Boljunscica vor.
Leuciscus keadicus Stephanidis, 1971 (Evrotas Döbel) - kommt im Evrotas vor.
Leuciscus lepidus Heckel, 1843 (Kaukasischer Döbel) - kommt von Kuban und Terek bis Atrek und Gurgan, sowie von Ceyhan, Seyhan und Orontes bis Euphrat und Tigris vor.
Leuciscus lucumonis Bianco et Recchia, 1983 (Toskanischer Döbel) - kommt von Serchio über Ombrone bis Tiber und Arno vor.
Leuciscus macedonicus Karaman, 1955 (Mazedonischer Döbel) - kommt in Maritza und Struma vor.
Leuciscus malacitanus Doadrio et Carmona, 2006 (Málaga Döbel) - kommt von Guadalmina über Guadaiza bis Guadiaro vor.
Leuciscus microlepis Heckel, 1843 (Makal Döbel) - kommt im Neretva-

Becken vor.
Leuciscus moreoticus Stephanidis, 1971 (Stymphalischer Döbel) - kommt im Vouraikos und Stymphalos-See vor.
Leuciscus pamvoticus Stephanidis, 1939 (Pamvotis Döbel) - kommt von Kalamas bis Arachthos, sowie Aoos bis Mati vor.
Leuciscus peloponensis Valenciennes, 1844 (Peloponnesischer Döbel) - kommt auf der Halbinsel Peloponnes (ohne Evrotas und Vourakios) vor.
Leuciscus prespensis Fowler, 1977 (Prespa Döbel) - kommt im Prespasee vor.
Leuciscus pyrenaicus Günther, 1868 (Südiberischer Döbel) - kommt von Tajo und Sado über Guadalquivir und Guadina bis Júcar und Ebro vor.
Leuciscus squalus Bonaparte, 1837 (Italienischer Döbel) - kommt auf der Apenninische Halbinsel, sowie von Isonzo bis Drin vor.
Leuciscus svallize Heckel et Kner, 1858 (Neretva Döbel) - kommt in Neretva und Matica vor.
Leuciscus tenellus Heckel, 1843 (Cetina Döbel) - kommt in Cetina, sowie im Busko- und Mandecko-See vor.
Leuciscus torgalensis Coelho, Bogutskaya, Rodrigues et Collares-Pereira, 1998 (Mira Döbel) - kommt in Mira vor.
Leuciscus valentinus Doadrio er Carmona, 2006 (Ostiberischer Döbel) - kommt von Vinalopo und Algar über Serpis und Júcar bis Turia und Mijares vor.
Leuciscus zrmanjae Karaman, 1928 (Zrmanja Döbel) - kommt in Zrmanja und Krka vor.
Leuciscus alburnoides Steindachner, 1866 (Calandino) - kommt in Douro, Tagus, Sado, Guadina, Guadalquivir und Quarrteira vor.
Leuciscus palaciosi Doadrio, 1980 (Bogardilla) - kommt im Guadalquivir vor.
Die letzten beiden Iberischen Arten haben einen Hybridursprung (*Leuciscus* x *Anaecypris* od. *Chondrostoma*) und werden gelegentlich in die Gattung bzw. Untergattung *Iberocypris* Doadrio, 1980 gestellt.
Die Döbel werden gelegentlich auch in die Gattung bzw. Untergattung *Squalius* Bonaparte, 1837 gestellt.
In Asien kommen noch folgende Arten dieser Gattung vor –
Leuciscus baicalensis Dybowski, 1874 (Sibirischer Hasel) - kommt von Ob bis Kolyma vor.
Leuciscus chuanchicus Kessler, 1876 (Chinesischer Hasel) - kommt im Huang-He in China vor.
Leuciscus lehmanni Brandt, 1852 (Turkestan Hasel) - kommt in Amudarja und Syrdarja, sowie Murgab und Tedshen vor.

Leuciscus lindbergi Zanin et Eremejev, 1934 (Biiliköl Hasel) - kommt im Biilikulsee vor.
Leuciscus schmidti Herzenstein, 1896 (Ysykköl Hasel) - kommt im Issykkulsee vor.
Leuciscus waleckii Dybowski, 1869 (Amur Orfe) - kommt von Amur über Sakhalin und Korea bis Huang-He vor.
In Asien kommen auch noch 5-10 weitere Döbel Arten vor.

Leuciscus alburnoides. (Foto: F. Ribeiro)

Leuciscus malacitanus. (Foto: A. Hartl)

Leuciscus cephalus. (Foto: M. Hochleithner)

Leuciscus idus. (Foto: A. Hartl)

Pachychilon Steindachner, 1882

Pachychilon pictum. (Foto: L. Pialek)

Pachychilon pictum Heckel et Kner, 1858 **Albanische Nasenplötze**, Moranec

Beschreibung:
Rückenflosse mit 3 Hart- und 7-9 Weichstrahlen, Afterflosse mit 3 Hart- und 8-10 Weichstrahlen, 42-46 gelochte Seitenlinienschuppen, 10-13 Kiemenreusendornen, 5-5 Schlundzähne.
Der langgestreckte Körper ist seitlich etwas zusammengedrückt. Die Körperhöhe kann 25-29 % und die Kopflänge 24-26 % der Standardlänge betragen. Die Flossenspitzen sind abgerundet. Die Schuppen sind groß und oval. Der Augendurchmesser ist kleiner als die Schnauzenlänge. Das unterständige Maul ist klein und Bartfäden fehlen. Die Oberlippe ist von der Rostralkappe verdeckt und die Unterlippe mit einem mittleren Lappen versehen. Zwischen Bauchflossen und After befindet sich kein unbeschuppter Kiel.
Der Rücken ist meist grau-braun, die Seiten braun-grau bis silbrig und der Bauch grau-weiß gefärbt. An den Seiten befinden sich mehrere dunkle, unregelmäßige Flecken. Die Flossen sind gelb-grau bis farblos.

Verbreitung:
Die Albanische Nasenplötze kommt nur in Europa im Einzugsbereich der Adria von Drin bis Aoos, sowie im Skutari- und Ohridsee vor (43-40° Nördlicher Breite). Sie bevorzugt langsam fließende und stehende Gewässer.
In Italien (Serchio) und Frankreich (Garonne und Var) wurde sie eingebürgert.

Lebensweise:
Die Laichzeit erstreckt sich von März bis Juni bei Wassertemperaturen von über 12 °C.
Die Abgabe der klebrigen Eier erfolgt über Kiesbänken oder Wasserpflanzen.
Die Nahrung besteht hauptsächlich aus Insekten und Algen.
Das Wachstum kann je nach Gewässer unterschiedlich sein. Die Albanische Nasenplötze erreicht im Ohridsee mit 1 Jahr 3-5 cm, mit 3 Jahren 8-10 cm, mit 5 Jahren 12-14 cm und mit 7 Jahren 15-17 cm.
Die Albanische Nasenplötze kann bis zu 20 cm lang, 100 g schwer und 10 Jahre alt werden.

Bedeutung:
Die Albanische Nasenplötze hat wirtschaftlich eine geringe Bedeutung. Kommerziell wird sie hauptsächlich im Skutarisee gefangen.

Weitere Arten:
In Europa kommt noch folgende Art dieser Gattung vor –
Pachychilon macedonicum Steindachner, 1892 (Mazedonische Nasenplötze) - kommt von Gallikos über Vardar bis Pinios in Mazedonien und Griechenland vor.

Phoxinellus Heckel, 1843

Phoxinellus alepidotus. (Foto: D. Jelić)

Phoxinellus alepidotus Heckel, 1843 **Dalmatische Nacktelritze**

Beschreibung:

Rückenflosse mit 3 Hart- und 7-8 Weichstrahlen, Afterflosse mit 2-3 Hart- und 7-8 Weichstrahlen, 11-42 gelochte Seitenlinienschuppen, 9-10 Kiemenreusendornen, 4-5 Schlundzähne, 37-40 Wirbel.

Der langgestreckte Körper ist seitlich nicht zusammengedrückt. Die Körperhöhe kann 21-24 % und die Kopflänge 28-30 % der Standardlänge betragen. Die Flossenspitzen sind abgerundet. Der Körper ist, bis auf die Seitenlinie und einige Schuppen, über und unter der Seitenlinie gleich hinter dem Kopf komplett unbeschuppt. Der Augendurchmesser ist kleiner als die Schnauzenlänge und diese wiederum kleiner als der Augenabstand. Das end- bis unterständige Maul ist klein und Bartfäden fehlen. Zwischen Brustflossen und After befindet sich kein Kiel.

Zur Laichzeit bekommen die Männchen einen Laichausschlag aus kleinen Warzen am Außenrand der Brust- und Afterflossen, sowie am Kopf und den meisten Seitenlinienschuppen.

Der Rücken ist grün-grau bis grau-braun, die Seiten braun-grau und der Bauch gelb-grau bis silbrig-weiß gefärbt. Die Basis der unteren Flossen ist manchmal gelb-braun. Die Flossen selbst sind gelblich bis farblos.

Verbreitung:
Die Dalmatische Nacktelritze kommt nur in den Karstsenken Glamocko-, Livanjsko-, Duvanjsko-Polje und den Karstgewässern Korana und Struga in Bosnien-Herzegowina, sowie Cikola in Kroatien vor (47-42° Nördlicher Breite).
Sie bevorzugt klare Bäche.
Die Dalmatische Nacktelritze wird meist in folgende Unterarten eingeteilt:
Phoxinellus alepidotus alepidotus Heckel, 1843 (Bosnische Nacktelritze) - kommt in Bosnien-Herzegowina vor.
Phoxinellus alepidotus dalmaticus Zupančič et Bogutskaya, 2000 (Kroatische Nacktelritze) - kommt in Kroatien vor.
P. a. dalmaticus hat durchschnittlich etwas weniger Wirbel (37-38 zu 38-40) als *P. a. alepidotus*.

Lebensweise:
Die Geschlechtsreife wird meist mit einem Alter von 1-2 Jahren und einer Größe von 4-5 cm erreicht.
Die Laichzeit erstreckt sich von April bis Juni.
Die Eiablage erfolgt in 2-3 Intervallen an seichten Stellen in fließendem Wasser.
Die Dürreperioden oder den Winter verbringen die Fische in unterirdischen Karstgewässern (Quellen oder Höhlen).
Die Nahrung besteht hauptsächlich aus Wirbellosen.
Das Wachstum ist relativ langsam.
Die Dalmatische Nacktelritze kann bis zu 15 cm lang und 5 Jahre alt werden.

Bedeutung:
Die Nacktelritzen hatten bis etwa Mitte des letzten Jahrhunderts teilweise lokal eine besondere wirtschaftliche Bedeutung. Der Fang erfolgte im Frühjahr mit Korbreusen, die an die Ausgänge von Karstlöchern gestellt wurden, wo die Fische dann bei Hochwasser hineingeschwemmt wurden. Es wurden gleich so große Mengen gefangen, dass die Fische getrocknet und so für die kommenden Monate konserviert wurden.

Weitere Arten:
In Europa kommen noch folgende Arten dieser Gattung vor –
Phoxinellus pseudalepidotus Bogutskaya et Zupančič, 2003 (Dinarische Nacktelritze) - kommt im Neretva-Becken in Bosnien-Herzegowina vor.
Phoxinellus croaticus Steindachner, 1866 (Dalmatischer Elritzenströmer) - kommt in den Karstgewässer Ricica und Otuca, sowie Karstsenken Krbava und Nevesinje, Gatacko, Cernicko, Dabarsko in Kroatien und Bosnien-Herzegowina vor.
Phoxinellus pleurobipunctatus Stephanidis, 1939 (Griechischer Elritzenströmer) - kommt in Louros, Alfios und Pinios in West-Griechenland vor.
Die letzten 2 Arten werden gelegentlich auch in die Gattung bzw. Untergattung *Paraphoxinus* Bleeker, 1863 gestellt.

Phoxinellus croaticus. (Foto: D. Jelić)

Phoxinus Rafinesque, 1920

Phoxinus phoxinus. (Foto: A. Hartl)

Phoxinus phoxinus Linnaeus, 1758 **Eurasische Elritze**, Pfrille

Beschreibung:
Rückenflosse mit 2-3 Hart- und 6-8 Weichstrahlen, Afterflosse mit 3 Hart- und 6-7 Weichstrahlen, 77-92 gelochte Seitenlinienschuppen, 5-11 kurze Kiemenreusendornen, 1.4-5.2 Schlundzähne, 37-42 Wirbel.
Der langgestreckte Körper ist seitlich nicht zusammengedrückt. Die Körperhöhe kann 17-24 % und die Kopflänge 20-27 % der Standardlänge betragen. Die Flossenspitzen sind abgerundet. Die Schuppen sind sehr klein und oval. Der Augendurchmesser ist kleiner als die Schnauzenlänge und der Augenabstand beträgt weniger als die Hälfte des Augendurchmessers. Das endständige Maul ist klein und Bartfäden fehlen. Zwischen Brustflossen und After befindet sich kein Kiel. Der Verdauungstrakt ist kurz und beträgt unter 100 % der Körperlänge.
Zur Laichzeit bekommen beide Geschlechter einen Laichausschlag aus hornigen Warzen am Kopf. Die Männchen haben zur Laichzeit meist breitere fächerförmige Brustflossen mit verdickten Weichstrahlen.

Die Oberseite ist grau-grün bis grau-braun und die Unterseite gelb-weiß gefärbt. Die Seiten sind manchmal gelb-braun und haben oft braune vertikale regelmäßige Flecken oder ein horizontales unregelmäßiges Band. Die Flossen sind gelb-weiß.
Zur Laichzeit bekommen die Männchen einen gelb-roten Bauch, Flossenansätze und Maulspalten, sowie gelb-weiße Flecken an den Kiemendeckeln.

Verbreitung:
Die Eurasische Elritze kommt im Einzugsgebiet von Nord- und Ostsee, Schwarzen-, Asowschen- und Kaspischen Meer, sowie Aralsee vor (73-37° Nördlicher Breite). Sie bevorzugt kühle, klare, sauerstoffreiche, fließende und stehende Gewässer mit kiesigem Grund, und kommt dort bis in eine Höhe von 2000 m über dem Meer vor. An der Ostsee kommt sie gelegentlich auch im Brackwasser vor.
Das Verbreitungsgebiet erstreckt sich in Europa von Adour, Gironde, Loire, Rhein und Elbe über Oder und Weichsel bis Newa und Petschora, sowie von Rhône, Po, Drin, Vardar, Struma und Maritza, über Donau, Dnjepr, Don und Kuban bis Terek, Wolga und Ural. In Asien kommt sie noch über ganz Sibirien von Lena bis Kolyma und Anadyr vor. Sie fehlt im Osten und Süden der Iberischen- und im Süden der Apenninischen Halbinsel.
In Spanien wurde sie im Douro eingebürgert.
Die Eurasische Elritze wird meist in folgende Unterarten eingeteilt:
Phoxinus phoxinus phoxinus Linnaeus, 1758 (Gemeine Elritze) - kommt von Gironde und Rhône östlich und von Donau und Maritza nördlich vor.
Phoxinus phoxinus lumaireul Schinz, 1840 (Italienische Elritze) - kommt von Po bis Drin, sowie Struma vor.
Phoxinus phoxinus septimaniae Kottelat, 2007 (Französische Elritze) - kommt von Adour und Ebro bis Gardon und Tech vor.
P. p. lumaireul hat durchschnittlich eine etwas kürzere Schnauze (26-29 zu 28-34 % der Kopflänge) als die restlichen Unterarten.
P. p. septimaniae hat durchschnittlich einen etwas kürzeren und höheren Schwanzstiel (Höhe 2,1-3,1 zu 2,5-3,3 mal dessen Länge) als *P. p. phoxinus.*

Lebensweise:
Die Laichreife wird mit einem Alter von 2-4 Jahren und einer Größe von 4-6 cm erreicht.
Die Laichzeit erstreckt sich, je nach Höhenlage, von März bis August bei Wassertemperaturen von 8-16 °C.

Die Eiabgabe erfolgt in Schwärmen an seichten Stellen mit Kiesgrund von 2-3 cm Durchmesser und einer Strömungsgeschwindigkeit von 0,1-0,3 m/s. Die Laichabgabe erfolgt oft in 2-3 Intervallen im Abstand von 4-5 Wochen, wobei bei einer Länge von 6-7 cm je Saison 300-3.000 Eier je Weibchen abgegeben werden. Die gelb-orangen Eier haben ungequollen einen Durchmesser von 1,0-1,5 mm und gequollen 1,5-2,0 mm. Nach dem Schlupf verstecken sich die Larven zwischen Steinen und ernähren sich vom Vorrat des Dottersacks.
Die Nahrung besteht hauptsächlich aus Plankton und anderen Krebsen (*Gammarus*) und Insekten, sowie gelegentlich auch aus Pflanzen.
Die Bestandsdichte kann bis über 10.000 Stück pro Hektar erreichen.
Das Wachstum ist relativ langsam.
Die Eurasische Elritze kann bis zu 15 cm lang, 100 g schwer und 13 Jahre alt werden; meist wird sie jedoch nur 7-9 cm lang.

Bedeutung:
Die Eurasische Elritze ist wirtschaftlich von geringer Bedeutung, allerdings dient sie anderen Fischen (Forellen, Saiblinge, Rutten) als Nahrung. Sie wurde deshalb früher gerne als (lebender) Köderfisch verwendet, was heute jedoch in vielen Ländern verboten ist.
Elritzen werden hauptsächlich mit Reusen und zu einem geringeren Teil mit Senken gefangen.

Weitere Arten:
In Europa kommen noch folgende Arten dieser Gattung vor –
Phoxinus colchicus Berg, 1912 (Kaukasische Elritze) - kommt in Kaukasien von Kuban bis Rioni vor.
Phoxinus czekanowskii Dybowski, 1869 (Sibirische Sumpfelritze) - kommt von Kara und Petschora bis Lena und Kolyma, sowie Amur vor.
Phoxinus percnurus Pallas, 1814 (Eurasische Sumpfelritze) - kommt von Oder und Weichsel über Dnjepr und Wolga bis Dwina und Kolyma sowie Amur vor.
Die Sumpfelritzen werden gelegentlich auch in die Gattung bzw. Untergattung *Rhynchocypris* Günther, 1889 gestellt.
In Asien kommen noch weitere 10-15 Arten dieser Gattung vor.
In Nordamerika kommen noch "Elritzen" vor, die jedoch in die Gattung *Chrosomus* Rafinesque, 1820 gestellt werden.

Phoxinus percnurus. (Foto: T. Doroń)

Pseudophoxinus Bleeker, 1860

Pseudophoxinus stymphalicus. (Foto: D. Kommatas)

Pseudophoxinus stymphalicus Valenciennes, 1844 **Griechische Zwergelritze**

Beschreibung:
Rückenflosse mit 3 Hart- und 6-7 Weichstrahlen, Afterflosse mit 3 Hart- und 7-8 Weichstrahlen, 0-14 gelochte Seitenlinienschuppen, wenige Kiemenreusendornen, 4-5 Schlundzähne.
Der langgestreckte Körper ist seitlich nicht zusammengedrückt. Die Flossenspitzen sind abgerundet. Die Schuppen sind teilweise in der Haut eingebettet bzw. von den Schuppentaschen überdeckt. Der Augendurchmesser entspricht etwa der Schnauzenlänge. Das end- bis unterständige Maul ist klein und Bartfäden fehlen. Zwischen Brustflossen und After befindet sich kein Kiel.
Die Männchen haben modifizierte Brustflossen, bei denen die Hartstrahlen verdickt und der 2.-3. Hartstrahl nach innen gebogen ist.
Zur Laichzeit bekommen die Männchen einen Laichausschlag aus kleinen Warzen am Kopf und Körper.

Die Oberseite ist grün-grau bis blau-braun und die Unterseite silbrig-weiß gefärbt. Die Flossen sind gelb-braun.

Verbreitung:
Die Griechische Zwergelritze kommt in Europa nur in Albanien und Griechenland, von der Insel Korfu, sowie von Butrint, Kalamas und Arachthos über Sperchios und Kifissos bis Pinios und Alfios, sowie auf der Insel Lefkas vor (42-37° Nördlicher Breite). Sie bevorzugt ruhige Kleingewässer (Quellen, Tümpel, Sümpfe, Kanäle) und hält sich dort gern bei Wasserpflanzen auf.
Die Griechische Zwergelritze wird meist in folgende Unterarten eingeteilt:
Pseudophoxinus stymphalicus stymphalicus Valenciennes, 1844 (Stymphalos Zwergelritze) - kommt in Pinios und Alfios, sowie auf Lefkas vor.
Pseudophoxinus stymphalicus marathonicus Vinciguerra, 1921 (Marathon Zwergelritze) - kommt in Sperchios und Kifissos vor.
Pseudophoxinus stymphalicus thesproticus Stephanidis, 1939 (Epirus Zwergelritze) - kommt in Butrint, Kalamas und Arachthos, sowie auf Korfu vor.
P. s. marathonicus hat durchschnittlich etwas weniger Schuppen entlang der Seiten (38-43 zu 40-46) und etwas weniger Schuppenreihen um den Schwanzstiel (7-9 zu 8-10) als die restlichen Unterarten.
P. s. thesproticus hat durchschnittlich einen etwas höheren Schwanzstiel (12-16 zu 11-13 % der Standardlänge) als *P. s. stymphalicus.*

Lebensweise:
Die Geschlechtsreife wird meist mit einem Alter von einem Jahr erreicht.
Die Laichzeit erstreckt sich von Dezember bis September.
Die Abgabe der klebrigen 1,1-1,6 mm großen Eier erfolgt in Intervallen an Wasserpflanzen.
Die Entwicklungszeit der Eier beträgt je nach Wassertemperatur etwa 5-7 Tage.
Die Nahrung besteht hauptsächlich aus Zooplankton, Insekten und Algen, in Seen gelegentlich auch aus Muschellarven (*Dreissena*).
Das Wachstum ist relativ langsam.
Die Griechische Zwergelritze kann bis zu 7 cm lang und 3 Jahre alt werden.

Bedeutung:
Die Zwergelritzen haben wirtschaftlich keine Bedeutung.

Weitere Arten:
In Europa kommen noch folgende Arten dieser Gattung vor –
Pseudophoxinus epiroticus Steindachner, 1895 (Pamvotis Zwergelritze) - kommt im Pamvotis-See vor.
Pseudophoxinus laconicus Kottelat et Barbieri, 2004 (Evrotas Zwergelritze) - kommt in Evrotas und Alfios vor.
Pseudophoxinus minutus Karaman, 1924 (Drin Zwergelritze) - kommt im Skadar- und Ohridsee vor.
Pseudophoxinus prespensis Karaman, 1924 (Prespa Zwergelritze) - kommt im Prespasee vor.
Pseudophoxinus adspersus Heckel, 1843 - kommt in Matica, Norin, Vrljika und Neretva in Kroatien und Bosnien-Herzegowina vor.
Pseudophoxinus ghetaldii Steindachner, 1882 - kommt in den Karstsenken Popovo, Ljubomirsko, Dabarsko und Fatnicko, sowie im Bacina-See in Bosnien-Herzegowina und Kroatien vor.
Pseudophoxinus jadovensis Zupančič et Bogutskaya, 2002 - kommt in der Lika in Kroatien vor.
Pseudophoxinus krbavensis Zupančič et Bogutskaya, 2002 - kommt in der Karstsenke Krbavsko in Kroatien vor).
Die letzen 4 Arten werden gelegentlich auch in die Gattung bzw. Untergattung *Delminichthys* Freyhof, Lieckfeldt, Bogutskaya, Pitra et Ludwig, 2006 gestellt.
In Asien kommen noch weitere 15-20 Arten dieser Gattung vor.

Pseudophoxinus ghetaldii. (Foto: D. Jelić)

Rutilus Rafinesque, 1820

Rutilus rutilus. (Foto: M. Hochleithner)

Rutilus rutilus Linnaeus, 1758 **Eurasische Plötze**, Rotauge

Beschreibung:

Rückenflosse mit 3 Hart- und 8-11 Weichstrahlen, Afterflosse mit 3 Hart- und 8-12 Weichstrahlen, 39-48 gelochte Seitenlinienschuppen, 8-17 Kiemenreusendornen, 5-6 Schlundzähne, 38-43 Wirbel.

Der langgestreckte Körper ist seitlich etwas zusammengedrückt. Die Körperhöhe kann 22-40 % und die Kopflänge 17-25 % der Standardlänge betragen. Die Flossenspitzen sind zugespitzt. Die Schuppen sind groß und oval. Der Augendurchmesser ist meist kleiner als die Schnauzenlänge. Das endständige Maul ist klein und Bartfäden fehlen. Zwischen Bauchflossen und After befindet sich ein beschuppter Kiel. Der Verdauungstrakt ist kurz und beträgt 100-200 % der Körperlänge.

Bei wandernden Formen ist die maximale Körperhöhe meist etwas höher und das Maul unterständiger als bei stationären Formen.

Zur Laichzeit bekommen vor allem die Männchen einen Laichausschlag aus kleinen Warzen an den Seiten und Flossen.

Der Rücken ist meist grau-braun, die Seiten silbrig und der Bauch weiß gefärbt. Die Rücken- und Schwanzflosse sind grau und manchmal mit schwarzen Spitzen versehen, und die restlichen oft rot-grau. Die Iris ist meist gelb bis rot gefärbt.

Verbreitung:
Die Eurasische Plötze kommt in Europa und Asien, in fließenden und stehenden Gewässer im Einzugsgebiet von Nord- und Ostsee, Weißem, Schwarzem, Asowschem und Kaspischem Meer, sowie Aralsee vor (70-35° Nördlicher Breite). Im Baltischen und Aralo-Pontokaspischen Raum kommt sie oft auch im Brackwasser bis 10 ‰ vor.
Das Verbreitungsgebiet erstreckt sich in Europa von Rhein und Elbe über Oder und Weichsel bis Newa und Petschora, sowie Donau, Dnjestr und Dnjepr über Don und Kuban bis Terek, Wolga und Ural.
Die Eurasische Plötze wird meist in folgende Unterarten eingeteilt:
Rutilus rutilus rutilus Linnaeus, 1758 (Nordeuropäische Plötze) - kommt im Einzugsbereich von Nord- und Ostsee, sowie Weißen Meer vor.
Rutilus rutilus heckelii Nordmann, 1840 (Pontische Plötze) - kommt im Einzugsbereich von Schwarzen- und Asowschen Meer als Wanderform vor.
Rutilus rutilus caspicus Yakovlev, 1870 (Kaspische Plötze) - kommt im Einzugsbereich vom Kaspischen Meer als Wanderform vor.
Rutilus rutilus aralensis Berg, 1916 (Aralsee Plötze) - kommt im Einzugsbereich vom Aralsee vor.

Lebensweise:
Die Geschlechtsreife wird mit einem Alter von 2-4 Jahren bei einer Länge von 10-15 cm und einem Gewicht von 10-100 g erreicht.
Im Schwarzen-, Asowschen- und Kaspischen Meer kommen Wanderformen vor, die im Mündungsbereich überwintern und von März bis April zum Laichen die Flüsse hinauf wandern. Im Kaspischen Meer (Wolga) gibt es zwei Formen, eine Winter- und eine Frühjahrsform, die in der Küstenzone nicht tiefer als 2-4 m überwintern. Die Winterform besteht aus größeren Fischen mit reifen Gonaden, die nach dem Überwintern direkt in die Flüsse – meist nicht so weit – aufsteigt. Die Frühjahrsform besteht aus kleineren Fischen mit unreifen Gonaden, die zuerst in tieferes Wasser wandert, und dann nach der Winterform in die Flüsse aufsteigt und meist auch weiter hinauf wandert. Dabei wandern generell größere Fische früher ins und aus dem Süßwasser als kleinere Fische. Im Aralsee laichen die Fische oft auch im Brackwasser.

Die Laichzeit erstreckt sich von März bis Juni bei Wassertemperaturen von 10-20 °C.
Der leicht klebrige Laich wird vorzugsweise über abgestorbenen Wasserpflanzen (*Elodea, Fontinalis, Nasturtium, Phragmites, Typha*) in einer Tiefe von 0,1-4,0 m in kleinen Gruppen auf einmal abgegeben. Dabei wird ein Weibchen meist von mehreren (2-10) Männchen begleitet, wobei diese ihre Schnauze an den Bauch des Weibchen drücken und die ganze Gruppe kreisförmig an der Wasseroberfläche schwimmt. Die Eizahl beträgt 100.000-200.000 Stück/kg Körpergewicht, und ist unabhängig von der Länge der Laichfische, sondern hängt eher vom Fettgehalt der Eier ab, welcher wiederum vom Nahrungsangebot im Jahr zuvor beeinflusst wird. Die Eigröße (1,1-2,6 mm) und das Eigewicht (0,6-1,2 mg) dagegen nehmen generell mit der Größe der Laichfische zu. Bei einer Wassertemperatur von 15 °C schlüpfen die Larven nach etwa 10-11 Tagen (100-150 Tagesgraden) mit einer Größe von 4,5-6,0 mm und sind nach weiteren 3-5 Tagen (60-70 Tagesgraden) schwimmfähig.
Nach dem Laichen wandern die Laichfische der wandernden Formen von April bis Mai bald wieder in den Mündungsbereich, um zu Fressen und von September bis November wieder in die Flüsse, um zu Überwintern. Die Jungfische der Wanderformen wandern von Mai bis Juli mit einer Größe von 2-4 cm mit dem Hochwasser ins Delta, wobei in der Wolga zwei Wanderspitzen mit Anfang und Höchststand des Hochwassers zu verzeichnen sind. Im Brackwasser halten sich die Fische dann in den seichteren Gebieten bis in eine Tiefe von 7 m auf.
Die Larven ernähren sich anfangs von Algen und Rotatorien (*Keratella*), später ab einer Größe von 12 mm und im Sommer vor allem aus Zooplankton, wie Cladoceren (*Bosmina, Daphnia, Bythotrephes, Ceriodaphnia, Chydorus, Eurycercus, Leptodora*), sowie gelegentlich und im Winter aus Copepoden (*Cyclops, Diaptomus*), sowie Insektenlarven (*Chironomus*), Würmern (*Limnodrilus*) und im Brackwasser vor allem aus Weichtieren (*Adacna, Bytinia, Dreissena, Monodacna*). Wasserpflanzen (*Chara*) und Algen (wie *Aphanizomenon* und *Spirogyra*), können aber vor allem beim Fehlen anderer Nährtiere auch später noch bis zu 85 % der Nahrung ausmachen.
Während der Nahrungssuche werden relativ hohe Schwimmgeschwindigkeiten bis 0,5 m/s erreicht und die Zooplanktondichte kann stark reduziert werden. Die Aktivität ist in der Morgen- und Abenddämmerung meist am höchsten. Im Winter und zur Laichzeit ist die Nahrungsaufnahme und das Wachstum gering bzw. stagniert.
An den Schuppen bildet sich der Jahresring meist um die Laichzeit.

Das Wachstum kann je nach Nahrungsangebot und Gewässer sehr unterschiedlich sein. Die Eurasische Plötze erreicht generell mit 1 Jahr 5-7 cm, mit 3 Jahren 10-12 cm und mit 5 Jahren 15-20 cm.
Die wandernden Formen wachsen meist etwas schneller, als die stationären Formen. Die Weibchen der stationären Formen können älter und größer werden, als die Männchen.
Die Eurasische Plötze kann bis zu 50 cm lang, 2 kg schwer und 19 Jahre alt werden; meist wird sie jedoch nur 20-30 cm lang und 0,1-0,3 kg schwer.

Bedeutung:
Die Eurasische Plötze hat eine große wirtschaftliche Bedeutung. Der Fang erfolgt hauptsächlich mit Kiemennetzen (MW 30-45 mm) und zu einem geringeren Teil mit Reusen (meist in Frühling) oder Zugnetzen (meist im Herbst).
Im nördlichen Teil des Kaspischen Meer (Wolgagebiet) betrugen die jährlichen Fänge in den 1900er Jahren 30.490-65.870 t (durchschnittlich 48.490 t), in den 1910er Jahren 24.220-54.680 t (durchschnittlich 42.880 t), in den 1920er Jahren 16.700-72.930 t (durchschnittlich 42.520 t), und in den 1930er Jahren 17.790-82.000 t (durchschnittlich 49.120 t).
Mitte bis Ende der 1930er Jahre wurden am Kaspischen Meer 60.500-194.580 t (durchschnittlich 127.900 t), am Schwarzen und Asowschen Meer 3.090-11.890 t (durchschnittlich 6.060 t), und am Aralsee 4.920-7.500 t (durchschnittlich 6.360 t) von den Wanderformen gefangen.
Der weltweite Jahresfang an *Rutilus sp.* in der Fischerei betrug durchschnittlich etwa in den 1950er Jahren 90.600 t, 1960er Jahren 60.640 t, 1970er Jahren 33.190 t, 1980er Jahren 39.620 t, 1990er Jahren 52.660 t und in den 2000er Jahren 37.927 t (wobei ca. 59-97 % auf die UdSSR bzw. GUS entfallen).
Die weltweite Jahresproduktion in der Aquakultur betrug durchschnittlich etwa in den 1990er und 2000er Jahren 2.600 bzw. 2.176 t (wobei ca. 99-95 % auf Frankreich entfallen).

Weitere Arten:
In Europa kommen noch folgende Arten dieser Gattung vor –
Rutilus albus Marić, 2010 (Weiße Plötze) - kommt im Skutarisee vor.
Rutilus basak Heckel, 1843 (Südeuropäische Plötze) - kommt in Neretva und Drin, sowie Acheloos und Louros vor.
Rutilus pigus LaCépède, 1803 (Frauenfisch) - kommt von Po bis Livenza, sowie in Donau vor.

Rutilus rubilio Bonaparte, 1837 (Italienische Plötze) - kommt auf der Apenninischen Halbinsel von Bussento bis Magra und Trigno bis Chienti, sowie Po bis Isonzo vor.
Rutilus ylikiensis Economidis, 1991 (Griechische Plötze) - kommt im Kifissos in Griechenland vor.
Rutilus frisii Nordmann, 1840 (Pontischer Kutum) - kommt im Einzugsbereich von Schwarzen- und Asowschen Meer vor.
Rutilus kutum Kamensky, 1901 (Kaspischer Kutum) - kommt im Einzugsbereich vom Kaspischen Meer vor.
Rutilus meidingeri Heckel, 1851 (Perlfisch) - kommt in Donau mit Inn, Traun, Enns, sowie Chiem-, Atter-, Mond-, Traun- und Wolfgangsee vor. Die letzten 3 Arten werden gelegentlich auch in die Gattung bzw. Untergattung *Pararutilus* Berg, 1912 gestellt.

Rutilus meidingerii. (Foto: A. Hartl)

Rutilus pigus. (Foto: A. Hartl)

Scardinius Bonaparte, 1837

Scardinius erythrophthalmus. (Foto: M. Hochleithner)

Scardinius erythrophthalmus Linnaeus, 1758 **Gemeine Rotfeder**

Beschreibung:

Rückenflosse mit 2-3 Hart- und 7-10 Weichstrahlen, Afterflosse 3 mit Hart- und 9-13 Weichstrahlen, 37-45 gelochte Seitenlinienschuppen, 8-14 kurze Kiemenreusendornen, 2.5-5.3 Schlundzähne, 37-41 Wirbel.
Der langgestreckte Körper ist seitlich stark zusammengedrückt. Die Körperhöhe kann 31-37 % und die Kopflänge 23-28 % der Standardlänge betragen. Der Ansatz der Rückenflosse liegt weit hinter dem Ansatz der Bauchflossen. Die Flossenspitzen sind zugespitzt. Die dicken Schuppen sind groß und oval. Der Augendurchmesser ist kleiner als die Schnauzenlänge. Das oberständige Maul ist klein und Bartfäden fehlen. Zwischen Bauchflossen und After befindet sich ein beschuppter Kiel. Der Verdauungstrakt ist kurz und beträgt etwa 100-200 % der Körperlänge.
Zur Laichzeit bekommen die Männchen einen Laichausschlag aus kleinen Warzen an Kopf und Körper.
Die Population des Aralsees hat etwas weniger Kiemenreusendornen.

Der Rücken ist meist braun-grün, die Seiten bronze bis silbrig und der Bauch silbrig-weiß gefärbt. Die Flossen sind grau bis orange-rot. Die Schuppen sind an der Basis des sichtbaren Teils oft dunkel pigmentiert. Das Bauchfell (Peritoneum) ist hell.

Verbreitung:
Die Gemeine Rotfeder kommt in Europa und Asien meist in ruhigen Gewässern mit weichem, schlammigem Grund und Pflanzenbewuchs im Einzugsgebiet von Nord- und Ostsee, Schwarzem-, Asowschem- und Kaspischem Meer, sowie Aralsee vor (63-36° Nördlicher Breite).
Das Verbreitungsgebiet erstreckt sich in Europa von Adour und Gironde, Loire und Seine, Rhein und Elbe über Oder und Weichsel bis Dwina und Newa, sowie Donau, Dnjestr, Dnjepr über Don und Kuban, bis Wolga und Ural. Sie fehlt auf der Iberischen und Apenninischen Halbinsel, sowie im Norden von Großbritannien und Skandinavien.
In Spanien und auf Korsika wurde sie eingebürgert.
Die Gemeine Rotfeder wird meist in folgende Unterarten eingeteilt:
Scardinius erythrophthalmus erythrophthalmus Linnaeus, 1758 (Europäische Rotfeder) - kommt in Europa vor.
Scardinius erythrophthalmus elmaliensis Bogutskaya, 1997 (Anatolische Rotfeder) - kommt im Kara-See in der Türkei vor.

Lebensweise:
Die Geschlechtsreife wird mit einem Alter von 2-4 Jahren bei einer Größe von 10-15 cm erreicht.
Die Laichzeit erstreckt sich von April bis Juli bei Wassertemperaturen von 14-22 °C.
Die Eiabgabe erfolgt in Intervallen, an pflanzenbewachsenen Uferstellen im flachen Wasser. Am Aralsee laicht die Rotfeder gelegentlich auch im Brackwasser. Die Eimenge beträgt etwa 150.000-250.000 Stück/kg Körpergewicht. Die gelbgrünen, klebrigen Eier haben ungequollen einen Durchmesser von 1,4-1,6 mm. Die Entwicklungsdauer bis zum Schlupf beträgt 80-100 Tagesgrade. Die geschlüpften Larven heften sich mit Hilfe einer Klebedrüse für 3-10 Tage an Pflanzenteilen fest und sind nach weiteren 60-70 Tagesgraden schwimmfähig.
Gelegentlich treten auch Hybriden mit Plötze, Güster oder Ukelei auf.
Die Nahrung besteht anfangs hauptsächlich aus Zooplankton, anschließend hauptsächlich aus Pflanzen wie Algen (*Chlorophyta, Chrysophyta, Cyanophyta, Dynophyta*) und ab einer Größe von 7-8 cm überwiegend (über 85 %) aus Makrophyten (*Anacharis, Charas*).

Gelegentlich werden auch Insekten, Weichtiere (*Valvata*) und Würmer (*Limnodrilus*), sowie seltener kleine Fische gefressen. Sinkt die Wassertemperatur auf 8-10 °C, so wird die Nahrungsaufnahme eingestellt. Der Winter wird ziemlich inaktiv an tieferen Stellen verbracht.
Das Wachstum kann je nach Gewässer sehr unterschiedlich sein. Die Gemeine Rotfeder erreicht generell mit 1 Jahr 5-7 cm, mit 3 Jahren 14-16 cm und mit 5 Jahren 20-25 cm.
Die Gemeine Rotfeder kann bis zu 60 cm lang, 3,6 kg schwer und 19 Jahre alt werden; meist wird sie jedoch nur 20-30 cm lang und 100-300 g schwer.

Bedeutung:
Rotfedern haben wirtschaftlich eine relativ geringe Bedeutung.
Der Fang erfolgt meist mit Stell- und Zugnetzen.
Der weltweite Jahresfang in der Fischerei betrug durchschnittlich etwa in den 1990er und 2000er Jahren 100 bzw. 137 t (wobei ca. 80-19 % auf Bulgarien entfallen).
Die weltweite Jahresproduktion in der Aquakultur betrug durchschnittlich etwa in den 1990er und 2000er Jahren 100 bzw. 84 t (wobei ca. 90-70 % auf Frankreich entfallen).

Weitere Arten:
In Europa kommen noch folgende Arten dieser Gattung vor –
Scardinius acarnanicus Economidis, 1991 (Aspropotamos Rotfeder) - kommt im Acheloos vor.
Scardinius dergle Heckel et Kner, 1858 (Dalmatische Rotfeder) - kommt in Krka und Cetina vor.
Scardinius graecus Stephanidis, 1937 (Griechische Rotfeder) - kommt im Yliki-See in Griechenland vor.
Scardinius knezevici Bianco et Kottelat, 2005 (Drin Rotfeder) - kommt im Skutari- und Ohridsee vor.
Scardinius plotizza Heckel et Kner, 1858 (Dinarische Rotfeder) - kommt in Neretva und Matica vor.
Scardinius racovitzai Müller, 1958 (Petzea Rotfeder) - kommt in den Petzea-Quellteichen in Rumänien vor.
Scardinius scardafa Bonaparte, 1837 (Italienische Rotfeder) - kommt auf der Apenninischen Halbinsel vor.

Scardinius acarnanicus. (Foto: D. Kommatas)

Scardinius racovitzai. (Foto: A. Hartl)

Telestes Bonaparte, 1837

Telestes souffia. (Foto: A. Hartl)

Telestes souffia Risso, 1827 **Gemeiner Strömer**

Beschreibung:
Rückenflosse mit 2-3 Hart- und 7-11 Weichstrahlen, Afterflosse mit 2-3 Hart- und 6-11 Weichstrahlen, 42-61 gelochte Seitenlinienschuppen, 7-9 Kiemenreusendornen, 1.4-5.2 Schlundzähne, 37-43 Wirbel.
Der langgestreckte Körper ist seitlich etwas zusammengedrückt. Die Körperhöhe kann 18-26 % und die Kopflänge 19-29 % der Standardlänge betragen. Die Flossenspitzen sind etwas abgerundet. Die Schuppen sind groß und oval. Der Augendurchmesser ist kleiner als die Schnauzenlänge, und diese wiederum kleiner als der Augenabstand. Das unterständige Maul ist klein und Bartfäden fehlen. Zwischen Brustflossen und After befindet sich kein Kiel. Der Verdauungstrakt ist kurz und beträgt etwa 100 bis 200 % der Körperlänge.
Zur Laichzeit bekommen vor allem die Männchen einen Laichausschlag am Kopf.

Der Rücken ist meist grün-grau bis braun-grau, die Seiten silbrig und der Bauch weiß gefärbt. Die Basis der Flossen ist orange. An den Seiten befindet sich ein dunkler Streifen der vom Kiemendeckel bis zur Schwanzwurzel verläuft und besonders zur Laichzeit gut ausgebildet ist. Das Bauchfell (Peritoneum) ist dunkel (schwarz) pigmentiert.

Verbreitung:
Der Gemeine Strömer kommt nur in Europa im Einzugsgebiet von Nordsee und Mittelmeer sowie Schwarzem Meer vor (49-41° Nördlicher Breite). Er bevorzugt strukturreiche, langsam fließende Strecken, die tiefer als 50 cm und nicht wärmer als 25 °C sind, und kommt dort bis 700 m über dem Meer vor.
Das Verbreitungsgebiet erstreckt sich in Europa von Garonne über Rhein und Donau mit Theiß, Drau und Save, sowie von Hérault, Rhône und Var, Bevera, Lerone, Gentile, Ombrone, Albegna und Tevere über Burano und Tesino, Po und Tagliamento bis Isonzo und Drin.
Der Gemeine Strömer wird meist in folgende Unterarten eingeteilt –
Telestes souffia souffia Riso, 1827 (Nordströmer) - kommt überwiegend nördlich der Alpen im Einzugsbereich von Nordsee und Schwarzen Meer (sowie Mittelmeer in Hérault, Rhône, Var und Isonzo) vor.
Telestes souffia muticellus Bonaparte, 1837 (Südströmer) - kommt überwiegend südlich der Alpen im Einzugsbereich vom Mittelmeer (ausgenommen in Hérault, Rhône, Var und Isonzo) vor.
Telestes souffia montenegrinus Vukovic, 1963 (Montenegrinischer Strömer) - kommt im Drin vor.
T. s. muticellus hat durchschnittlich etwas weniger Seitenlinienschuppen (42-52 zu 46-61), sowie etwas weniger Weichstrahlen in der Afterflosse (6-9 zu 8-11) als *T. s. souffia*.
T. s. montenegrinus hat durchschnittlich eine etwas spitzere Schnauze, sowie ein endständigeres Maul als die restlichen Unterarten.

Lebensweise:
Die Geschlechtsreife wird meist mit einem Alter von 2-3 Jahren bei einer Größe von 10-12 cm erreicht.
Die Laichzeit erstreckt sich von März bis Juni bei Wassertemperaturen von 10-12 °C.
Die Abgabe der 1.000-6.000 Stück Eier je Weibchen erfolgt meist auf einmal an kiesigen Stellen mit einem Korndurchmesser von etwa 1-3 cm bei einer Strömungsgeschwindigkeit von 0,15-0,50 m/s.
Die Eier haben einen Durchmesser von etwa 1,9-2,1 mm.

Die geschlüpften Larven verstecken sich bis zu mehrere Dezimeter tief im Lückensystem der Kiessohle, um erst mit Beginn der aktiven Nahrungsaufnahme an die Oberfläche zu kommen.
Die Jungfische halten sich meist im flacheren (0,1-0,3 m) und ruhigeren Wasser auf. Ältere Fische halten sich im Sommer in kleinen Gruppen in flacherem Wasser (0,5-0,8 m) bei stärkerer Strömung (max. 0,5 m/s) auf und schließen sich im Winter zu größeren Gruppen in tieferen Kolken (1,0-1,5 m) bei schwächerer Strömung (max. 0,2 m/s) zusammen.
Die Nahrung besteht hauptsächlich aus Insekten, seltener wie im Herbst auch aus Algen und anderen Pflanzen.
Der Gemeine Strömer kann bis zu 25 cm lang, 100 g schwer und 13 Jahre alt werden.

Bedeutung:
Strömer haben wirtschaftlich eine sehr geringe Bedeutung.
In einigen Regionen wurde sie aber als Nahrungsmittel und Köderfische verwendet.

Weitere Arten:
In Europa kommen noch folgende Arten dieser Gattung vor –
Telestes beoticus Stephanidis, 1939 (Griechischer Strömer) - kommt in Kifissos und Assopos in Griechenland vor.
Telestes karsticus Marčić et al., 2011 (Dobra Strömer) - kommt im Dobra-Becken in Kroatien vor.
Telestes polylepis Steindachner, 1866 (Save Strömer) - kommt im Save-Becken in Kroatien vor.
Telestes turskyi Heckel, 1843 (Krka Strömer) - kommt im Krka-Becken in Kroatien vor.
Telestes ukliva Heckel, 1843 (Cetina Strömer) - kommt im Cetina-Becken in Kroatien vor.

Telestes turskyi. (Foto: D. Jelić)

Tropidophoxinellus Stephanidis, 1974

Tropidophoxinellus spartiaticus. (Foto: L. Vardakas)

Tropidophoxinellus hellenicus Stephanidis, 1939 **Gournara**

Beschreibung:
Rückenflosse mit 3 Hart- und 7-8 Weichstrahlen, Afterflosse mit 3 Hart- und 9-11 Weichstrahlen, 37-42 gelochte Seitenlinienschuppen, wenige Kiemenreusendornen, 4-5 Schlundzähne.
Der langgestreckte Körper ist seitlich zusammengedrückt. Die Körperhöhe kann 25-28 % und die Kopflänge 19-23 % der Standardlänge betragen. Die Flossenspitzen sind abgerundet. Die Schuppen sind groß und oval. Der Augendurchmesser entspricht etwa der Schnauzenlänge. Das oberständige Maul ist klein und Bartfäden fehlen. Zwischen Bauchflossen und After befindet sich ein schuppenloser Kiel.
Zur Laichzeit bekommen die Männchen einen Laichausschlag aus kleinen hellen Warzen an Kopf und Brustflossen.
Die Oberseite ist grau-braun und die Unterseite gelb-weiß gefärbt. Der Farbwechsel erfolgt etwa in der Mitte des Körpers. Die Flossen sind weiß-rosa bis farblos.

Verbreitung:
Der Gournara kommt nur in Europa in Acheloos und Pinios, sowie im Trichonis-, Lyssimachia- und Amvrakia-See in Griechenland vor (39-37° Nördlicher Breite). Er bevorzugt langsam fließende und stehende Gewässer.

Lebensweise:
Die Geschlechtsreife wird mit einem Alter von 1-2 Jahren erreicht.
Die Laichzeit erstreckt sich von April-Juni.
Die Abgabe der klebrigen etwa 1,5-1,7 mm großen Eier erfolgt auf Wasserpflanzen.
Die Jungfische halten sich meist nahe dem Ufer auf. Die Fische schließen sich meist zu größeren Gruppen zusammen.
Die Nahrung besteht in den Seen im Frühjahr hauptsächlich aus Zooplankton und im Sommer und Herbst überwiegend aus Phytoplankton, sonst auch aus anderen Wirbellosen.
Das Wachstum ist relativ langsam. Die Männchen sind meist etwas kleiner als die Weibchen.
Der Gournara kann bis zu 10 cm lang und 4 Jahre alt werden.

Bedeutung:
Der Gournara hat wirtschaftlich keine Bedeutung.

Weitere Arten:
In Europa kommt noch folgende Art dieser Gattung vor –
Tropidophoxinellus spartiaticus Schmidt-Ries, 1943 (Bafa) - kommt von Nedas bis Evrotas in Griechenland vor.
In Afrika kommen noch folgende Arten dieser Gattung vor –
Tropidophoxinellus callensis Guichenot, 1850 - kommt von Messida über Ichkeul und Medjerda bis Meliane und Zeroud in Algerien und Tunesien vor.
Tropidophoxinellus punicus Pellegrin, 1920 - kommt im Medjerda in Algerien und Tunesien vor.

Vimba Fitzinger, 1873

Vimba vimba. (Foto: M. Hochleithner)

Vimba vimba Linnaeus, 1758 **Gemeine Zährte**, Rußnase

Beschreibung:

Rückenflosse mit 2-3 Hart- und 7-10 Weichstrahlen, Afterflosse mit 3 Hart- und 15-23 Weichstrahlen, 48-64 gelochte Seitenlinienschuppen, 15-20 kurze Kiemenreusendornen, 5-5 Schlundzähne, 40-45 Wirbel.

Der leicht hochrückige Körper ist seitlich stark zusammengedrückt. Die Körperhöhe kann 22-32 % und die Kopflänge 20-26 % der Standardlänge betragen. Die Flossenspitzen sind zugespitzt. Die Schuppen sind groß und oval. Der Augendurchmesser ist kleiner als die Schnauzenlänge. Das unterständige Maul ist klein, die Schnauze kegelartig vorspringend und Bartfäden fehlen. Zwischen Bauchflossen und After befindet sich ein schuppenloser Kiel. Der Verdauungstrakt ist kurz und beträgt etwa 100 % der Körperlänge.

Die in Seen vorkommen Populationen sind meist etwas schlanker und haben eine kürzere Schnauze.

Zur Laichzeit bekommen vor allem die Männchen einen Laichausschlag an Kopf und Seiten.

Der Rücken ist meist grau-blau, die Seiten silbrig und der Bauch weiß gefärbt. Die paarigen Flossen sind orange-gelb, die restlichen schwarz-grau.
Zur Laichzeit können vor allem die Männchen an der Oberseite fast schwarz und an der Unterseite, vor allem an den Flossenansätzen, orange-braun gefärbt sein.

Verbreitung:
Die Gemeine Zährte kommt in Europa und Asien in ruhig fließenden bis stehenden Gewässer im Einzugsgebiet von Nord- und Ostsee, sowie Schwarzem-, Asowschem- und Kaspischem Meer vor (64-35° Nördlicher Breite). Im Baltischen und Pontokaspischen Raum kommt sie auch im Brackwasser vor.
Das Verbreitungsgebiet erstreckt sich in Europa von Weser und Elbe über Oder und Weichsel bis Dwina und Newa, sowie Donau, Dnjestr, Bug, Dnjepr, Don und Kuban bis Terek und Wolga. Sie fehlt in Großbritannien, sowie im Nordwesten von Skandinavien.
Im Rhein wurde sie eingebürgert.
Der Gemeine Zährte wird meist in folgende Unterarten eingeteilt:
Vimba vimba vimba Linnaeus, 1758 (Baltische Zährte) - kommt im Einzugsgebiet von Nord- und Ostsee vor.
Vimba vimba carinata Pallas, 1811 (Pontische Zährte) - kommt im Einzugsgebiet von Schwarzen- und Asowschen Meer vor.
Vimba vimba persa Gmelin, 1774 (Kaspische Zährte) - kommt im Einzugsgebiet vom Kaspischen Meer vor.
V. v. persa hat durchschnittlich etwas weniger Seitenlinienschuppen (48-54 zu 52-57) als *V. v. carinata* und diese wiederum etwas weniger (52-57 zu 56-64) als *V. v. vimba.*

Lebensweise:
Die Geschlechtsreife wird mit einem Alter von 3-5 Jahren bei einer Länge von 15-20 cm und einem Gewicht von 100-200 g erreicht.
Die Laichwanderung flussaufwärts oder in Zuflüsse, wobei auch 1-3 m hohe Stromschnellen überwunden werden, erfolgt meist kurz vor der Laichzeit von März bis Mai, wobei die Männchen meist vor den Weibchen an den Laichplätzen erscheinen.
Die Laichzeit erstreckt sich von April-Juli bei Wassertemperaturen von 12-23 °C.
Die Abgabe der 10.000-120.000 Eier je Weibchen bzw. 100.000-300.000 Stück je kg Körpergewicht erfolgt an kiesigen bis schottrigen Stellen mit 1-2 m^2 im fließenden Wasser (Strömungsgeschwindigkeit

0,4-1,3 m/s) in einer Tiefe von etwa 0,5-1,5 m meist in 3 Intervallen im Abstand von 2-3 Wochen, vorzugsweise in den Morgenstunden. Je Quadratmeter werden bis zu 50.000 Eier abgelegt. Die klebrigen gelbgrünen Eier haben ungequollen einen Durchmesser von 1,4-1,7 mm und gequollen 1,8-2,2 mm. Die frischgeschlüpften Larven halten sich einige Tage unter Steinen auf, bevor sie zur aktiven Nahrungsaufnahme übergehen.
Die Laichfische wandern nach dem Laichakt bald wieder flussabwärts. Im Pontokaspischen Raum wandern die Fische zum Fressen während des Sommers auch ins Brackwasser.
Die Nahrung besteht anfangs und im Sommer hauptsächlich aus Zooplankton (*Bosmina, Bythotrephes, Cyclops, Daphnia, Eubosmina, Leptodora*) und später sowie im Winter auch aus Insektenlarven (*Chironomus*), Würmern und Weichtieren (*Dreissena*).
Das Wachstum kann je nach Gewässer sehr unterschiedlich sein. Die Gemeine Zährte erreicht generell mit 1 Jahr 6-9 cm, mit 3 Jahren 15-20 cm und mit 5 Jahren 25-30 cm.
Die Weibchen werden meist etwas älter und größer als die Männchen.
Die Gemeine Zährte kann bis zu 50 cm lang, 2 kg schwer und 15 Jahre alt werden, meist jedoch nur 20-40 cm lang und 0,2-0,4 kg schwer.

Bedeutung:
Die Gemeine Zährte hat eine mäßige wirtschaftliche Bedeutung.
Der Fang erfolgt meist zur Laichzeit vorwiegend mit Zugnetzen.
Am Asowschen Meer wurden Mitte bis Ende der 1920er Jahre jährlich etwa 119 t gefangen. Am Kaspischen Meer wurden in den 1980er Jahren jährlich etwa 100 t gefangen.
Der weltweite Jahresfang in der Fischerei betrug durchschnittlich etwa 1990er und 2000er Jahren 290 bzw. 261 t (wobei ca. 100 % auf Osteuropa entfallen).

Weitere Arten:
In Eurasien kommen noch folgende Arten dieser Gattung vor –
Vimba melanops Heckel, 1840 (Balkan Zährte) - kommt im Einzugsgebiet des Mittelmeeres von Pinios bis Maritza vor.
Vimba tenella Nordmann, 1840 (Zwergzährte) - kommt im Einzugsbereich vom Schwarzen Meer (ohne Donau) vor.

Tinca Cuvier, 1816

Tinca tinca. (Foto: A. Hartl)

Tinca tinca Linnaeus, 1758 **Schleie**

Beschreibung:

Rückenflosse mit 3-4 Hart- und 7-9 Weichstrahlen, Afterflosse mit 3-5 Hart- und 6-9 Weichstrahlen, 90-120 gelochte Seitenlinienschuppen, 12-16 lange Kiemenreusendornen, 4-5 Schlundzähne, 33-42 Wirbel.

Der spindelförmige Körper ist seitlich leicht zusammengedrückt. Die Körperhöhe kann 26-35 % und die Kopflänge 19-29 % der Standardlänge betragen. Die Flossenspitzen sind abgerundet. Die tief eingebetteten Schuppen sind sehr klein und länglich-oval. Der Augendurchmesser ist kleiner als die Schnauzenlänge. Das endständige Maul ist klein, die nicht unterbrochenen Lippen dünn und 1 Paar kleine Bartfäden vorhanden. Der Verdauungstrakt ist kurz und beträgt etwa 100 % der Körperlänge.

Bei den Männchen verlängert und verstärkt sich der zweite Bauchflossenstrahl. Bei den Männchen sind die paarigen Flossen auch etwas länger als bei den Weibchen, wobei die Brustflossen bis zu den Bauchflossen, und diese bis über den After reichen können.

Der Rücken ist meist grün-braun, die Seiten oliv-grün bis golden und der Bauch gelb-orange gefärbt. Die Flossen sind grün-grau. An den Flossen und über der Seitenlinie befinden sich oft einzelne, irreguläre schwarze Punkte.

Verbreitung:
Die Schleie kommt in Europa und Asien meist in seichten, schlammigen Gewässerabschnitten mit dichtem Pflanzenbewuchs von ruhigen Gewässern vor (64-36° Nördlicher Breite). Sie bevorzugt kleinere Gewässer mit einer Durchschnittstiefe von 2 m und einer Maximaltiefe von 6 m, sowie Stellen, die mit Wasserpflanzen (*Ceratophyllum, Myriophyllum, Elodea, Potamogeton, Ranunculs, Stratiotes, Typha*) überwachsen sind.
Das Verbreitungsgebiet erstreckt sich praktisch über ganz Europa, von der Iberischen Halbinsel über Großbritannien und den Süden Skandinaviens bis zu Ural und Kaukasus. Sie fehlt auf Island und im Arktischen Norden, im Süden in Griechenland und auf den meisten Inseln, ausgenommen auf Sizilien. In einigen Gebieten, wie auf Irland, Sardinien, und der Halbinsel Peloponnes wurde sie mit Erfolg eingebürgert.
In Asien kommt sie in Sibirien von Ob bis Jenissej vor. Im Aral- und Balchaschseebecken wurde sie eingebürgert.
In anderen Regionen wurde sie seit dem 19. Jahrhundert erfolgreich eingebürgert, wie in Asien (Japan, Indien, Indonesien und China), Afrika (Marokko, Tunesien, Zimbabwe und Südafrika), Australien, Tasmanien und Neuseeland, sowie in Amerika (Kanada und USA, sowie Chile).

Lebensweise:
Die Geschlechtsreife wird bei beiden Geschlechtern je nach Wassertemperatur und Wachstumsrate meist mit einem Alter von 3-5 Jahren, einer Größe von 15-25 cm und einem Gewicht von 50-200 g erreicht, wobei die Männchen meist ein Jahr vor den Weibchen geschlechtsreif werden.
Nach dem Überwintern in tieferen Gewässerabschnitten, wo sie sich oft im Schlamm eingraben, ziehen die Fische zur Laichzeit in seichte, windgeschützte Stellen ans Ufer.
Die Laichzeit erstreckt sich von Mai bis August bei Wassertemperaturen von 19-26 °C, wobei die Optimaltemperatur 22-24 °C beträgt. Die Eiabgabe erfolgt in mehreren, meist 3-4 Intervallen im Abstand von 11-15 Tagen bei einer Tageslichtdauer von mindestens 16 h in einer Wassertiefe von 0,5 bis 1,5 m.

Das Laichen erfolgt in Gruppen von einem Weibchen und mehreren Männchen über Unterwasserpflanzen, wobei vom Weibchen eine kleine Portion Eier abgegeben, die von den Männchen befruchtet wird.
Die Eimenge schwankt zwischen 10.000-2.000.000 Eier je Weibchen bzw. 55.000-1.200.000 Stück je kg Körpergewicht und beträgt im Durchschnitt 200.000-900.000 Stück, wobei oft nur 15-55 % dieser Eier an einem Laichtermin abgelegt werden. Die gelb-grünen leicht klebrigen Eier haben ungequollen einen Durchmesser von 0,4-1,2 mm und gequollen einen Durchmesser von 0,7-1,5 mm.
Bei einer Wassertemperatur von 20-22 °C schlüpfen die 2-4 mm langen Larven nach etwa 3-5 Tagen (60-70 Tagesgrade) und kleben sich mit Hilfe einer Klebedrüse am Kopf für 2-3 Tage an Wasserpflanzen fest, bis sie nach weiteren 6-10 Tagen (80-100 Tagesgrade) bei einer Länge von 5-7 mm (ca. 0,3 mg) mit der aktiven Nahrungsaufnahme beginnen.
Die Brütlinge schwimmen dann in einer Wassertiefe von 0,3-0,8 m über Wasserpflanzen und schließen sich oft zu Gruppen von bis zu 200 Individuen zusammen.
Die Nahrung besteht anfangs hauptsächlich aus Zooplankton (*Alona, Alonella, Chydorus, Eurycercus, Oxyurella, Bosmina, Ceriodaphnia, Daphnia, Scapholeberis, Simocephalus, Sida, Nauplius*), später vor allem aus Insektenlarven (*Chaoborus, Chironomus, Cloëon*), und Mollusken (*Bithynia, Gyraulus, Valvata, Viviparus, Pisidium, Sphaerium*), sowie Würmern (*Tubifex*). Oft werden auch Algen (*Merismopedia, Cosmarium, Cruciggenia, Chlorococcus, Oedogonimum, Scenedesmus, Staurastrum, Ulothrix, Amphora, Asterionella, Caloneis, Ceratoneis, Chlorococcum, Cocconeis, Cymbella, Fragilaria, Gemponema, Gyriosigma, Melosira, Meridion, Navicula, Pinnularia, Stauroneis, Surirella, Synedra, Tabellaria*) und gelegentlich höhere Wasserpflanzen (*Callitriche, Myriophyllum*) gefressen. Die Nahrungsaufnahme erfolgt bei juvenilen Tieren hauptsächlich am Tag und bei adulten hauptsächlich in der Nacht, wobei sie den Schlamm in eine Tiefe bis zu ihrer halben Körperlänge nach Nährtieren durchwühlen können.
Im Winter, unter einer Wassertemperatur von 8 °C, wird die Nahrungsaufnahme eingestellt und der Gewichtsverlust während des Winters kann bis zu 10 % betragen. Die Jungfische aus dem letzten Laichtermin, bzw. die unter 3 cm Länge, weisen oft eine hohe Mortalität im Winter auf. Das Geschlechterverhältnis beträgt meist etwa 1:1.
Das Wachstum kann je nach Gewässer sehr unterschiedlich sein. Die Schleie erreicht generell mit 1 Jahr 5-10 cm, mit 2 Jahren 10-15 cm, mit 3 Jahren 15-20 cm und mit 4 Jahren 20-25 cm.

Die Weibchen wachsen aber meist etwas schneller und werden auch älter als die Männchen.
Die Schleie kann bis zu 70 cm lang, 8 kg schwer und 20 Jahre alt werden, meist wird sie jedoch nur 20-30 cm lang und 4-6 Jahre alt.

Bedeutung:
Die Schleie ist wirtschaftlich von Bedeutung, vor allem in Europa, wo sie auch in Teichen in Mono- oder Polykultur produziert wird. Da Schleien ein ähnliches Nahrungsspektrum wie Karpfen aufweisen, darf in Teichen, sofern keine Ertragseinbußen hingenommen werden sollen, bei Polykultur der anteilige Zuwachs der Schleie höchstens 5-10 % bzw. die Besatzdichte höchstens 10-20 % der gleich alten Karpfen, betragen. Die Schleie wächst wesentlich langsamer als der Karpfen, ist aber robuster und bringt einen um etwa 20 % höheren Marktpreis, wodurch sich die Wirtschaftlichkeit etwas steigern lässt.
Aber auch für die Berufs- und Sportfischerei ist sie von Bedeutung. In natürlichen Gewässern betragen die Fänge oft nur 1-2 % der Gesamtfänge, können aber auch bis zu 10-30 kg/ha bzw. 20-50 % der Gesamtfänge betragen. Schleien werden hauptsächlich mit Reusen und zu einem geringeren Teil mit Zugnetzen, sowie mit der Angel gefangen.
Der weltweite Jahresfang in der Fischerei betrug durchschnittlich etwa in den 1980er Jahren 2.000 t, 1990er Jahren 1.620 t und in den 2000er Jahren 3.396 t (wobei ca. 90-60 % auf die UdSSR bzw. GUS entfallen).
Die weltweite Jahresproduktion in der Aquakultur betrug durchschnittlich etwa in den 1950er Jahren 150 t, 1960er Jahren 250 t, 1970er Jahren 470 t (wobei ca. 98-100 % auf die Tschechoslowakei entfallen), sowie in den 1980er Jahren 1.470 t, 1990er Jahren 1.640 t und in den 2000er Jahren 1.351 t (wobei ca. 54-75 % auf Frankreich, sowie 25-5 % auf Spanien und 28-17 % auf die Tschechei entfallen).

Weitere Arten:
Weltweit kommen keine weiteren Arten dieser Gattung vor.

AQUAKULTUR

Vermehrung

LAICHFISCHHALTUNG:

Für die Vermehrung eignen sich am besten 3-9 Jahre alte Fische, denn sehr junge oder sehr alte Laichfische ergeben meist schlechtere Brutergebnisse. Die Laichfische werden über den Sommer in Naturteichen bei nicht zu hohen Besatzdichten (Muschelkarpfen bis 10 Stück, Graskarpfen bis 50 Stück, Karpfen bis 100 Stück, Marmorkarpfen bis 150 Stück und Silberkarpfen bis 200 Stück je Hektar) gehalten. Dabei ist ein gutes Nahrungsangebot wesentlich; gegebenenfalls wird auch zugefüttert. Optimal gehaltene Laichfische liefern meist größere Eier und lebensfähigere Brut als vernachlässigte Laichfische.

Die Überwinterung erfolgt am besten in den selben Teichen. Bei Laichfischen muss mit einem Gewichtsverlust von 5-10 % während der Überwinterung und einem Stückverlust von 10-20 % über das Jahr gerechnet werden. Im Frühjahr, wenn die Wassertemperatur 10-15 °C erreicht, werden die Fische abgefischt und am besten nach Geschlechtern getrennt gehalten. Die Haltung der Geschlechter kann gegebenenfalls auch im selben Teich oder Becken erfolgen, wenn diese durch ein Gitter oder Netz in zwei Abteile getrennt werden.

Die Weibchen (Rogner) sind durch die Eimasse oft dicker und schwerer, sie haben eine papillenartig vorgewöllbte, gerötete Geschlechtsöffnung. Die Männchen (Milchner) sind meist schlanker und kleiner, sie haben eine ypsilon- oder sternförmig nach innen gezogene Geschlechtsöffnung. Oft haben die Männchen auch einen Laichausschlag an Kopf oder Brustflossen und sind etwas intensiver gefärbt.

Für eine frühe Vermehrung werden die Laichfische (im März) 30-60 Tage vor dem gewünschten Vermehrungstermin, bei einer Besatzdichte von max. 5-10 Stück/m^3, in Vorreifebecken gesetzt, wenn möglich mit Mischfutterpellets gefüttert und die Wassertemperatur allmählich auf 15-20 °C gesteigert. Innerhalb von etwa 20-30 Tagen wird bei geschlechtsreifen Rognern der temperaturbedingte Abschluss der Dottereinlagerung erreicht. Anschließend (im April) werden die Laichfische nach Geschlechtern getrennt bei einer Besatzdichte von max. 15-30 Stück/m^3 in Reifebecken gesetzt und die Wassertemperatur auf 20-25 °C gesteigert. Unter diesen Bedingungen werden die Fische dann (im Mai) laichreif und können nun hypophysiert werden. Als erstes werden Karpfen, dann Gras-, Silber- und Marmorkarpfen und zuletzt Schleien, reif.

Die für die Eireifung bis zur Hypophysierung erforderliche Wärmesumme liegt im Bereich von 1.000-2.000 Tagesgraden (ab Jahresbeginn gerechnet). Da die Tagesgrade (Temperatur x Tage) nicht exakt sind, kann mit physiologischen Wärmeeinheiten gerechnet werden, wobei die Tagesgrade mit einem Korrekturfaktor (q) multipliziert werden.

Wärmebedarf der Laichfische
von Jahresbeginn bis zur Reife:
(Nach: Bohl, 1999)

<table>
<tr><th>Fischart</th><th>Tagesgrade</th><th>Wärmeeinheiten</th></tr>
<tr><td>Karpfen</td><td>1000-1100</td><td>400-500</td></tr>
<tr><td>Graskarpfen</td><td>1300-1400</td><td rowspan="3">800-1000</td></tr>
<tr><td>Silberkarpfen</td><td>1400-1500</td></tr>
<tr><td>Marmorkarpfen</td><td>1500-1600</td></tr>
<tr><td>Schleien</td><td>1800-2000</td><td>1600-2000</td></tr>
</table>

Korrekturfaktor der Tagesgrade
für die relative Höhe der Temperatur:
(Nach: Bohl, 1999)

°C	10	11	12	13	14	15	16	17	18	19	20	21	22	23	24	25	26	27	28	29	30
q	2,67	2,40	2,16	1,94	1,74	1,57	1,43	1,31	1,20	1,09	1,00	0,92	0,85	0,78	0,73	0,66	0,61	0,56	0,52	0,48	0,44

Eine genauere Reifebestimmung erfolgt anhand der Lage des Zellkerns, welcher sich beim unreifen Ei im Zentrum befindet und mit zunehmender Reife zum animalen Pool wandert. Dazu werden mit Hilfe einer Kanüle (Innendurchmesser 1,5 mm) von mindestens 5 Rognern einige Eier (ca. 100 Stück) seitlich am Bauch, über den Bauchflossen, entnommen. Anschließend werden sie für 2-4 Sekunden in Wasser getaucht und dann in einer Fixierlösung (6 Teile Alkohol, 3 Teile Eisessig, 1 Teil Formalin) für 10-15 Minuten eingelegt. Dadurch werden sie durchscheinend, wobei der Zellkern auf dunklem Hintergrund sichtbar wird. Wenn sich bei mehr als 75 % der entnommenen Eier der Zellkern im äußeren ¼ des Eidurchmessers befindet, gelten sie als reif und die Fische können hypophysiert werden. Nach Erreichen der Reife lassen sich die Fische, je nach Wassertemperatur bis zu 1-2 Monate (etwa bis zum doppelten der Tagesgrade) erfolgreich vermehren, bevor sie überreif werden. Nach der Vermehrung werden die Laichfische wieder in Teiche ausgesetzt. Karpfen können bei einer Wasser-temperatur von über 20 °C, etwa 2-3 Monaten nach der ersten Vermehrung wieder laichreif werden, wobei die Lichtdauer über 12-16 h/Tag betragen sollte.

HANTIERUNG:

Beim Hantieren mit Laichfischen sollte besonders sorgfältig und schonend umgegangen werden. Damit die Laichfische ruhiger sind, sollten die Hälterbecken abgedeckt werden. Für das Abfischen eignen sich vor allem Zugnetze. Für das Herausfangen werden am besten sogenannte Laichfischkescher verwendet, die aus weichem engmaschigem Netzmaterial bestehen und auch hinten eine Öffnung besitzen, welche während des Fangs mit einer Hand zusammengehalten wird, wodurch man die Fische wieder schonend hinausgleiten lassen kann. Für das Tragen eignen sich besonders Tragbahren, die aus zwei Stangen und einer dazwischen aufgespannten gewebeverstärkten Plane bestehen, worin die Fische auch kurz betäubt werden können.

Da die pflanzenfressenden Fische oft springen und sich verletzen können, werden sie bei der Vermehrung mit Betäubungsmitteln ruhiggestellt. Dazu eignet sich Trichlorbutanol oder Trichlorbutylalkohol (150-200 ppm) zum Ruhigstellen beim Transport, und etwa die doppelte Dosis zum Betäuben, für direkte Arbeiten (wie z.B.: hypophysieren und abstreifen) am Fisch. Die Fische können dabei bis zu 15 Minuten in der Betäubungslösung verbleiben und erholen sich nach 15-30 Minuten wieder. Alternativ kann 100 ppm Tricainemethansulphonat oder 1000 ppm Trichlormethylpropanol für die Betäubung verwendet werden. Der richtige Narkosezustand ist daran zu erkennen, dass die Kiemendeckelbewegungen flacher werden und der auf der Seite liegende Fisch sich nicht wieder aufrichtet. In das Betäubungsbad sollten gleichzeitig nie mehr als 3-4 Fische gesetzt werden und nach der Entnahme aus dem Betäubungsbad werden die Fische kurz in frisches Wasser getaucht, um anhaftendes Betäubungsmittel abzuschwemmen.

Eine Markierung der Laichfische ist für Züchtungsvorhaben nützlich. Für eine Kurzzeitmarkierung eignen sich verschiedenfärbige Wollfäden die mit einer Stopfnadel hinter dem ersten Hartstrahl der Rückenflosse durchgezogen und vorne verknotet werden. Für eine Langzeitmarkierung eignen sich nummerierte Kunststoff- oder Metallplättchen die am Hartstrahl der Rückenflosse angebracht werden. Alternativ können Brandzeichen am Rücken verwendet werden, wobei sich Zeichen, die mit glühendem oder besser mit frostigem (ca. 5 Sekunden in flüssigem Stickstoff getauchten) Metall für 5-10 Sekunden auf die Haut aufgebracht werden, bewährt haben und etwa 2-4 Jahre sichtbar sind. Diese Art der Markierung ist aber mittlerweile aus tierschutzrechtlicher Sicht in einigen Ländern verboten.

Inzucht sollte vermieden werden, denn Störungen in der Entwicklung und Erhöhungen in der Mortalität können die Folge sein. Schon eine einzige Paarung von Vollgeschwistern kann eine 10-20 %ige Wachstumsdepression bei den Nachkommen bewirken.
Für die Erzeugung rein weiblicher Nachkommen wendet man die diploide Gynogenese an. Für die Selektion entspricht eine Generation der diploiden Gynogenese etwa 10-15 Generationen Geschwisterpaarung. Die Basis für weibliche monosex Bestände sind phänotypische Männchen mit weiblichem Genotyp, deren Sperma zur Befruchtung normaler Weibchen verwendet wird. Dabei erfolgt eine Inaktivierung der Spermien durch Bestrahlung mit Ultravioletten- (Dosis 500-1000 J/m^2) oder Gammastrahlen (Dosis 100-150 Krad bzw. 1,0-1,5 kgy), wobei das Sperma vorher mit physiologischer Salzlösung 1:3-9 verdünnt wurde. Die Spermien bleiben jedoch so bewegungsfähig und die Befruchtung kann erfolgen. Durch eine Schockbehandlung der Eier wird dann der Erhalt der Diploidie des weiblichen Erbguts veranlasst und es entstehen nun großteils nur weibliche Nachkommen mit weiblichem Erbgut, die eine große Erbgleichheit (Homozygotie) mit der Mutter haben. Dabei werden die bei 20 °C aktivierten Eier, 5-15 Minuten nach der Befruchtung für 30-60 Minuten Temperaturen von 0-4 °C ausgesetzt bzw. die bei 24 °C aktivierten Eier 25-35 Minuten nach der Befruchtung für 1-3 Minuten Temperaturen von 39-41 °C ausgesetzt, was allerdings auch höhere Verluste verursacht. Gynogenetisch erzeugte Fische sind durchwegs weiblich. Durch die Verfütterung von Methyltestosteron in einer Konzentration von 30 mg/kg Futter für 90 Tage, möglichst früh verabreicht, können genetisch weibliche in phänotypisch männliche Fische umgewandelt werden. Da nun den funktionellen Männchen das Y-Chromosom fehlt können mit dem Sperma dieser Fische nun nur weibliche Fische erzeugt werden.
Gelegentlich werden auch triploide und somit sterile Cypriniden erzeugt (z.B.: *Cyprinus carpio* und *Ctenopharyngodon idella*). Durch eine Schockbehandlung normal befruchteter Eier oder die Verfütterung von Mibolerone in einer Konzentration von 50 mg/kg Futter für 30 Tage, möglichst früh verabreicht, erreicht man sterile Fische. Sterile Fische wachsen ab einem Alter von etwa 6 Monaten etwas besser, als fertile und haben einen geringeren Gonaden- sowie höheren Depotfettanteil.
Auch eine Genmanipulation, bei der Wachstumsgene von Säugern (Rinder) auf Karpfen übertragen wurden, ist bekannt, wobei die Karpfen fast doppelt so schnell wuchsen. Da sich gentechnisch veränderte Fische beim Entweichen in der Natur mit Wildfischen paaren und diese verdrängen könnten, sollte auf eine Genmanipulation verzichtet werden.

HYPOPHYSIERUNG:

Mit einer Hypophysierung (Injektion von natürlichen Hypophysenextrakt oder künstlichen Hormonanalogen) kann die Endreifung vorverlegt bzw. bei einigen Arten (Gras-, Silber-, Marmor-, Muschelkarpfen) überhaupt erst erreicht werden. Durch die Hypophysierung kommt es zum Ansteigen des Gonadotropingehalts im Blut und in der Folge zu einer irreversiblen Reifung und einer Loslösung der Eier im Eierstock (Ovulation), die normalerweise erst kurz vor dem Laichvorgang einsetzt. Der Gehalt an Gonadotropin von Hypophysen (Zirbeldrüsen) ist meist im Winter am geringsten und vor der Laichzeit am höchsten. Frische, kurz vor der Laichzeit gewonnene Hypophysen werden zweimal (12 h) in Aceton (1:10) eingelegt, entfettet, entwässert und anschließend auf Filterpapier bei 20 °C getrocknet. Sie sind so, lichtgeschützt und trocken aufbewahrt, auch über Jahre haltbar. Die getrockneten Hypophysen werden in einer Reibschale (Mörser) fein zermahlen, mit 1-2 ml physiologischer Salzlösung (0,65 %) aufgeschwemmt und in eine Injektionsspritze aufgezogen. Damit die injizierte Suspension nicht wieder herausfließt und ein langsamerer Anstieg des Hormonspiegels im Blut erfolgt, wird dieser Lösung manchmal 30 % Glyzerin beigemischt. Die Injektion erfolgt intramuskulär im Rücken auf etwa 1/3 der Körperlänge hinter dem Kopf. Die Kanüle wird im Winkel von 45 Grad in den Muskel gestochen, um mehr Muskelmasse zur Verfügung zu haben. Beim Zurückziehen der Nadel wird ein Finger auf die Einstichstelle gedrückt, und nach Entfernen der Nadel leicht massiert. Die Hypophysenmenge wird stets frisch zubereitet, da die Hormone bei Raumtemperatur nur ca. 1 h wirksam bleiben.
Die Hypophysierung erfolgt in 2 Gaben – die Vordosis (10 %) und etwa 6-24 Stunden später die Hauptdosis (90 %). Am Ende der Vermehrungssaison kann die Hormondosis auch in einer Gabe verabreicht werden. Die Gesamtdosis bei einer Wassertemperatur von 20-30 °C beträgt 3-6 mg Karpfenhypophysen (1-2 Stück) oder alternativ 10-20 µg LH-RHa oder Gn-RHa (sowie eventuell 5-10 mg Domperidon) je Kilogramm Körpergewicht für die Rogner und falls nötig etwa die Hälfte für die Milchner. Für die Milchner reicht oft eine Hypophysierung in einer Gabe, wenn die Rogner die Hauptdosis bekommen, aus. Die höheren Hormondosen werden meist zu Beginn der Vermehrungssaison, sowie für größere Laichfische, verwendet. Eine zu hohe Dosis an Hormonen kann aber die Qualität der Eier bzw. Spermien reduzieren, die Reifereaktion unterbinden oder selbst zum Tod der Laichfische führen.

Hypophysendosis für Graskarpfen (♀)
in Abhängigkeit vom Körperumfang:
(Nach: Aliew in Tölg, 1981)

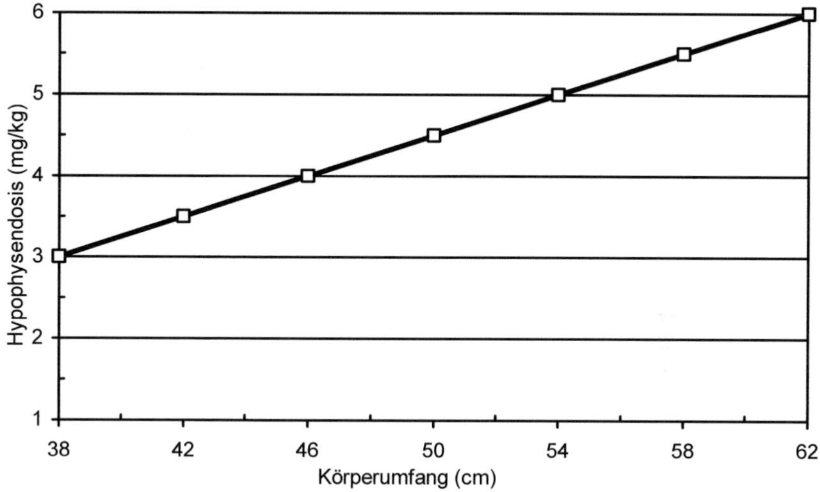

Eine Ausnahme bilden Gründlinge und Schleien, bei denen die Hormonmenge oft 2 bis 3-mal höher gewählt wird und die Injektion gelegentlich zwischen die Bauchflossen in die Bauchhöhle in einer Gesamtdosis erfolgt. Auch bei der Verwendung von Domperidon als Dopamin-Gegenspieler kann die Hypophysierung in nur einer Gabe erfolgen, was weniger Stress für die Fische bedeutet.

Die Ovulation erfolgt meist 6-12 Stunden (ca. 200-300 Stundengrade) nach der Hauptdosis (siehe Tabelle). Diese sollte so gewählt werden, dass die Ovulation in die frühen Morgenstunden fällt. Der richtige Zeitpunkt des Abstreifens wird auch durch plötzliche Schaumbildung und das Vorhandensein von Eiern in den Becken angezeigt. Bei den Rognern sind die Eier nach der Ovulation meist nur 30-60 Minuten befruchtungsfähig. Bei den Milchnern hält die Spermination nach der Hypophysierung über 3 Tage an; diese können daher anschließend bis zu einer Woche für die Vermehrung verwendet werden. Im Durchschnitt lassen sich 70-90 % der hypophysierten Fische erfolgreich vermehren. Damit die Rogner keine Eier während der Ovulation verlieren wird bei Karpfen und Graskarpfen bei der Hypophysierung gelegentlich auch die Geschlechtsöffnung mit einem dicken Faden und einer Kreuznaht verschlossen.

Reifedauer der Laichfische
von der Hypophysierung bis zur Ovulation,
in Abhängigkeit von der Wassertemperatur:
(Nach: Bohl, 1999; Haas, 1982)

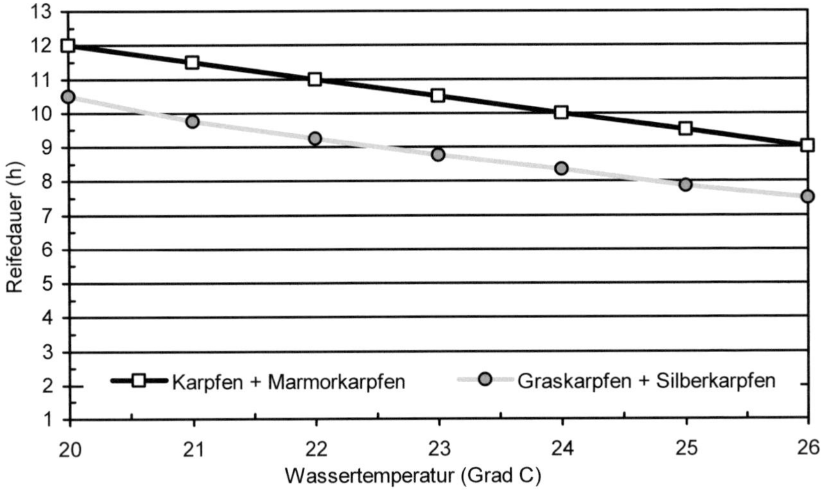

Reifedauer der Laichfische
von der Hypophysierung bis zur Ovulation,
bei folgenden Optimaltemperaturen:
(Nach: Bohl, 1999; Steffens, 1981)

Fischart	Temperatur	Stundengrade
Nasen	8-12 °C	70-100 h°
Orfen	12-14 °C	385-560 h°
Plötzen	14-16 °C	280-320 h°
Barben	16-18 °C	320-380 h°
Rotfedern	18-20 °C	320-350 h°
Gründlinge	18-20 °C	200-360 h°
Karpfen	20-22 °C	220-260 h°
Graskarpfen	22-24 °C	205-215 h°
Silberkarpfen	22-24 °C	210-220 h°
Marmorkarpfen	24-26 °C	235-245 h°
Schleien	24-26 °C	290-360 h°

Hypophysieren von Graskarpfen. (Foto: M. Hochleithner)

Abstreifen von Graskarpfen. (Foto: M. Hochleithner)

EIGEWINNUNG:

Für das natürliche Ablaichen – vor allem von Karpfen – haben sich kleine, flache Laichteiche besonders bewährt. Diese Teiche sind etwa 50-200 m^2 groß (5-10 x 10-20 m) und haben einen umlaufenden bzw. seitlichen etwa 0,5 m tiefen Ablaufgraben, zu dem der Teichboden langsam und flach (4-8 %) abfällt und einen 1,0-1,5 m hohen Damm, der vor Wind schützt. Der Boden sollte mit Gräsern (*Juncus, Lolium*) bewachsen sein und die Wassertiefe von 10 bis 90 cm ansteigen. Die Teiche sollten ab etwa Mitte Mai wenn möglich, mit Wasser aus einem oberhalb gelegenen Teich bei Wassertemperaturen von etwa 20 °C am Beginn von Schönwetterperioden über ein Sieb bespannt werden. Nach dem Bespannen werden die Laichteiche mit 1-4 Sätzen an Laichfischen, am besten in einem Geschlechterverhältnis von 1♀:2♂ (Rogner zu Milchner), besetzt. Meist laichen die Fische schon bald darauf, oft am nächsten Morgen, unter heftigem „Plätzschern" von selbst ab. Falls nicht spontan ablaichen, können diese auch hypophysiert werden. Umgeknickte Gräser und Schaum auf der Wasseroberfläche sind meist sichere Anzeichen dafür, dass die Karpfen abgelaicht haben. Nach dem Ablaichen stehen die Laichfische meist in den Gräben des Teiches und müssen anschließend sofort (mit Zugnetzen) aus dem Teich herausgefangen werden. Die Laichteiche sollten nur einmal pro Jahr verwendet werden und über den Rest des Jahres trocken liegen.

Anstatt der Laichteiche können auch Laichbecken verwendet werden. Um Laichsubstrat zur Verfügung zu stellen, werden die Becken gelegentlich in etwa auf der Hälfte der Bodenfläche mit künstlichen Laichbürsten ausgestattet, die einen Durchmesser von 10-15 cm haben. Die Besatzdichte beträgt etwa 1-2 Laichfische/m^3. Dabei ist ein Wasseraustausch im Becken und die Hypophysierung der Laichfische empfehlenswert. Wird kein Laichsubstrat verwendet, werden 2-3 Stunden nach dem Ablaichen die am Boden abgelegten Eier mit einer Teigspachtel oder Kehrschaufel aus dem abgelassenen Becken entnommen, wie abgestreifte Eier ggf. entklebt und in Gläsern erbrütet. Die Erbrütung erfolgt sonst oft in den Laichteichen oder Laichbecken. Schwimmen die Larven dann frei im Wasser, werden sie, nach Möglichkeit bei Sonnenschein, wobei sie sich an der Wasseroberfläche sammeln, mit flachen Keschern in Wannen abgefischt. Zum Abfischen kann der Wasserstand langsam etwas abgesenkt werden. Nach dem Abfischen werden die Larven in den Wannen vorsichtig gleichmäßig durchmischt und eine Volumenprobe (von 1 Liter) dieses Wasser-Fisch-Gemischs ausgezählt und auf das Gesamtvolumen hochgerechnet.

BEFRUCHTUNG:

Für das Abstreifen werden die vorher betäubten Laichfische mit einem weichen Tuch trockengetupft. Eine Person hält dabei den Fisch am Kopf und am Schwanzstiel in leicht schräger Seitenlage an sich gepresst und die Geschlechtsöffnung über eine Schüssel. Eine weitere Person streift die Geschlechtsprodukte ab und hält die Schüssel fest. Gestreift wird mit leichtem beidseitigem Druck auf den Bauch zur Geschlechtsöffnung hin. Treten keine Geschlechtsprodukte mehr aus, kann der Fisch senkrecht, mit der Geschlechtsöffnung nach unten, gehalten und etwas geschüttelt werden, so dass die restlichen reifen Geschlechtsprodukte zur Geschlechtsöffnung rutschen.
Das Abstreifen der Eier erfolgt in Schüsseln, die mindestens 1-2 Liter fassen, wobei die Eier nicht fallen, sondern möglichst entlang deren Wand in die Schüssel gleiten sollten. Im Durchschnitt können etwa 10-20 % des Körpergewichtes an Eiern abgestreift werden. Die Eier dürfen nicht länger als eine Stunde unbefruchtet stehen bleiben, da sonst die Befruchtungsfähigkeit erheblich nachlässt.
Das Sperma wird auf gleiche Weise abgestreift oder mit einer Pipette abgesaugt. Das Sperma kann, ohne Wasser, etwa einige Stunden bis Tage kühl (4 °C) aufbewahrt werden, wobei sich die Befruchtungsfähigkeit allerdings langsam verringert. Das Sperma kann auch gefrierkonserviert werden, wobei es mit einem Verdünner 1:1-9 aus 350 mM Glukose oder Fruktose und 30 mM Tris (pH 8), oder 1:1 aus 360 mg NaCl, 1000 mg KCl, 22 mg $CaCl_2$, 8 mg $MaCl_2$ und 20 mg $NaHCO_3$ in 89 ml H_2O, sowie 10 % Dimethylsulfoxid oder besser 8 % Ethylenglycol als Gefrierschutz verdünnt wird. Dann wird es 3 cm über flüssigen Stickstoff oder Trockeneis in 0,25-0,50 mm Pailletten oder Pellets für 3-5 Minuten eingefroren und anschließend in flüssigem Stickstoff bei -196 °C auch jahrelang gelagert. Das Auftauen erfolgt bei den Pellets in 2 ml Kochsalzlösung (0,5 % NaCl) bei einer Temperatur von 30 °C bzw. bei den Pailletten im Wasserbad bei einer Temperatur von 40 °C für je 5 Sekunden. Die Befruchtungsrate ist jedoch mit gefrierkonserviertem Sperma meist um 20-40 % geringer, als mit frischem Sperma.
Sperma guter Qualität ist weiß und dickflüssig. Für eine gute Befruchtungsrate sollten über 50 % der Spermien bewegungsfähig sein. Die Konzentration an Spermien beträgt durchschnittlich etwa $10\text{-}20 \times 10^9$ je ml Sperma. Die zu gewinnende Menge an Sperma beträgt durchschnittlich etwa 1-10 ml/kg Körpergewicht. Auf ein Kilogramm Eier werden insgesamt etwa 5-15 ml Sperma, meist von 2-4 Männchen, gegeben und sorgfältig untergemischt.

Spermien von Cypriniden sind in der Ovarialflüssigkeit nicht bewegungsfähig, sondern erst bei der Verdünnung der Eier im Verhältnis 1:2-3 mit Wasser. Im Wasser sind die Eier dann nur etwa zwei Minuten befruchtungsfähig.
Auch die Bewegungsfähigkeit der Spermien, die einen etwa 2-3 µm langen Kopfteil und über zehnmal so langen, dünnen Schwanzteil haben, ist kurz und beträgt meist unter einer Minute. Daher werden oft 100-150 ml einer Befruchtungslösung (4 g Kochsalz und 3 g Harnstoff je Liter Wasser) anstatt von Wasser für die Befruchtung je Kilogramm Eier verwendet; dadurch wird die Aktivität der Spermien verlängert und die Klebrigkeit der Eier verringert. Die besten Befruchtungsraten lassen sich bei pH-Werten von 7-9 und hohen Sauerstoffgehalten erreichen.
Um ein Verklumpen zu Vermeiden, muss während dieses Vorgangs die schnell quellenden Eier durch Schwenken der Schüssel oder mit einer großen Geflügelfeder ständig umgerührt werden und die durch das Quellen der Eier verbrauchte Flüssigkeit wieder ergänzt werden, damit die Eier ständig bedeckt bleiben. Nach 5-15 Minuten wird die Flüssigkeit einige Male abgegossen und durch frische wieder ersetzt. Durch dieses Waschen werden das überschüssige Sperma und die zerplatzte Eier entfernt. Alternativ kann auch eine mechanisierte Entklebung durch das Einblasen von Luft in Erbrütungsgläser erfolgen.
Beim Quellen, das etwa 30-90 Minuten dauert, nehmen die Eier erheblich an Volumen bzw. Gewicht zu. Diese Zunahme beträgt, je nach Art, zwischen 100 % bei Karpfen und 1000 % bei Silber- und Graskarpfen.
Nach Abschluss des Quellens werden die kaum klebrigen Eier (der pflanzenfressenden Fische) in Erbrütungsgläser gegeben bzw. die stark klebrigen Eier (der Karpfen und Schleien) vorher ein- bis zweimal 10-20 Sekunden lang mit einer Tanninlösung (0,5-1,5 g Tannin/l Wasser) gespült, um sie zu entkleben. Alternativ können die Eier auch 2-5 Minuten lang mit Alkalase Enzym in einer Konzentration von 5-15 ml/l entklebt werden. Um Schädigungen zu vermeiden, sind die Eier nach der Entklebung sofort 2-4 mal mit frischem Wasser sorgfältig und gründlich zu spülen.

Größe und Menge ungequollener Eier:
(Nach: Bohl, 1999; Steffens, 1981; Tölg, 1981)

Fischart	Eigröße mm	Eimenge St/kg
Barben	1,4-2,1	140.000-160.000
Perlfische	1,9-2,1	210.000-260.000
Nasen	1,5-2,6	220.000-300.000
Orfen	1,5-1,8	490.000-510.000
Marmorkarpfen	1,1-1,5	600.000-800.000
Muschelkarpfen	1,1-1,5	600.000-800.000
Karpfen	1,0-1,5	700.000-1.000.000
Graskarpfen	0,9-1,5	800.000-1.000.000
Silberkarpfen	0,7-1,1	900.000-1.200.000
Brachsen	1,1-1,4	1.000.000-1.100.000
Plötzen	1,1-1,4	1.000.000-1.100.000
Rotfedern	1,1-1,3	1.000.000-1.300.000
Schleien	0,4-0,7	1.900.000-2.100.000

Elritzen und Gründlinge können in Becken auch zwei- bis dreimal pro Jahr vermehrt werden, wobei die 3-6 Jahre alten Laichfische bei einer Temperatur von unter 10 °C und kurzer Tageslänge (8 h) gehalten werden. Eine Erhöhung von Temperatur (auf 11-14 °C) und Tageslänge (auf 16 h) für etwa 1-2 Monate veranlasst zur Vorreifung der Gonaden. Die Ovulation wird dann durch die kurzfristige Erhöhung der Temperatur auf 10-15 °C für Elritzen bzw. 15-20 °C für Gründlinge, bei einer Helligkeit von ca. 2.000 Lux ausgelöst. Alternativ können die Fische dann auch hypophysiert oder abgestreift werden. Die reifen Fische (ca. 40-60 %) laichen dann meist innerhalb von 1-2 Tagen spontan in Becken oder auf Siebeinsätzen ab, wobei ein Kiessubstrat (Korngröße 5-10 mm für Elritzen bzw. 10-20 mm für Gründlinge) günstig ist. Die Aufzucht der Brütlinge erfolgt in Becken bei einer Besatzdichte von ca. 10 Stück/Liter mit Natur- und Mischfutter. Die Überlebensrate während des ersten Monats beträgt dabei etwa 90 %.
Gründlinge können aber auch in kleinen Teichen (0,1-0,2 ha), die an den Dämmen mit Schotter geschüttet werden, zum Ablaichen gebracht werden. Die Besatzdichte beträgt dabei 0,5-1,0 Stück Laichfische/m^2 und die Abfischung 10-40 Stück Einsömmerige/m^2. Die Überlebensrate der Laichfische nach dem Laichen ist dabei jedoch gering (25-30 %). Auch die Polykultur mit anderen Cypriniden (Karpfen, Schleien, Rotaugen) ist möglich, wobei die Produktion an Gründlingen etwa 100 kg/ha und Jahr betragen kann.

Hälterbecken für Laichfische. (Foto: M. Hochleithner)

Zugergläser und Bruttrichter. (Foto: M. Hochleithner)

ERBRÜTUNG:

Die Erbrütung erfolgt am besten in Erbrütungsgläsern (McDonald- oder Zugergläsern), bei denen der Wasserzulauf von unten erfolgt und die Eier so in leichte Rotation versetzt. Die einzelnen Gläser werden dabei oft zu Batterien zusammengefasst. Je Erbrütungsglas mit einem Volumen von 7-9 Liter werden etwa 1-3 Liter gequollener Laich gegeben. Ein Liter gequollener Laich entspricht etwa bei Grasfischen 10.000-20.000 Stück, bei Karpfen 100.000-200.000 Stück und bei Schleien 600.000-900.000 Stück Eier. Der Durchfluss (max. 1-2 l/min) muss so gering sein, dass die Eier nur leicht wallen und nicht herausgeschwemmt werden. Vor allem in den ersten 12 Stunden sind die Eier relativ empfindlich gegen stärkere mechanische Belastung. Unbefruchtete, abgestorbene Eier werden dann weiß und sammeln sich über den lebenden und sollten von dort mit einem kleinen Rohr bzw. Schlauch gelegentlich abgesaugt werden. Eine Ausnahme bilden Nasen, bei denen die abgestorbenen Eier nicht weiß werden, sondern platzen und deshalb nicht entfernt werden müssen.
Alternativ kann der Laich einiger Arten (z.B.: Elritzen, Strömer, Nasen, Perlfisch) auch auf Erbrütungsrahmen, die mit einem feinmaschigen Gittergewebe (Maschenweite 0,5-1,0 mm) bespannt sind, in Erbrütungsrinnen erbrütet werden, wobei die abgestorbenen Eier nicht entfernt werden.
Zur Bekämpfung gegen Pilzbefall (*Saprolegnia*) wurde früher vor allem Malachitgrün täglich (5 ppm für ca. 15 Minuten) verwendet, was heute in vielen Ländern verboten ist. Stattdessen kann auch 36 %iges Formalin (100-150 ppm für ca. 30 Minuten) 1 und 2 Tage nach der Befruchtung verwendet werden. Bei pflanzenfressenden Fischen und Schleien sind wegen der hohen Wassertemperaturen und schnellen Eientwicklung meist keine Maßnahmen gegen eine Verpilzung erforderlich.
Die optimale Wassertemperatur für die Eientwicklung liegt bei den europäischen Cypriniden, je nach Art, zwischen 15 und 20 °C (siehe auch Tabelle) bzw. bei den ostasiatischen Cypriniden zwischen 20 und 25 °C. Bei Erbrütungstemperaturen über oder unter der Optimaltemperatur sinkt die Schlüpfrate stark und die Missbildungen steigen. So betragen die Verluste bei einer Erbrütungstemperatur von über 27 °C beim Karpfen und über 30 °C bei der Schleie etwa 30 %. Andererseits betragen die Verluste bei einer Erbrütungstemperatur von unter 8 °C bei der Plötze, unter 9 °C bei der Seelaube und unter 10 °C bei der Nase bereits 100 %.

Bevorzugte Laichtemperaturen (x) und Optimaltemperaturen (o) für die Eientwicklung:

(Nach: Herzig et Winkler, 1985; Winfield et Nelson, 1991)

Temp. °C	6	7	8	9	10	11	12	13	14	15	16	17	18	19	20	21	22	23	24
Hasel	o	x o	x o	x o	x o	x o	x o	x o	o	o									
Elritze	o	x o	x o	x o	x o	x o	x o	x o	x o	o	o								
Orfe		x	x	x	x o	x o	x o	x o	x o	o	o	o							
Nase			x	x	x	x	x o	x o	x o	x o	x o	o	o						
Barbe				x	x	x	x	x	x o	x o	x o	x o	x o	o	o				
Plötze					x	x	x o	x o	x o	x o	x o	x o	x o	x o	o	o	o		
Laube						x	x o	x o	x o	x o	x o	x o	x o	x o	o				
Brachse							o	x o	x o	x o	x o	x o	x o	x o	x o				
Zährte								o	x o	x o	x o	x o	x o	x o	x o	x			
Bitterling									x	x o	x o	x o	x o	x o	x o	x o	x		
Karausche										x	x o	x o	x o	x o	x o	x o	x o		
Karpfen											x	x o	x o	x o	x o	x o	x o	x	
Rotfeder												x	x o	x o	x o	x o	x o	x o	x o
Schleie													x	x o	x o	x o	x o	x o	x o

Erbrütungsdauer (Tagesgrade) der Eier und Larven

von der Befruchtung bis zur Nahrungsaufnahme:

(Nach: Bănărescu et al., 1999-2003; Bohl, 1999)

Fischart	Eier	Larven
Barben	90-110	180-220
Nasen	130-190	60-120
Orfen	160-170	25-35
Plötzen	100-120	60-70
Rotfedern	80-100	60-70
Schleien	60-70	80-100
Karpfen	60-70	60-70
Brachsen	60-70	50-60
Graskarpfen	24-30	60-70
Silberkarpfen	24-30	60-70
Marmorkarpfen	24-30	60-70

Die Erbrütungsdauer beträgt bei vielen Cypriniden, je nach Art und Wassertemperatur, etwa 30-90 Tagesgrade bis zum Schlupf und weitere rund 30-90 Tagesgrade bis zur aktiven Nahrungsaufnahme (siehe auch Tabelle). Die Anzahl der Tagesgrade und Dauer der Entwicklung ist meist bei niedrigeren Temperaturen länger und bei höheren Temperaturen kürzer. Im Allgemeinen entwickeln sich die Embryonen von kalt-angepassten Fischen bei niedrigen Temperaturen schneller, als solche von warm-angepassten, bzw. bei hohen Temperaturen genau umgekehrt.

Kurz vor dem Schlüpfen scheidet der Embryo ein Enzym aus, das die derbe Eihülle aufweicht, so dass er diese mit kurzen, kräftigen Bewegungen durchbrechen kann, wobei der Schlupf normalerweise mit dem Schwanz zuerst erfolgt. Vom Beginn des Schlupfs der ersten bis zum Ende des Schlupf der letzten Larven müssen meist rund 30-50 % der durchschnittlichen Erbrütungsdauer dazugerechnet werden. Die Anzahl der schlüpfenden Larven je Zeiteinheit (Tag oder Stunde) bleibt dabei relativ konstant. Der Schlupf der einzelnen Larven selbst kann daher vor allem bei niedrigen Temperaturen lange dauern und bei einer Wassertemperatur von 15 °C bis zu mehrere Tage betragen. Bei Wassertemperaturen von 25 °C schlüpfen beim Karpfen alle Larven innerhalb von 6 Stunden, während es bei 15 °C knapp 3 Tage dauern kann. Durch die Zugabe von 100 g alkalischer Protease je m^3 Wasservolumen des Vorratsbehälters (Durchfluss je Zugerglas etwa 1 l/Minute) kann der Schlüpfvorgang von durchschnittlich 6 Stunden auf etwa 10-15 Minuten verkürzt werden.

Nach dem Schlupf verlassen die Brütlinge die Erbrütungsgläser über einen Schnabelablauf und werden mit einem Schlauch oder Rohr in Aufzuchtbecken oder Gazekäfige (Maschenweite 0,5-1,0 mm) bzw. besser in Bruttrichter (100-300 l Volumen) geleitet. Je Zugerglas sollte auch ein Brutrichter vorhanden sein. In diesen Behältern, bei denen der Wasserzulauf von 5-15 Liter/Minute, wie beim Zugerglas, von unten erfolgt und die Besatzdichte 2.000-3.000 Stück/l betragen kann, verbleiben sie bis die Schwimmblase mit Luft gefüllt ist und die Brütlinge dann frei schwimmen. Dies dauert bei einer Wassertemperatur von 20-25 °C bei Karpfen etwa 2-4 Tage bzw. bei pflanzenfressenden Fischen und Schleien etwa 3-6 Tage.

Schwankungen in der Wassertemperatur von mehr als 2-3 °C sollten bei Eier und Brütlinge vermieden werden, denn sonst können die Missbildungen und Verluste stark ansteigen. Die Befruchtungs- und Schlupfrate beträgt durchschnittlich jeweils etwa 80-90 % und die gesamten Erbrütungsverluste betragen normalerweise etwa 20-40 %.

Entwicklungsdauer der Eier

bis zum Schlüpfen von 50 % der Larven:

(Nach: Herzig et Winkler, 1985)

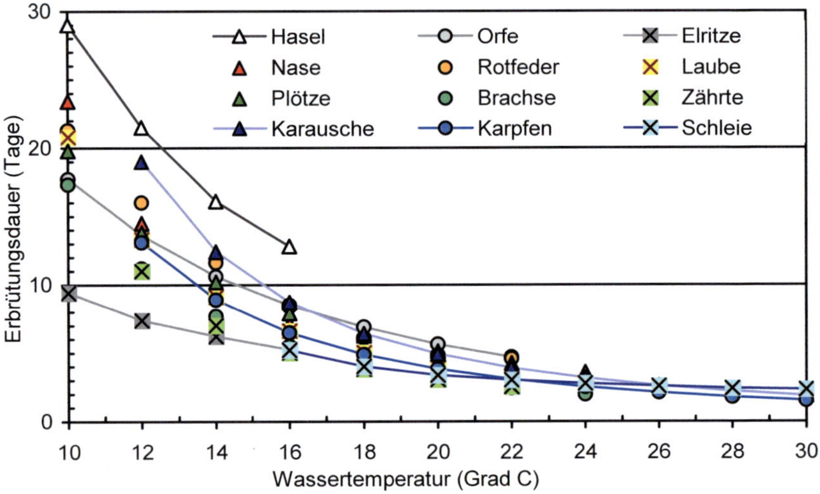

Schlüpfdauer der Larven

vom Beginn der Ersten bis zum Ende der Letzten:

(Nach: Herzig et Winkler, 1985)

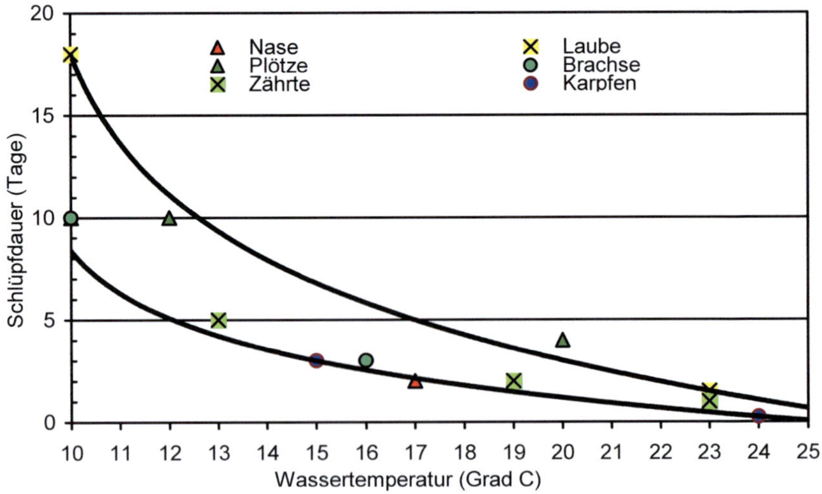

VORSTRECKEN:

Das Vorstrecken hat sich besonders zur Sicherung der Produktion bewährt. Dabei werden die Brütlinge in rund 3-4 Wochen bis zu einer Größe von 2-5 cm (0,1-1,0 g) angefüttert und vorgestreckt.
Das Vorstrecken erfolgt in Aufzuchtbecken; dazu eignen sich am besten Langstrombecken mit einer Größe (LxBxH) von 3,0-6,0 x 1,0-2,0 x 0,5-1,0 m oder Rundstrombecken mit einer Größe von 1,0-2,0 x 1,0-2,0 x 0,5-1,0 m. Die Besatzdichte von Brütlingen beträgt anfangs etwa 50.000-100.000 Stück/m^3. Die Wassertiefe in den Becken wird von anfangs 1/4 im Verlauf der Vorstreckperiode langsam mit dem Wachstum der Fische erhöht. Das Wasser wird normalerweise nur einmal verwendet. Die Wassererneuerung pro Stunde sollte dabei die ersten 8 Wochen etwa dem Alter der Fische in Wochen entsprechen.
Gefüttert wird anfangs alle 1-3 Stunden mit reichlich Zooplankton (tägliche Fütterungsrate 200-400 % der Fischbiomasse), das die ersten 1-2 Wochen am besten über ein Gazesieb (Maschenweite 0,1-0,2 mm) gesiebt wird, um größere räuberische Hüpferlinge (*Acanthocyclops sp.*) zu entfernen. Ein Bestand an fressbaren Zooplanktern von 1.000-5.000 Stück/Liter Beckenvolumen gilt als optimal.
Als Alternative bietet sich die Verfütterung von freischwimmenden Nematoden (*Panagrellus redivivus*) an. Diese können auf Schwammwürfel, die mit einer Nährlösung (200 g Hafermehl, 15 g Sonnenblumenöl und 8 g Kochsalz je Liter Wasser) getränkt und mit Nematoden beimpft sind, für 12 Tage bei einer Temperatur von 25 °C, kultiviert werden. Die geernteten Nematoden können im Kühlschrank bei einer Temperatur von 8 °C auch etwa 1 Woche gelagert werden. Der verfügbare Bestand an Nematoden in den Aufzuchtbecken sollte 50.000-100.000 Stück/Liter Volumen betragen.
Bei pflanzenfressenden Cypriniden kann jedoch auch schon direkt mit Mischfuttermittel (Partikelgröße 0,1-0,2 mm) angefüttert werden. Bei Karpfen und Schleien kann erst ab einem Körpergewicht von 50-100 mg erfolgreich auf Mischfuttermittel (Partikelgröße 0,3-0,5 mm) umgestellt werden. Bei einer Wassertemperatur von 25 °C erreichen die Brütlinge dann nach 2 Wochen eine Länge von 15-25 mm und eine Gewicht von 50-100 mg, und nach 3 Wochen eine Länge von 20-30 mm und eine Gewicht von 100-300 mg. Anschließend können die vorgestreckten Fische in Aufzuchtteiche ausgesetzt werden oder weiter in Aufzuchtbecken gezogen werden, wobei die Besatzdichte auf etwa 10.000-20.000 Stück/m^3 zu reduzieren ist. Für die Produktion von 0,5 g schweren vorgestreckten Karpfen sind etwa rund 500 Tagesgrade nötig.

Übereinander stehende Rundstrombecken. (Foto: M. Hochleithner)

Nebeneinander stehende Langstrombecken. (Foto: M. Hochleithner)

TEICHWIRTSCHAFT:

Das Vorstrecken erfolgt am besten in Monokultur, in Vorstreckteichen die etwa 0,5-5,0 ha groß und rund 1 m tief sind. Diese sollten gut trockengelegt und abgefischt werden können. Die Teiche werden gut gepflegt und Räuber (Amphibien- und Insektenlarven) möglichst ferngehalten. Sie werden mit 1-7 t/ha organischem Dünger, der in Haufen verteilt wird, gedüngt und 1-2 Wochen vor dem Brutbesatz über einen 2-5 m langen Gazeschlauch mit einer Maschenweite von 0,2-0,3 mm gestaut, sodass Bruträuber (Copepoden und Wildfische) abgefiltert werden. Meist entwickelt sich 5-10 Tagen nach dem Bespannen ein hoher Bestand an Rotatorien, der anschließend von Cladoceren kompensiert wird. Zum erfolgreichen Vorstrecken sollte der Zooplanktonbestand etwa 30-50 ml/m^3 bzw. ca. 50.000-90.000 Stück je Liter betragen. Der Besatz erfolgt durchschnittlich mit 1-3 Millionen Stück fressfähigen Brütlingen je Hektar auf die Teichfläche verteilt. Durch den Einsatz von 0,4-0,6 ppm Phosphorsäureester (Dipterex oder Masoten) kann dabei der Bestand an Kleinkrebsen und Insektenlarven unterdrückt und so die Entwicklung der Rädertiere (*Brachionus sp., Asplanchna sp.*) gefördert werden, die bei einer Wassertemperatur von 20-24 °C 5-10 Tage nach der Insektizidzugabe ihren Höchstbestand erreichen und sich sehr gut als Anfangsnahrung für die erste Woche eignen. Nach der innerhalb weniger Tage schnell abgebauten Insektizidgabe kann mit 5-10 kg/ha Wasserflöhen beimpft werden (*Moina sp.* etwa 3-5 Tage und *Daphnia sp.* etwa 5-8 Tage nach dem Brutbesatz), die nach 10-15 Tagen große Biomassen erreichen und den Brütlingen für die nächsten 2-4 Wochen als ideale Nahrung dienen. Gegebenenfalls kann zu dieser Zeit auch zusätzlich mit mineralischem Dünger (30-50 kg N/ha und 20-30 kg P_2O_5/ha) nachgedüngt werden.
Reicht der Naturnahrungsbestand nicht aus, so wird meist ab der 2. Woche mit Mischfuttermittel zugefüttert. Die Verluste beim 3-4 Wochen langen Vorstrecken betragen normalerweise rund 40-60 % und der Ertrag beträgt durchschnittlich etwa 100-300 kg/ha. Die Abfischung erfolgt am besten in den frühen Morgenstunden mit Zugnetzen im Teich oder in der Abfischgrube hinter dem Teich. Nach dem Abfischen werden die Teiche meist mit Branntkalk (300-500 kg/ha) desinfiziert und oft 2-3 Mal pro Saison verwendet, wobei sie zwischen den Vorstreckperioden trocken liegen. Im Herbst wird der Teichboden zur Gründüngung leicht geackert und Getreide oder Raps angebaut. Alternativ können die Vorstreckteiche nach dem ersten Vorstrecken auch als Brutstreckteiche weiter verwendet werden, wobei sie im Winter trocken liegen sollten.

Rotatorienentwicklung im Vorstreckteich
nach Behandlung mit Insektizid:
(Nach: Tamás, 1976)

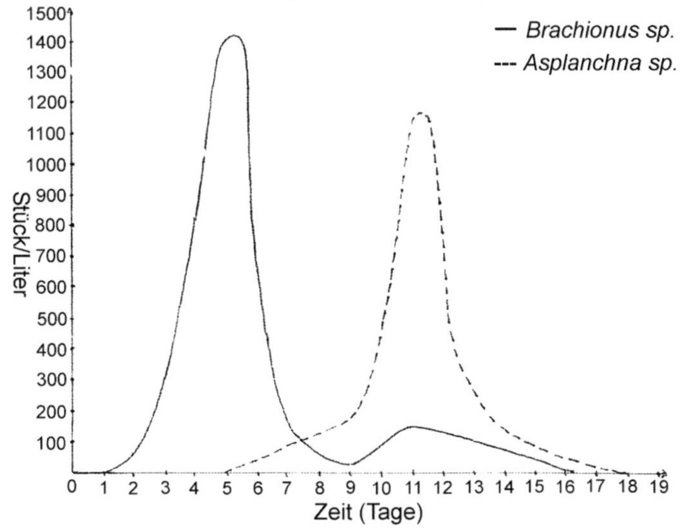

Cladocerenentwicklung im Vorstreckteich
nach Beimpfung mit Wasserflöhen:
(Nach: Tamás, 1976)

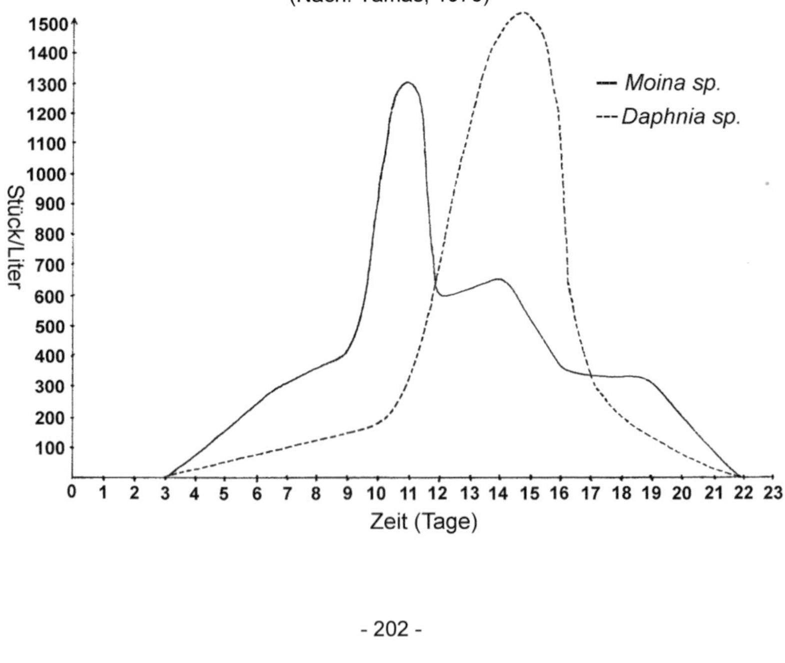

Das weitere Aufziehen erfolgt in Brutstreckteichen vorzugsweise in Monokultur. Diese Teiche sind etwa 1-10 ha groß und etwa 1-2 m tief. Sie sollten eine gesicherte Wasserführung haben und gut trockengelegt werden können. Der Teichboden sollte bearbeitet und eine Gründüngung (Getreide oder Raps) angebaut werden oder Unkrautanflug vorhanden sein. Die Teiche werden erst 1-2 Wochen vor dem Besatz über ein Sieb bespannt, wobei der Vollstau spätestens nach 3 Wochen erreicht werden muss. Düngemaßnahmen können nur im Bespannungszeitraum wirksam werden. Der Besatz erfolgt meist im Mai-Juni, je nach Zufütterung (Getreide oder Pellets), durchschnittlich mit 50.000-150.000 Stück schwimmfähigen oder 30.000-90.000 Stück vorgestreckten Karpfen je Hektar (alternativ kann der Besatz von 10-20 Sätzen an Laichfischen je Hektar erfolgen). Zusätzlich ist der Besatz mit 30-50 % vorgestreckten pflanzenfressenden Fischen möglich (bis 30.000 Stück Silberkarpfen, 10.000 Stück Marmor- und 10.000 Stück Graskarpfen je Hektar). Am besten wird 10-14 Tage nach dem Besatz mit Vorgestreckten über hartgründigen und pflanzenfreien Futterplätzen mit Getreideschrot oder Pelletgranulat (0,6-1,8 mm) zugefüttert. Bei Mischfutter beträgt die tägliche Fütterungsrate anfangs etwa 10 % der Bestandsbiomasse, aufgeteilt auf mindestens 4 Einzelgaben. Haben die Fische ein Gewicht von durchschnittlich 10 g erreicht, wird auf 2-3 mm große Pellets umgestellt und die tägliche Fütterungsrate auf 7 % und später allmählich auf 5 % der Bestandsbiomasse reduziert, aufgeteilt auf mindestens 2 Einzelgaben. Ziel sind etwa 25-35 g schwere einsömmerige Karpfen. Dann wird die tägliche Futtermenge weiter bis auf 2 % der Bestandsbiomasse reduziert. Die Fütterung wird am besten mit einer kleinen Menge (0,5 %/Tag) bis in den späten Herbst fortgesetzt und im zeitigen Frühjahr weitergeführt. Im Winter kann die Fütterung zur Erhaltung der Kondition mit einer geringen Menge (insgesamt ca. 250 kg Futter je Tonne Fisch) durchgeführt werden, wodurch sich der Ertrag um etwa 10-15 % erhöhen lässt. Die sicherste Überwinterung ist das Stehenlassen der einsömmerigen Fische im Aufzuchtteich selbst. Die Abfischung erfolgt also am besten im Frühjahr nach der Überwinterung, solange die Wassertemperatur noch unter 10 °C liegt. Da einige Fische (vor allem Schleien) dem abfließenden Wasser schlecht folgen, sollte die Absenkung des Wasserspiegels stets langsam erfolgen. Je nach Zufütterung (Getreide oder Pellets) kann mit durchschnittlich 500-1000 bzw. 2.000-3.000 kg je Hektar als Abfischergebnis gerechnet werden.

Soll die Produktion in Polykultur und ein Besatz mit fressfähigen Brütlingen erfolgen, so kann der Besatz etwa zur Hälfte aus Karpfen oder Schleien und der Rest aus pflanzenfressenden Fischen (etwa: 60 % Silberkarpfen, 30 % Marmorkarpfen und 10 % Graskarpfen) bestehen. Der zusätzliche Ertrag an pflanzenfressenden Fischen beträgt dabei etwa 250-300 kg/ha. Entscheidend ist auch, dass die verschiedenen Fischarten zur gleichen Zeit ausgesetzt werden, denn sonst fressen die früher besetzten Fische den später besetzten Fischen, die anfangs ein ähnliches Nahrungsspektrum haben, die Nährtiere weg und die Verluste sind sehr hoch. Alternativ können daher 2-3 Wochen nach dem Besatz mit Brütlingen auch Vorgestreckte Fische nachgesetzt werden. Die Besatzdichte muss sich stets nach der Bonität der Teiche richten. Der zu erwartende Gesamtzuwachs dividiert durch den gewünschten Stückzuwachs plus die natürlichen Verluste ergeben die Besatzstückzahl. Bei höheren Besatzdichten muss gezielt gedüngt oder zugefüttert werden. Meist beträgt die Überlebensrate fressfähiger Fische bis zur Herbstabfischung 20-50 % bzw. bis zur Frühjahrsabfischung 10-30 % und jene vorgestreckter Fische bis zur Herbstabfischung 70-80 % bzw. bis zur Frühjahrsabfischung 60-70 %. Bei Brutbesatz lässt sich die Überlebensrate relativ gut mit 2-4 Gazekisten je Teich verfolgen und ermitteln. Diese Kisten haben ein Volumen von 25-50 l, in die werden jeweils 50-100 Stück Brütlinge hinein gesetzt.

Besatzrichtwerte vorgestreckter Fische in Brutstreckteichen
bei einem Naturzuwachs von 200-400 kg/ha (Abfischung 1-2 t/ha):
(Nach: Bohl, 1999; Tölg, 1981)

Fischart	Geringe Zufütterung		Starke Zufütterung	
	Besatz St/ha	Endgewicht g	Besatz St/ha	Endgewicht g
Karpfen	50.000	30	100.000	15
Silberkarpfen	30.000	10	50.000	15
Marmorkarpfen	30.000	10	10.000	15
Graskarpfen	20.000	10	10.000	15
Gesamt	130.000		170.000	

Zu den Karpfen können auch 4-6 Laichpaare von Schleien je Hektar gesetzt werden, die dann in den Brutstreckteichen unkontrolliert ablaichen, wobei durchschnittlich etwa 10.000-50.000 Stück einsömmerige Schleien je Hektar mit den Karpfen abgefischt werden können.

Schleien und Nasen lassen sich in Teichen im ersten Jahr mit Naturnahung (Besatz/ha ca. 50.000 Stück schwimmfähige Brut) oder in den folgenden Jahren besser mit der Zufütterung von sinkendem Mischfutter, nicht aber mit der Zufütterung von Getreide aufziehen (Besatz/ha ca. 200 kg einsömmrige mit 5-10 g oder 600 kg zweisömmrige mit 50-100 g), wobei bei durchschnittlichen Verlusten von 10-40 % ähnliche Hektarerträge wie bei Karpfen möglich sind. Als Nebenfische eignen sich dabei 1-10 % gleich alte oder ältere Karpfen und pflanzenfressende Fische.
Generell kann die Besatzstückzahl jüngerer Fische etwa das zwei- bis zehnfache der älteren betragen, da die Nahrungsausnützung (um etwa 100 %) bzw. der Flächenzuwachs höher sind.

Richtwerte für die Bewirtschaftung von Karpfenteichen
bei Zufütterung mit Getreide oder Pellets je Hektar:
(Nach: Bohl, 1999; Schäperclaus et Lukowicz, 1987; Tölg, 1981;)

Klasse	Besatz	Verluste	Abfischung
Ko-Kv	300.000-3.000.000 St.	30-70 %	0,3-0,6 t
Kv-K1	30.000-300.000 St.	20-40 %	1,0-3,0 t
K1-K2	3.000-30.000 St.	10-20 %	2,5-7,5 t
K2-K3	300-3.000 St.	5-10 %	1,5-4,5 t

Erreichbare Stückmassen von vorgestreckten Karpfen
in Abhängigkeit von Temperatursumme und Abfischbestand:
(Nach: Füllner, 2003)

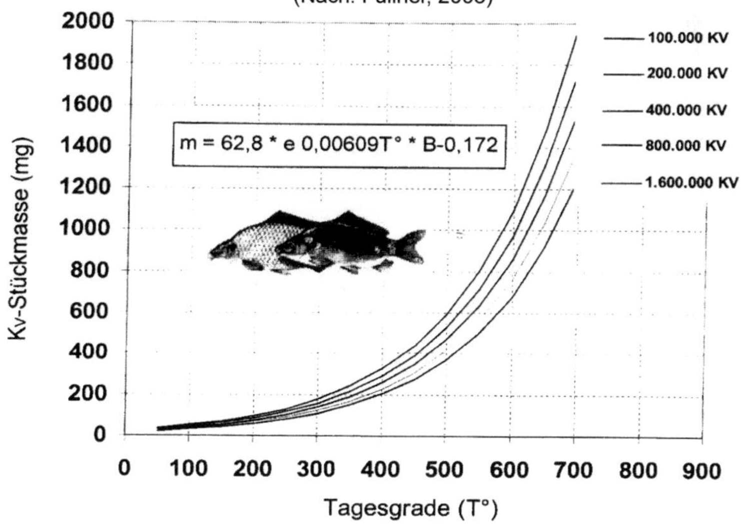

Im zweiten Jahr werden die Karpfen in Streckteichen ausgesetzt, wobei eine Polykultur mit anderen Fischen möglich ist. Die Teiche sind meist 5-50 ha groß, sie sollten gut trockenleg- und abfischbar sein. Bespannt werden die Teiche meist im März etwa 1 Monat vor dem Besatz. Der Besatz erfolgt meist im April, je nach Zufütterung (Getreide oder Pellets), durchschnittlich mit 3.000-5.000 bzw. 10.000-15.000 Stück einsömmerigen Karpfen je Hektar. Zusätzlich ist der Besatz mit einsömmerigen pflanzenfressenden Fischen möglich (bis 3.000 Stück Silberkarpfen, 1.000 Stück Marmor- und 1.000 Stück Graskarpfen je Hektar), wobei dann eventuell eine Düngung und Zufütterung mit Grünpflanzen notwendig ist. Die im Mai und Juni sich entwickelnden Nährtierbestände ergeben mit einer angemessenen Zufütterung an Getreide (3 x pro Woche) eine ausreichende Gesamtnahrung. Ab Juli gehen die Naturnahrungsbestände meist zurück und es sollte mit vollwertigem Mischfutter (2 x pro Tag), bei einer täglichen Fütterungsrate von 2-4 % der Bestandsbiomasse, bis September zugefüttert werden. Die sicherste Überwinterung erfolgt am besten in Winterteichen, die nach dem Trockenlegen im September-Oktober bespannt und mit bis zu 10-20 t/ha besetzt werden können, wobei eine Zufütterung im Herbst und Frühjahr sinnvoll ist. Die Abfischung erfolgt also am besten im Herbst bei einer Wassertemperatur unter 10 °C. Je nach Zufütterung (Getreide oder Pellets) kann mit durchschnittlich 750-1.250 bzw. 2.500-3.500 kg je Hektar gerechnet werden. Der zusätzliche Ertrag an pflanzenfressenden Fischen beträgt etwa 500-700 kg/ha. Die durchschnittlichen Überlebensraten liegen dabei bei etwa 50-70 %.
Im folgenden Jahr werden die Karpfen in Abwachsteichen ausgesetzt, wobei eine Polykultur mit pflanzenfressenden Fischen empfehlenswert ist. Die Teiche sind etwa 10-100 ha groß. Der Besatz erfolgt je nach Zufütterung (Getreide oder Pellets), durchschnittlich mit 750-1.250 bzw. 2.500-3.000 Stück zweisömmerigen Karpfen je Hektar. Zusätzlich kann ein Besatz mit 10-30 % zweisömmerigen pflanzenfressenden Fischen erfolgen (bis 300 Stück Silber-, 100 Stück Marmor- und 100 Stück Graskarpfen je Hektar). Die Teichpflege und Zufütterung wird wie im zweiten Jahr durchgeführt. Die Abfischung erfolgt im Herbst und bis zum Verkauf werden die Fische in kleinen Hälterteichen ausgenüchtert. Je nach Zufütterung (Getreide oder Pellets) kann mit durchschnittlich 750-1.250 bzw. 2.500-3.500 kg je Hektar gerechnet werden. Der zusätzliche Ertrag an pflanzenfressenden Fischen beträgt etwa 500-700 kg/ha. Die durchschnittlichen Überlebensraten liegen dabei etwa bei 70-90 %.
Sind die Fische zu klein oder wird eine größere Stückmasse benötigt so werden die Fische noch ein weiteres Jahr in die Teiche ausgesetzt.

Jahreszuwachs in Abhängigkeit von der Besatzdichte
bei der Produktion 1-2 sömmeriger Karpfen ohne Zufütterung:
(Nach: Steffens, 1981)

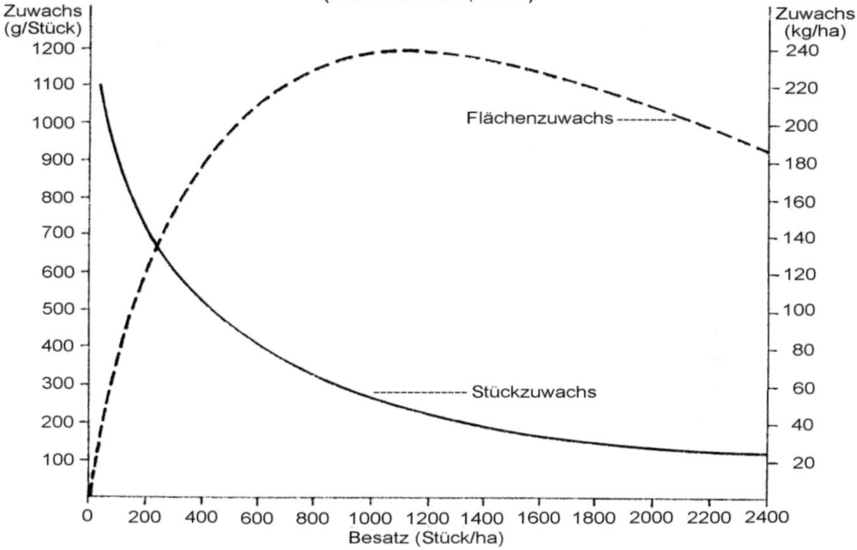

Jahreszuwachs in Abhängigkeit von der Besatzdichte
bei der Produktion 3-4 sömmeriger Silberkarpfen ohne Zufütterung:
(Nach: Barthelmes, 1985)

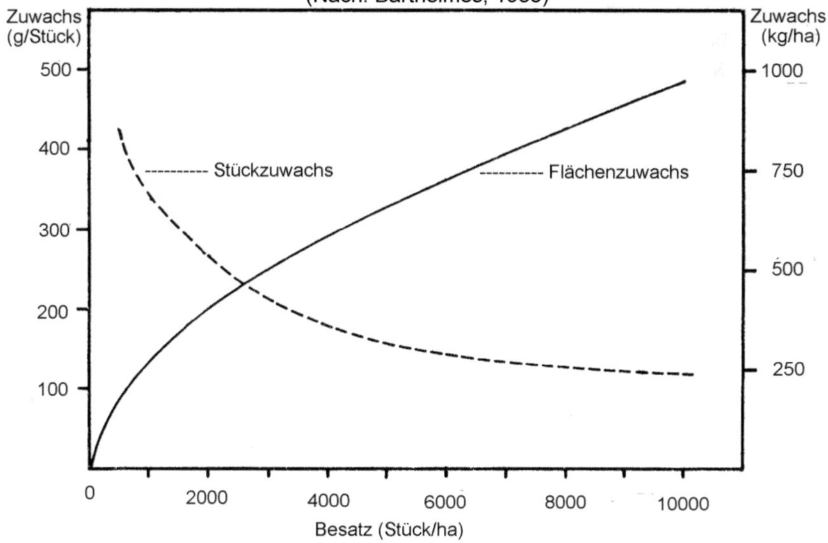

Besonders in Asien (vor allem in China und Indien) ist die Polykultur von Cypriniden (z.B.: *Cyprinus carpio, Ctenopharyngodon idella, Hypophthalmichthys molitrix, Catla catla, Labeo rhoita, Cirrhinus mrigala*) mit Enten oder Schweinen weit verbreitet, wobei überschüssige Futterreste von den Fischen verwertet und anfallender Kot den Teich düngt, und auf diese Weise eine Jahresproduktion von etwa 4-7 t/ha erreicht wird.
Besonders in China ist auch die Polykultur verschiedener Cyprinidenarten (*Ctenopharyngodon idella, Hypophthalmichthys molitrix, Hypophthalmichthys nobilis, Mylopharyngodon piceus*) seit mehr als 1.000 Jahren weit verbreitet und es wird mit Düngung und Beifütterung eine Jahresproduktion von durchschnittlich 2-3 t/ha erreicht, mit Spitzen über 7-8 t/ha. Ebenfalls in Polykultur aufgezogen werden Freiwasserfische wie *Parabramis pekinensis* und *Megalobrama amblycephala*, sowie Bodenfische wie *Cyprinus carpio* und *Carassius carassius* oder *Cirrhinus molitorella*, wobei die gesamte Besatzdichte etwa 10.000-20.000 Stück/ha und gesamte Produktionszeit je nach klimatischen Bedingungen nur etwa 1-2 Jahre dauert. Das Vorstrecken bis zu einer Größe von 3-4 cm erfolgt dabei in Monokultur. Die teilweise oder ganze Abfischung erfolgt meist im Herbst (Oktober bis Dezember) und im Winter wenn die Teiche trockenliegen werden sie meist mit Stallmist (2-4 t/ha) gedüngt. Die Polykultur hat den Vorteil, dass alle verfügbaren Nischen (Wasserschichten und Nahrungsressourcen) genutzt werden, wobei meist 1-2 Hauptfischarten und 4-6 Nebenfischarten verwendet werden. Der Bestand an Silber- und Marmorkarpfen sollte dabei höchstens 50 % des gesamten Fischbestandes ausmachen; sonst sind die Ausscheidungen der anderen Fische nicht ausreichend, um den Teich entsprechend mit Nährstoffen zu versorgen und es müsste zusätzlich gedüngt werden. Da der Graskarpfen einen Großteil der gefressenen Pflanzenbiomasse nicht verdauen kann und mit seinem nährstoffreichen Kot so den Teich düngt, sollten je Graskarpfen etwa drei Silberkarpfen besetzt werden. Da der Marmorkarpfen intensiver frisst, als der Silberkarpfen, sollten je Marmorkarpfen etwa drei Silberkarpfen besetzt werden, sofern diese zusammen produziert werden. Der nur teilweise verdaute Kot dieser Fische kann vom Karpfen, und zu einem geringeren Umfang auch von der Schleie, direkt verwertet werden, wobei sich durch die Düngewirkung des Kots die Karpfenerträge bis zum Dreifachen steigern lassen. Bei der Polykultur mit Karpfen sollten Schleien nicht mehr als 10-20 % des Bestandsgewichtes ausmachen (Ertrag 50-100 kg/ha), da es sonst zur Nahrungskonkurrenz kommen kann.

Teiche mit einer Fläche von über 100 ha sind schwierig zu bewirtschaften und eignen sich für die kommerzielle Fischproduktion wenig. Typische Teiche für die Fischproduktion sind rechteckig und haben eine Tiefe von 1-2 m. Die Teichsohle sollte ein Gefälle von 1-5 ‰, sowie mindestens 20-50 cm tiefe Entwässerungsgräben aufweisen. Die Dämme müssen trapezförmig sein und eine Böschungsneigung von 1:1,5-3,0 haben. Sie sollten an mindestens einer Seite so breit (Dammkrone 2-4 m) sein dass, für Besatz, Fütterung und Abfischung, mit Fahrzeugen darauf gefahren werden kann. Eine Zufahrt von der Dammkrone zur Teichsohle mit einer Neigung von 1:4,0-6,0 ist für das Einfahren mit Geräten zur Teichbodenbearbeitung sinnvoll. Wassereinlauf- und Ablaufbauwerke (Mönche), die eine Regulierung des Wasserstandes ermöglichen, sollten vorhanden sein. Das Ablaufrohr sollte einen Durchmesser von mindestens 30 cm haben. Die Sauerstoffaufnahme aus der Luft entspricht je Hektar Wasserfläche etwa einem Wasserzulauf von 10 l/s. Falls der mittlere Wasserzulauf in der Vegetationsperiode etwa 2 l/s je ha überschreitet, sollten die Teiche auch eine Umlaufleitung oder einen Umlaufgraben erhalten, womit ein Hochwasser am Teich vorbeigeführt werden kann. Für die Abfischung ist eine Abfischgrube vor dem Mönch oder besser noch ein Abfischkasten hinter dem Mönch, vorzugsweise mit Frischwasserzufuhr, empfehlenswert.

Das Ertragsvermögen eines Teiches hängt neben dem Klima auch wesentlich von der Bodenbeschaffenheit ab. Die höchsten Erträge sind auf lehmigen Böden, mittlere Erträge auf moorigen Böden und die geringsten Erträge auf sandigen Böden zu erwarten.

In Europa ermöglichen extraextensiv bewirtschaftete Teiche (ohne Düngung) eine Jahresproduktion von etwa 250 kg/ha, bzw. extensiv bewirtschaftete Teiche (ohne Zufütterung) eine Jahresproduktion von etwa 500 kg/ha, halbintensiv bewirtschaftete Teiche (mit Zufütterung) eine Jahresproduktion von etwa 1000 kg/ha, intensiv bewirtschaftete Teiche (mit Mischfutter) eine Jahresproduktion von etwa 4.000 kg/ha und hochintensiv bewirtschaftete Teiche (mit Belüftung) eine Jahresproduktion von etwa 8.000 kg/ha. Eine Intensitätssteigerung über 3 t/ha setzt Maßnahmen gegen eine zu starke Phytoplanktondichte voraus. In 1 m tiefen Intensivteichen wird dabei etwa von den Karpfen (3 t/ha) und vom Zooplankton jeweils etwa 0,1 mg/l/h und von Bodenbakterien und – in der Nacht auch – vom Phytoplankton jeweils etwa 0,1-1,5 mg/l/h Sauerstoff verbraucht. Die Teiche sollten daher zumindest in der Nacht belüftet werden; je nach Produktionsniveau: bei 1-3 t/ha teilweise, bei 3-5 t/ha regelmäßig und bei 5-7 t/ha dauernd.

Mit steigendem Produktionsniveau steigt allerdings auch das Produktionsrisiko durch das Ausbrechen von Krankheiten oder die Verschlechterung der Wasserqualität.
Das Auftreten (Besatz oder Einwandern) von Wildfischen, wie Blaubandbärblingen, welche starke Nahrungskonkurrenten des Karpfen sein können, sollte verhindert werden, da sonst das Wachstum und damit der Ertrag der Karpfen um bis zu 50 % geringer ausfallen kann. Die Kontrolle der Futteraufnahme und des Wachstums sollte regelmäßig im Abstand von 1-4 Wochen erfolgen. Kontrollfänge können mit Reusen, Senk-, Wurf- oder Zugnetzen, vorzugsweise an den Futterplätzen, erfolgen. Da sich dort jedoch oft die größeren Fische aufhalten, sollte zur Ermittlung des Durchschnittsgewichts im Teich das mittlere Stückgewicht des Probefangs um etwa 10 % vermindert werden.
Die Abfischung erfolgt am besten in den frühen Morgenstunden, entweder in der Fischgrube vor dem Mönch oder in der Abfischgrube hinter dem Mönch. Dabei sind technische Hilfsmittel (Netze, Lifter, Behälter, Sortierer, Waagen etc.) empfehlenswert. Da einige Fische, vor allem Schleien, dem abfließenden Wasser schlecht folgen und sich gegen die Strömung richten, sollte die Absenkung des Wasserspiegels stets sehr langsam erfolgen und tiefe Ablaufgräben vorhanden sein oder während der Absenkung der Zulauf abgestellt werden.
Naturteiche haben ein jährliches Rückhaltevermögen von etwa 10-100 kg Stickstoff und 1-10 kg Phosphor/ha, wobei das Rückhaltevermögen, aber auch die Belastung, mit der Bewirtschaftungsintensität bzw. dem Ertragsniveau steigt. Auch die Neubildung von Teichschlamm steigt generell mit der Bewirtschaftungsintensität, von 3-4 mm/a bei etwa 0,2 t/ha auf 5-6 mm/a bei rund 2,0 t/ha. Das Rückhaltevermögen im Teich ist aber wesentlich von der Beschaffenheit des Teichbodens abhängig. So steigt der Phosphatgehalt von Teichsedimenten mit dem Gehalt an organischen und anorganischen Substanzen, vor allem Verbindungen von Eisen, Mangan und Aluminium. Ein Gramm Eisen kann dabei unter anaeroben Bedingungen etwa 43,4 g Phosphor binden. Die beim Ablassen eines Naturteiches durchschnittlich entstehenden Schmutzfrachten (ca. 750-1250 kg Feststoffe, sowie 30-50 kg Stickstoff und 1-3 kg Phosphor/ha) entsprechen etwa jenen, die die Teiche auch durch den Zulauf erhalten. Gut bewirtschaftete Naturteiche können daher eine positive Auswirkung auf die Wassergüte und Umwelt haben.
Die durchschnittlichen Hektarerträge stiegen im 20. Jahrhundert kontinuierlich an. So betrugen die Abfischungsergebnise (> 95 % Karpfen) je Hektar in Ostdeutschland (ehemalige DDR): 1950 – 204 kg, 1960 – 434 kg, 1970 – 853 kg, 1980 – 867 kg und 1990 – 1.439 kg.

Abfischung mit Zugnetz vor dem Mönch. (Foto: E. Puhm)

Abfischung mit Hebenetz hinter dem Mönch. (Foto: P. v. Menzel)

Nach der Abfischung sollten Speisefische mindestens 1-2 Wochen nach Art und Größe getrennt in eine Hälterung gesetzt werden, wo die Fische die Kiemen säubern und den Stress abbauen können und sich der eventuelle Schlammgeschmack verliert, was bei Satzfischen nicht nötig ist. Für die Hälterung eignen sich abgedeckte, kleine Teiche, Netzgehege oder Becken. Bei einer Wassertemperatur von 8-12 °C sollte der Frischwasserzulauf etwa 2-4 l/s je Tonne Fische betragen. Bei einer Hälterungsdauer von 1-9 Wochen kann die Besatzdichte bis zu 100-300 kg/m^3 betragen. Eine längere Hälterung sollte in Erdteichen bei einer Besatzdichte von 50-100 kg/m^3 erfolgen. Bei längerer Hälterung kann der Gewichtsverlust 5-10 % betragen. Die Überwinterung kann in speziellen Winterteichen, die eine Tiefe von mindestes 2 m haben, bei einer Besatzdichte von 10-20 t/ha erfolgen, wobei je Tonne Fische ein Wasserzufluss von mindestens 1 l/s gewährleistet sein muss. Zu Beginn und Ende der Winterung können die Fische, je nach Wassertemperatur bis/ab 5 °C noch mit Mischfuttermittel, gefüttert werden. Damit vorhandene Pflanzen assimilieren können, sollten schneebedeckte Eisflächen teilweise (ca. 20 %) freigeschoben werden. Fischfeinde (wie: Reiher, Kormorane und Ratten, Otter) sind fernzuhalten und jede Beunruhigung der Fische ist zu vermeiden. Auch der Besatz mit kleinen Blaubandbärblingen kann in der Winterung bei Schleien und Karpfen zu erheblichen Verletzungen durch Fraßwunden führen. Für die Winterung gilt eine Wassertemperatur von 3-5 °C als optimal. Obwohl bei niedrigen Wassertemperaturen die Cypriniden ihre Lebensvorgänge stark einschränken, sind sie gegenüber Sauerstoffmangel und Stickstoffverbindungen empfindlich. Die Winterungsverluste betragen je nach Gewichtsklasse normalerweise etwa 0-5 % bei dreisömmerigen, 5-10 % bei zweisömmerigen und 10-20 % bei einsömmerigen Fischen. Je höher die die Stückverluste während der Überwinterung sind, desto geringer ist meist die Abnahme der Körpermasse (ca. 5-15 %). Eine Abdunklung der Haltungseinheiten (unter 100 Lux) kann die Winterungsverluste, vor allem bei einsömmerigen Fischen, um 5-15 % reduzieren. Wesentlicher ist aber eine gute Kondition der Fische (vor allem einsömmeriger) wobei im Herbst der Körperfettgehalt minimal 7,5 % und der Wassergehalt maximal 75 % betragen sollte. So lassen sich die Verluste während der Winterung und im Folgejahr um bis zu 30 % verringern.

Dort, wo eine Trockenlegung der Teiche im Winter nicht möglich ist (Streckteiche, Winterteiche), ist alle 4-6 Jahre eine Trockenlegung im Sommer empfehlenswert. Solche Teiche werden während dieser sogenannten „Sömmerung“ mit Getreide (Hafer, Gerste) bepflanzt, das anschließend auch abgeerntet werden kann.

Richtwerte für den Besatz von Winterteichen
bei ausreichender Wasserversorgung:
(Nach: Tölg, 1981)

Fischgröße	Karpfen + Graskarpfen	Marmor- + Silberkarpfen
Einsömmerige	10-15 t/ha	5-10 t/ha
Zweisömmerige	15-20 t/ha	10-15 t/ha
Dreisömmerige	20-25 t/ha	15-20 t/ha

Flächenanteil der Teiche je Produktionsabschnitt
für einen modernen Vollbetrieb:
(Nach: Planansky, 1988)

Teiche	Besatz-Produktion	Anteil
Laichteiche	K_L-K_0	ca. 0,5 %
Vorstreckteiche	K_0-K_v	ca. 2,5 %
Brutstreckteiche	K_v-K_1	ca. 8,0 %
Streckteiche	K_1-K_2	ca. 25,0 %
Abwachsteiche	K_2-K_3	ca. 60,0 %
Winterteiche	K_2-K_2	ca. 3,0 %
Hälterteiche	K_3-K_S	ca. 1,0 %

Abkürzungen:
K_L - Karpfen Laichfisch, K_0 - Karpfen Brütling, K_v - Karpfen Vorgestreckt, K_1 - Karpfen Einsömmerig, K_2 - Karpfen Zweisömmerig, K_3 - Karpfen Dreisömmerig, K_S - Karpfen Speisefisch;

Hälter- und Winterteiche. (Foto: M. Hochleithner)

TEICHPFLEGE:

Die für die Primärproduktion notwendigen Nährstoffe werden im Teichboden gespeichert. Die Nährstoffspeicherkapazität des Bodensediments ist etwa 100 bis 1000-mal größer, als die des Wassers. Die eigentliche Produktionsschicht ist daher die oberste 5-10 cm dicke Schlammschicht. Sie kann nur produktiv sein, wenn genügend Sauerstoff zur Verfügung steht, daher hat die Bodenbearbeitung einen positiven Einfluss. Vorraussetzung hierfür ist eine bestmögliche, mindestens einmonatige Trockenlegung des Teiches nach der Abfischung über den Winter. Eine 5-15 cm tiefe Bearbeitung des abgetrockneten Teichbodens mit Pflug, Egge oder Fräse fördert die Austrocknung und Durchlüftung (für 10-14 Tage). Eine ständige Teichbespannung (ohne Trockenlegung) fördert nicht nur die Verschlammung und Verlandung, sondern verringert auch die Nährtierdiversität und Produktionskapazität. Ihr Maximum an Insektenlarven (*Chironomus*) erreichen Teiche meist im März-April, wenn diese ohne Fischbesatz über den Winter nicht trockengelegt wurden, bzw. im Mai-Juni wenn sie über den Winter trockengelegt wurden. Bei zu langen Trockenperioden sollte der Teichboden jedoch durch den Anbau von Schmetterlingsblütler (Klee, Lupinie, Raps) beschattet werden.
Das Ertragsvermögen von Teichen wird aber durch vielfältige Einflüsse bestimmt, die meist nicht ausreichend erfasst werden können. Selbst benachbarte Teiche weisen oft erhebliche Ertragsdifferenzen auf. Während der Nährstoffgehalt der wassernahen oberen (0-5 cm) Bodenschicht von der Sedimentation beeinflusst wird, hängt er in der unteren (5-15 cm) Bodenschicht maßgeblich von der Bodenbeschaffenheit selbst ab. Ein Teil der akkumulierten Nährstoffe aus der wassernahen Sedimentschicht wird wieder im Wasser gelöst. Unabhängig von der Bewirtschaftung ergeben sich daher oft deutliche Beziehungen zwischen dem Zuwachs der Fische und dem Bestand an Zooplankton, während der Produktionsperiode von Mai-September, sowie dem pflanzenverfügbaren Phosphor im Teichboden (in 0-3 cm Tiefe im Herbst gemessen). So beträgt der Zuwachs bei Getreidezufütterung bei einem mittleren Bestand an Zooplankton im Wasser bzw. pflanzenverfügbaren Gehalt an Phosphor im Boden von etwa 4 g/m^3 bzw. 0,1 g/kg rund 200 kg/ha, bei 11 g/m^3 bzw. 0,2 g/kg rund 400 kg, und bei 18 g/m^3 bzw. 0,3 g/kg rund 600 kg/ha. Auch der Stickstoff- und Phosphorgehalt im Wasser beeinflussen das Ertragsvermögen. Der Gesamtphosphor und Benthosbestand im Boden weisen dagegen nur sehr geringe Beziehungen zum Fischertrag auf.

Eine Kalkung dient der Aktivierung, Mineralisierung und Neutralisierung des Teichbodens und kann so zu einer wesentlichen Ertragssteigerung führen. Die ertragssteigernde Wirkung der Kalkung beruht in erster Linie auf einer Verbesserung der Versorgung mit Kohlensäure (CO_2).
Kohlensaurer Kalk ($CaCO_3$) ist neutral und nur wenig wasserlöslich. Er wird nur bei weichem Wasser (pH <6,5) zur Erhöhung des pH-Werts in einer Menge von 150-300 kg/ha auf die Wasseroberfläche oder 300-600 kg/ha auf den Teichboden möglichst fein vermahlen aufgebracht.
Branntkalk (CaO) ist bei etwa 1000 °C gebrannter, kohlensaurer Kalk und oberflächenaktiv. Er wird zur Aktivierung in einer Menge von 250 kg/ha bei einer Schlammschicht von unter 10 cm, in einer Menge von 500-750 kg/ha bei einer Schlammschicht von 10-20 cm, und in einer Menge von 1.000 kg/ha bei einer Schlammschicht von über 20 cm auf den nassen Teichboden möglichst gut und fein verteilt aufgebracht. Für Desinfektionszwecke werden 1.000-3.000 kg Branntkalk je ha Teichboden nach der Abfischung verwendet, wobei mit einem Fischbesatz mindestens 2 Wochen zu warten ist.
Hydratkalk ($Ca[OH]_2$) ist gelöschter Branntkalk, der rund 300 ml Wasser je kg Branntkalk chemisch binden kann. Er wird auch zur Aktivierung und zur Erhöhung des pH-Werts (pH-10 Bad) in einer Dosis von 40 g/m^3 je SBV verwendet, wobei sich der pH-Wert rasch (binnen 24 h) wieder senkt. Je 1,0 kg Branntkalk bzw. 1,3 kg Hydratkalk werden durch überschüssige, freie Kohlensäure etwa rund 3,0 kg kohlensaurer Kalk im Wasser ausgeschieden und der verbleibende Restwert des SBV beträgt meist um 1,05.
Chlorkalk ($CaOCl_2$) wird nur zu Desinfektionszwecken (1.000-5.000 kg/ha) benutzt, seine Wirkung beruht auf der Freisetzung von Chlorgas.
Die Ausbringung des Kalkes kann, wie auch beim Kunstdünger, manuell oder besser mit Streuer, Pumpen oder Gebläse erfolgen.
Eine Düngung dient der Steigerung der Primärproduktion und soll die Pflanzennährstoffe, die nicht im erwünschten Umfang zur Verfügung stehen, ergänzen. Um Überdüngung zu vermeiden, ist dabei auch die Düngefracht des Zulaufwassers zu berücksichtigen. In weichgründigen, verschlammten Teichen, sowie bei der Verfütterung von Mischfuttermitteln, sollte nicht gedüngt werden. In der Biomasse der Primärproduktion sind neben Wasserstoff und Sauerstoff die Nährstoffelemente Phosphor (P), Stickstoff (N) und Kohlenstoff (C) in einem chemischen Mengenverhältnis von durchschnittlich etwa 1:16:106 vorhanden. Bei einer Begrenzung von P kommt es zu einer Beschränkung der Produktion, bei einer Begrenzung von N entwickeln sich vor allem Blaualgen, die den Stickstoff aus der Luft nutzen können.

Phosphor (P) wird oft im Überfluss durch das Zulaufwasser (bis über 1 kg/ha und Jahr) oder über das Futter (etwa 3,3 kg/t Getreide bzw. 6,6 kg/t Mischfutter) in den Teich eingetragen und als Orthophosphat (PO_4) rasch in Pflanzen und im Boden gespeichert, daher ist eine Phosphordüngung in vielen Teichen nicht nötig. So können etwa aus 1 kg Phosphor durch Assimilation 100 kg Algenmasse gebildet werden, zu deren Zersetzung wiederum 140 kg Sauerstoff benötigt werden. In den Düngemitteln wird der Phosphorgehalt als Phosphorpentoxyd (P_2O_5), einer bestimmten Form der Phosphorsäure, angegeben. Es enthalten etwa Thomasphosphat 16 %, Superphosphat 18 %, Hyperphosphat 39 % und Triplephosphat 46 % P_2O_5, sowie eine gewisse Menge Kalk. Gewöhnlich werden, je nach Bodenbeschaffenheit, 25-50 kg P_2O_5/ha ausgebracht. In Vorstreck- und Streckteichen kann nachgedüngt werden wenn die Sichttiefe über 0,5 m beträgt. Thomasphosphat ist schwer wasserlöslich und sollte daher mindestens 4 Wochen vor dem Bspannen des Teiches (oder aufs Eis) ausgebracht werden. Die anderen Phosphordünger sind gut wasserlöslich und können kurzfristig, am besten bis zur Saisonmitte portioniert in Abständen von etwa 7-14 Tagen ausgebracht werden, wobei die Produktion schon bald darauf anspringt. Allerdings dürfen die gut wasserlöslichen Phosphordünger nicht zusammen mit Kalk ausgebracht werden (Wartezeit ca. 4 Wochen), da sich sonst eine schwerlösliche Verbindung bildet.
Stickstoff (N) wird auch durch Zulaufwasser, sowie Blaualgen und Bakterien in den Teich eingetragen, so dass die Teiche damit oft ausreichend versorgt sind. Um eine schnelle Planktonentwicklung zu erreichen, wird zur Brutaufzucht trotzdem gelegentlich mit 50-200 kg N/ha gedüngt. Als anorganische Stickstoffdünger eignen sich etwa Kalkammonsalpeter oder Schwefelsaures Ammoniak (300-600 kg/ha). Da Stickstoff im Teich allerdings nicht gespeichert wird, sind diese Düngemittel ggf. portioniert in etwa 10 Einzelgaben bis Saisonmitte zu verabreichen. In Vorstreck- und Streckteichen kann nachgedüngt werden, wenn der Ammoniumgehalt unter 0,1 mg/l fällt. Wegen der Gefahr von Ammoniakschäden dürfen ab einem pH-Wert von 8,5 keine Stickstoffdünger ausgebracht werden.
Kohlenstoff (C) ist in Teichen oft am wenigsten vorhanden, daher ist die organische Düngung generell der anorganischen Düngung vorzuziehen. Das Einbringen von bis zu 50 kg C/ha und Tag kann die Fischproduktion merklich erhöhen und im Vergleich zur anorganischen Düngung sogar verdoppeln, ohne dass dabei wesentliche Wasserqualitätsprobleme auftreten. Etwa 50 kg Kohlenstoff sind in 100 kg trockenem bzw. 300 kg nassem Hühnerdung enthalten.

Als organischer Dünger werden etwa 2-6 t Rindermist, 250-750 kg Hühnerdung oder 1-3 m^3 Gülle/Jauche je Hektar verwendet, die am besten bereits stärker angerottet sind. Dabei wird am besten Mist in einer Gabe in Haufen nicht verteilt, Dung (z.B.: 50 kg/ha/Tag) und Gülle (z.B.: 100-200 l/ha/d) in mehreren Gaben gut verteilt eingebracht. Alternativ ist die Haltung von 100-900 Stück Enten je ha, vor allem in Osteuropa und Ostasien gebräuchlich. Der Düngeeffekt je Ente beträgt etwa 60 kg Kot pro Jahr. Eine Gründüngung (z. B.: der Anbau von Hafer oder Klee im Frühjahr oder das Einbringen von abgemähten Landpflanzen im Sommer) wirkt ebenfalls sehr gut. Der 10-15 cm hohe Anbau von Grünpflanzen, vorzugsweise Schmetterlingsblütler, oder die Düngung mit Stallmist, vorzugsweise Rindermist, welcher eventuell in den Teichboden eingearbeitet wird, ist dabei besonders gut geeignet, auch die wichtige Produktionsschicht im Teich zu erhöhen.

Die Produktionsschicht im Teich, also die oberste Schlammschicht am Teichboden, sorgt während der Produktionsperiode dafür, dass Kohlensäure abgegeben wird und kein Nährstoffmangel eintritt, vorausgesetzt es besteht kein zu starker Durchfluss, welcher die Nährstoffe ausschwemmt. Ist also eine flächendeckende Produktionsschicht im Teich vorhanden, reicht es, den Dünger in einer einmaligen Gabe jährlich auszubringen. Fehlt die Produktionsschicht ganz oder teilweise, kommt es nur zu einer kurzfristigen Düngewirkung; es ist dann besser, den Dünger nicht aber den Kalk, auf mehrere Gaben aufzuteilen. Bei einer Aufteilung des Düngers auf mehrere tägliche oder wöchentliche Portionen kann eine wesentliche Ertragssteigerung erzielt werden. Die jährliche Düngemenge sollte zu etwa 50 % im April-Mai, 30 % im Juni-Juli und 20 % im August-September ausgebracht werden. Im Vergleich zur wöchentlichen Düngung kann die tägliche Düngung den Fischzuwachs um bis zu 40 % steigern. Dabei sind unter Polykulturbedingungen und entsprechender Düngung tägliche Zuwachsraten von 4-40 kg/ha erreichbar. Je 100 kg Schweine- oder Rinderdung ermöglichen eine Ertragssteigerung von 1-3 bzw. 3-5 kg.

In mitteleuropäischen Teichen erreicht man ohne Kalkung Erträge von etwa 50-75 kg/ha, mit Kalkung Erträge von etwa 100-150 kg/ha. Mit Kalkung und Düngung (von etwa 40 kg P_2O_5 bzw. 20 kg P und 200 kg N je Hektar) lässt sich der Ertrag auf etwa 200-300 kg/ha erhöhen, und mit Zufütterung von Getreide auf etwa 600-900 kg/ha. Weitere Ertragssteigerungen (Zuwachs) sind in Mitteleuropa bei entsprechender Besatzdichte und Wassertemperatur nur durch vollwertige Mischfuttermittel möglich.

Organische Düngung mit Grünpflanzen und Stallmist. (Foto: M. Hochleithner)

Entenhaltung im Teich. (Foto: M. Hochleithner)

Das Optimum der Photosynthese liegt für Wasserpflanzen fließender Gewässer bei etwa 15 °C und für Wasserpflanzen stehender Gewässer bei etwa 25 °C. Aus produktionsbiologischer Sicht ist in Karpfenteichen allerdings nur ein sich ständig entwickelnder optimaler Bestand an Schwebealgen (Phytoplankton) erwünscht. Starke Bestände an Schwebealgen oder dichten niederen und höheren Wasserpflanzen sind unerwünscht. Sie verhindern eine vorteilhafte Durchlichtung und Erwärmung, begrenzen den Produktionsraum und binden die Nährstoffe. So entzieht ein mittlerer Bestand an Schilf (*Typha*) von rund 60 t/ha dem Wasser etwa 100 kg Kalk (CaO) und 35 kg Phosphor (P). Nachhaltig zurückgeschnittene Wasserpflanzenbestände können im Vergleich zu ungehinderten Beständen eine Ertragssteigerung von rund 30 % bewirken. Für den Abbau von abgestorbenen Planzenbeständen wird zudem viel Sauerstoff benötigt. Diese Bestände an Wasserpflanzen sind daher bis auf einen kleinen 1-2 m breiten Streifen entlang des Ufers, der als Schutz dient, möglichst kurz zu halten. Für die Bekämpfung von Wasserpflanzen eignen sich optische, thermische, mechanische, chemische, oder biologische Methoden.

Mähen von Schilf am Damm. (Foto: M. Hochleithner)

Zur optischen Bekämpfung von Algen und Unterwasserpflanzen kann der Teichschlamm mit Ketten oder Propellern aufgewirbelt werden, was zu einer Beschattung führt. Auch mit einem Besatz von großen Karpfen erzielt man durch deren Wühltätigkeit einen ähnlichen Effekt. Das Einbringen von Gras, Heu oder Stroh (etwa 100-500 kg/ha) kann ebenfalls zur Reduzierung von Algen beitragen.
Zur thermischen Bekämpfung von einigen Unterwasserpflanzen (wie: Wasserpest und Seerosen), können die Teiche über den Winter trockengelegt werden, wodurch bei starkem Frost die Dauerknospen oder Wurzelstöcke dieser Pflanzen vernichtet werden. Einige Überwasserpflanzen, wie Schilf und Rohr, können im trockenen Zustand auch abgebrannt werden, was allerdings in einigen Ländern verboten ist.
Zur mechanischen Bekämpfung von Unter- und Überwasserpflanzen eignen sich spezielle Gliedersensen oder Mähboote. Das Abmähen der Unterwasserpflanzen sollte aber zwei- bis dreimal je Saison erfolgen, und zwar immer dann, wenn die Pflanzenspitzen die Wasseroberfläche erreicht haben. Werden die Pflanzenbestände nicht alle auf einmal sondern im Abstand von 1-2 Wochen nur Teilflächen geschnitten, so müssen die abgeschnittenen Pflanzen nicht aus dem Teich entfernt werden, sondern können darin verbleiben, was einer Düngung gleichkommt. Damit der Abbau der Pflanzenreste verbessert wird ist nach dem Mähen eine Kalkung des Teiches mit 100-200 kg Branntkalk/ha empfehlenswert.
Zur chemischen Bekämpfung vor allem von Makrophyten nach dem Austrieb eignen sich Wuchsstoff-, System-, oder Kontaktherbizide. Wuchsstoffmittel führen zu einem desorganisierten Wachstum, an dem die Pflanzen zugrunde gehen und eignen sich vor allem gegen verholzte Böschungspflanzen (z.B.: Trichlorphenoxyessigsäure oder Methylchlorphenoxyessigsäure 2-4 l/ha). Systemmittel greifen in die Stoffwechselvorgänge der Pflanzen ein und zerstören sie somit. Sie eignen sich vor allem gegen emerse Uferpflanzen (z.B.: Dichlobenil oder Dalapon 15-30 kg/ha). Kontaktmittel verätzen die Pflanzen und bringen sie so zum Absterben, sie eignen sich vor allem gegen submerse Wasserpflanzen (z.B.: Diquat oder Paraquat 5-10 l/ha). Fadenalgen können mit Terbutryn (50-100 g/ha alle 1-2 Monate), Planktonalgen auch mit Kupfersulfat (0,15 mg/m^3 je SBV alle 1-2 Monate) bekämpft werden. Die Toxizität von Kupfersulfat ($CuSO_4$) ist vom Kalkgehalt (SBV) des Wassers abhängig. Der Gehalt an Kupfer darf dabei 0,1 mg/l nicht übersteigen, da höhere Konzentrationen fischgiftig sind. Grundsätzlich sollten jedoch in Naturteichen keine chemischen Wirkstoffe zur Bekämpfung von Wasserpflanzen verwendet werden.

Zur biologischen Bekämpfung eignen sich vor allem pflanzenfressende Fische, deren Nahrungsaufnahme ab 15 °C langsam beginnt und ab 20 °C stark zunimmt. Je Kilogramm Körpergewicht dieser Fische sind etwa 4-6 g Phosphor gebunden. Im mitteleuropäischen Klima erfordern mittlere Bestände an Wasserpflanzen einen Besatz an Graskarpfen von etwa 400-600 einsömmerigen (á 10-30 g), 100-200 Stück zweisömmerigen (á 100-300 g), oder 10-50 dreisömmerigen (á 1000-3000 g) Fischen, bzw. im Mittel rund 50-100 kg je ha. Bei starken Pflanzenbeständen oder kühlerem Wasser sollte die Besatzmenge verdoppelt werden. Auf das Trockengewicht bezogen, erfolgt eine 60-70 %ige Verdauung der Pflanzen und auf das Nassgewicht bezogen, beträgt der Futterquotient bei Land- bzw. Wasserpflanzen etwa 15-30 bzw. 30-60. Bei einer Temperatur von 20-30 °C fallen durch den hohen Pflanzenverzehr von täglich 100-120 % des Körpergewichts daher auch enorme Kotmengen an, die eine ständige Düngung darstellen. Daher sollte bei einem Besatz mit Graskarpfen immer auch ein Besatz mit mindestens der gleichen Menge an Marmorkarpfen und der doppelten Menge an Silberkarpfen erfolgen. Diese Fische fressen Seston (Phyto- und Zooplankton), wobei die Partikelgröße vorzugsweise von ersterem bei 10-30 µm und von letzterem bei 80-100 µm liegt. Sie nehmen bei 15-20 °C etwa 15-20 % bzw. bei 25-30 °C bis zu 100 % ihres Körpergewichts täglich an Seston auf, wobei der Futterquotient bei 13-19 liegt. Von diesen Fischen werden vor allem Blaualgen gut, Kieselalgen mittelmäßig und Grünalgen schlecht gefressen bzw. verdaut. Sie tragen zur Verjüngung der Algenbestände und Verbesserung der Sichttiefe bei und vermindern so vor allem hohe Spitzen von Sauerstoff und pH-Wert. In einigen europäischen Ländern ist für den Besatz von fremdländischen Fischen in öffentlichen Gewässern allerdings eine behördliche Genehmigung erforderlich. Natürlich können auch heimische pflanzenfressende Cypriniden (Rotfedern, Rotaugen) beitragen, submerse Wasserpflanzen zu reduzieren (tägliche Nahrungsaufnahme bei 15-20 °C etwa 15-40 % des Körpergewichts), allerdings kaum so effektiv, wie ostasiatische pflanzenfressende Cypriniden. Gelegentlich werden auch Enten (bis 300 Stück/ha) zur Bekämpfung von Wasserpflanzen (vor allem Wasserlinsen) in Teichen gesetzt, wobei diese jedoch auch die Teichdämme erheblich schädigen können und durch ihren Kot zu einem Nährstoffeintrag beitragen.

Reduzierung von Wasserpflanzen (*Elodea sp.*)
nach Besatz mit dreisömmerigen Graskarpfen á 1 kg (270 St/ha):
(Nach: Pichler-Semmelrock et al., 1988)

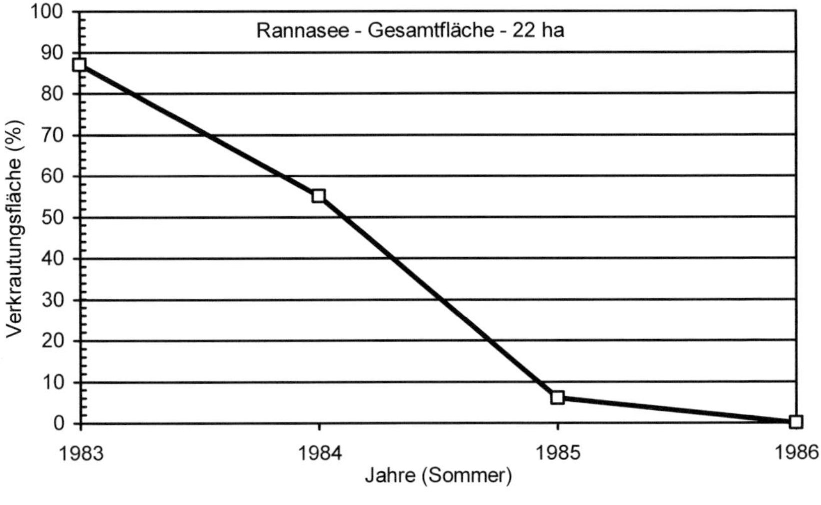

Nahrungsaufnahme von *Hypophthalmichthys sp.*
im Vergleich zum Nahrungsangebot:
(Nach: Steffens, 1981)

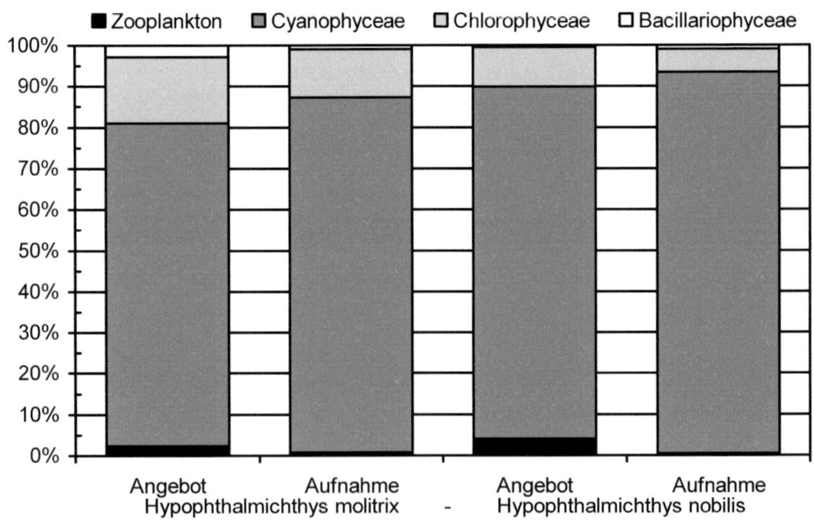

NETZGEHEGE:

Vor allem in Osteuropa und Ostasien werden für die Aufzucht von Jungfischen oft auch kleine 1x1x1 bis 2x2x2 m große Netzgehege (Maschenweite ca. 0,6-1,0 mm) verwendet die in den Teich gehängt werden. Dabei ist aber meist eine Zufütterung nötig, die am besten über Sprüheinrichtungen erfolgt, oder eine Belüftung empfehlenswert. Für die Zufütterung können ein gekochtes Hühnerei oder 3-5 g Leber je 10.000 Brütlinge verwendet werden, die fein zerhackt, durch ein Sieb gepresst, und dessen Menge alle 1-2 Tage um 10 % gesteigert wird. Alternativ kann auch das Zooplankton mit Hilfe einer Unterwasserlampe ins Innere der Gehege gelockt werden, wo es dann den Brütlingen als Nahrung dient. Allerdings ist auch die ausschließliche Verfütterung von Mischfuttermitteln bei vielen Cypriniden möglich.
Für die Produktion von Satz- oder Speisefischen werden oft auch größere Netzgehege verwendet, die in Teiche, Seen oder Staue gehängt werden. Diese Gehege haben meist eine Fläche von 25-100 m^2 (5x5 bis 10x10 m), wobei eine Produktion von durchschnittlich 40 kg/m^2 und Saison erfolgt. Die Fütterung erfolgt dabei ausschließlich mit Mischfutter. In natürlichen Gewässern mit flachem Epilimnion sollte die Netztiefe nicht mehr als 2-3 m betragen, damit sich die Fische stets in der warmen, sauerstoffreichen Oberflächenschicht aufhalten. Zwischen Netzboden und Gewässergrund sollte ein Abstand von mindestens 1 m bestehen. Die Maschenweite in Millimeter sollte etwa der Fischlänge in Zentimeter entsprechen. Als Richtwert für den Besatz gelten rund 500-1000 Kv oder 100-200 K1 oder 50-100 K2 je m^3. Die Bestandsdichte sollte 50-100 kg/m^3 nicht überschreiten, da sich sonst Wachstum und Fetteinlagerung verringern, sowie Futterquotient und Gonadenanteil erhöhen können (siehe auch Tabelle).
Ein ähnliches „Teich-im-Teich“ System kann auch durch das Einbringen von schwimmenden oder stehenden Rinnen aus Kunststoff oder Beton mit einem Volumen von etwa 10-100 m^3 (4-16 m lang, 1-4 m breit, 1-2 tief) in größere Teiche hergestellt werden, wobei die Wasserzirkulation und Sauerstoffanreicherung in den Rinnen durch Mammutpumpen, Schaufelradbelüfter oder andere Eintragungsgeräte erfolgt.
Alternativ kann auch ein kleinerer Teich als Intensivteich mit Pelletzufütterung (Produktionsteich) und ein daneben liegender größerer Teich als Extensivteich mit Getreidezufütterung (Reinigungsteich) genutzt werden, wobei das Verhältnis Produktionsteich zu Reinigungsteich etwa 1:10 betragen sollte und das Wasser zwischen den Teichen zu pumpen und zu belüften ist.

Produktionsdaten bei der Aufzucht von Karpfen

in stark besetzten Netzgehegen:
(Nach: Albrecht, 1979; Steffens, 1981)

Besatz St./m³		200	400	100	200
Besatzgewicht g		28	28	208	226
Futtermenge %/d		2,05	2,09	2,05	2,25
Stückzuwachs %/d		1,43	1,30	1,17	1,11
Futterquotient		1,45	1,59	1,78	2,06
Fütterungstage		116	116	109	109
Abfischgewicht g		294	215	944	910
Abfischung kg/m³		54,8	89,7	90,9	174,8
Depotfett %	♂	0,91	0,79	2,20	2,82
	♀	1,71	1,44	2,36	2,69
Gonaden %	♂	2,67	5,12	4,75	6,02
	♀	0,58	0,95	1,42	5,27

Netzgehegeanlage für die Karpfenproduktion. (Foto: M. Hochleithner)

WARMWASSERANLAGEN:

Bei Warmwasseranlagen wird grundsätzlich zwischen Durchlaufanlagen und Kreislaufanlagen unterschieden.

In Durchlaufanlagen wird das Wasser nach den Fischbecken nicht wieder verwendet. Die Wärmeenergie des von den Fischbecken abfließenden Wassers kann durch Plattentauscher oder Wärmepumpe, mit einem Wirkungsgrad von 80-90 % auf Quellwasser übertragen werden.

In Kreislaufanlagen wird das Wasser nach den Fischbecken gefiltert, belüftet, aufbereitet und zu über 90 % wieder verwendet. Auch ein Teilkreislauf, bei dem bis zu 80 % des Wassers nach einer mechanischen, sowie eventuell biologischen Reinigung und Belüftung wieder verwendet wird, ist möglich.

Verwendet werden können Becken jeder Art und Größe, gebräuchlich sind meist Rund- oder Langstrombecken mit einem Volumen von 5-50 m^3. Sie sollten weitgehend selbstreinigend und vom Wasserkreislauf zu trennen und einzeln ablassbar sein. Die Dimensionierung der Rohre steht im direkten Verhältnis zur berechneten Wassermenge und sollte eine Reserve von mindestens 20 % beinhalten.

Beim Einsetzen von Fischen aus Teichen im Herbst ist eine langsame Anpassung vorzunehmen. Am besten werden die Fische in Wasser mit der selben Temperatur wie das Teichwasser gesetzt. 1-2 Tage nach dem Umsetzen wird dann die Wassertemperatur langsam erhöht. Generell sollte das Umsetzen der Fische, bevor die Temperatur unter 10 °C fällt, erfolgen.

Beim Aussetzen von Fischen aus Warmwasseranlagen im Frühjahr ist ebenfalls eine längere Anpassung vorzunehmen. An 25 °C angepasste Karpfen können nach dem Umsetzen in 10 °C kaltes Wasser bei unzureichender Anpassung schnell eingehen. Bei 15 °C treten geringe Verluste auf. Am besten werden die Fische ausgesetzt, wenn die Temperatur auch nachts nicht unter 10 °C fällt.

Bei leicht schwankenden Wassertemperaturen im Tagesverlauf wachsen viele Cypriniden (Karausche, Karpfen, Marmorkarpfen, Graskarpfen) um 10-90 % besser, als bei ständig gleich bleibenden optimalen Wassertemperaturen. Auch der Futterquotient verringert sich.

Als Richtwert für den Besatz gelten rund 500-1000 Kv oder 100-200 K1 oder 50-100 K2 je m^3. Die Bestandsdichte kann bis zu 50-100 kg/m^3 betragen.

Eine Polykultur mit gleich alten Silberkarpfen (im Verhältnis bis 1:5) ermöglicht in Kreislaufanlagen beachtliche Mengen an Schwebstoffen zu binden und so für die Fischproduktion zu nutzen.

Warmwasseraufbereitung mit Sonnenkollektoren. (Foto: M. Hochleithner)

Warmwasserbecken mit Zierfischen. (Foto: M. Hochleithner)

Eine gute Möglichkeit für die frühzeitige Aufzucht von Karpfen und anderer Cypriniden bieten auch mit Foliengewächshäusern überdachte Kleinteiche (25-50 m^2), wobei die Erwärmung des Wassers (mit Sonnenenergie, Holzschnitzel oder Biogas) auf 20-28 °C über einen Wärmetauscher, der als Doppelrohrleitung (4 lfm/m^2) am Boden verlegt wird, erfolgen kann. Zur Wasserdurchmischung und Sauerstoffanreicherung sollte dabei eine leichte Belüftung über Ausströmer erfolgen. In mit lichtdurchlässigen Folien abgedeckten Becken oder Teichen ist die Wassertemperatur an bewölkten und sonnigen Tagen um etwa 2-4 °C höher, als in nicht abgedeckten Haltungseinrichtungen. Die Besatzdichte an fressfähigen Brütlingen kann bis zu 1.000 $Stück/m^2$ betragen, wobei die erste Woche ausschließlich Zooplankton zur Verfügung stehen muss und anschließend mit Mischfuttermitteln gefüttert wird. In solchen Einrichtungen ist beim bis zu 4 Wochen dauernden Vorstrecken die Überlebensrate und das Wachstum meist um 30-70 % höher, als in nicht abgedeckten oder aufgeheizten Einrichtungen. Um den Vorteil der Warmwasseraufzucht voll nützen zu können, sollte das Vorstrecken etwa 6-8 Wochen vor dem sonst üblichen Zeitpunkt erfolgen. Beim anschließenden Aussetzen der in Warmwasserteichen vorgestreckten Fische und das Aufziehen in Brutstreckteichen bis zum Einsömmerigen kann die Wachstumsperiode in der Folge um etwa 2 Monate verlängert und so der Wachstumsvorsprung bis zu 700 % gegenüber jenen aus vergleichbaren Freilandteichen betragen.

Warmwasserkleinteiche mit Foliengewächshäusern. (Foto: M. Hochleithner)

FÜTTERUNG:

Für Cypriniden stellt das Zooplankton eine wichtige Nahrungsgrundlage dar. Anfangs werden hauptsächlich Rotatorien (*Keratella, Brachionus*) selektiert, ab einer Fischlänge von etwa 6 mm werden schon kleinste Wasserflöhe (*Bosmina, Daphnia*) aufgenommen, ab einer Fischlänge von etwa 12 mm können auch größere Hüpferlinge (*Cyclops, Eucyclops*) bewältigt werden, und ab einer Fischlänge von etwa 20 mm werden auch kleine Insektenlarven (*Chironomus*) gefressen. Später wird die Nahrung gelegentlich durch Würmer (*Tubifex*) und Weichtiere (*Pisidium*) ergänzt. Gelegentlich werden auch Pflanzenteile und deren Samenkörner gefressen. Gewichtsmäßig besteht die Naturnahrung in Teichen guter Bonität aus etwa 57 % Planktontieren, 36 % Ufertieren und 7 % Bodentieren, wobei davon rund 60 % auf Krebstiere und 40 % auf Insektenlarven entfällt. Auf die Individuenzahl bezogen, zeigt sich die Bedeutung des Zooplanktons als Nahrungsgrundlage noch stärker.
Das Nährtierangebot im Teich ist jedoch nicht kontinuierlich sondern oft von Besatzdichte und Jahreszeit abhängig. Ein Bestand an Wasserflöhen (*Daphnia sp.*) von über 20-40 St./l ist ein Zeichen für Nahrungsreserven, jedoch ist ein Bestand an Bodentieren (Chironomiden und Tubificiden) von unter 1-2 g/m^2 ein Zeichen für Nahrungsdefizit und diese können kaum noch genützt werden. In Mitteleuropa ist das Nährtierangebot meist im Frühjahr (Mai-Juni) groß und im Sommer (Juli-August) gering, daher sollte vor allem im Sommer zugefüttert werden.

Bestand an Wasserflöhen (*Daphnia sp.*)
in Abhängigkeit von Besatzdichte und Jahreszeit:
(Nach: Merla et Müller in Steffens, 1981; Schäperclaus et Lukowicz, 1987)

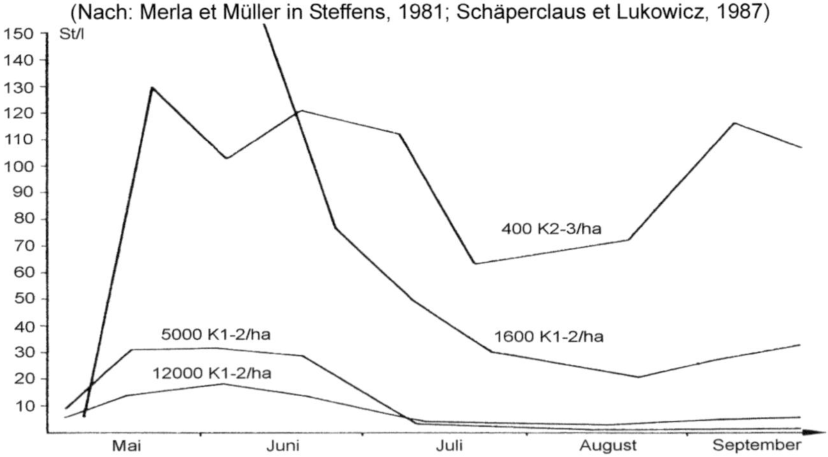

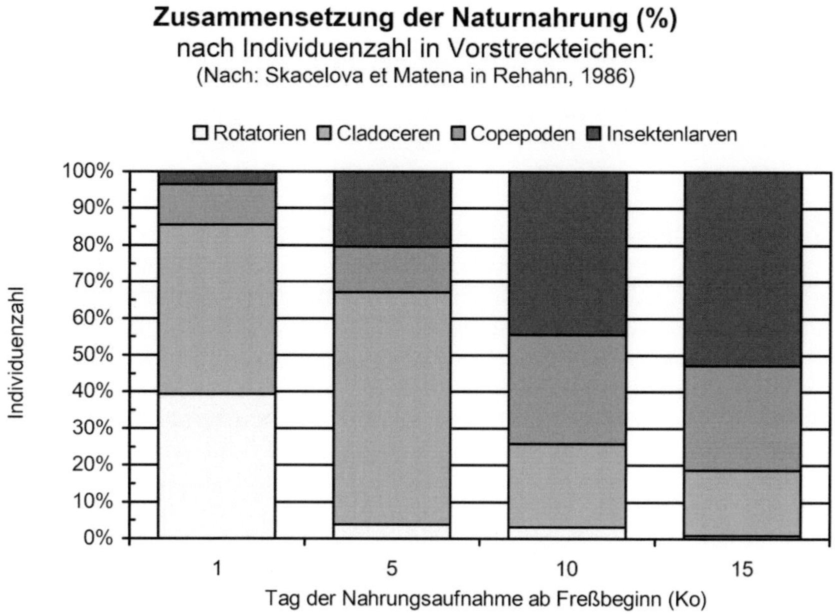
Zusammensetzung der Naturnahrung (%)
nach Individuenzahl in Vorstreckteichen:
(Nach: Skacelova et Matena in Rehahn, 1986)
Rotatorien
Cladoceren
Copepoden
Insektenlarven
100%
90%
80%
70%
60%
50%
40%
30%
20%
10%
0%
Individuenzahl
1
5
10
15
Tag der Nahrungsaufnahme ab Freßbeginn (Ko)

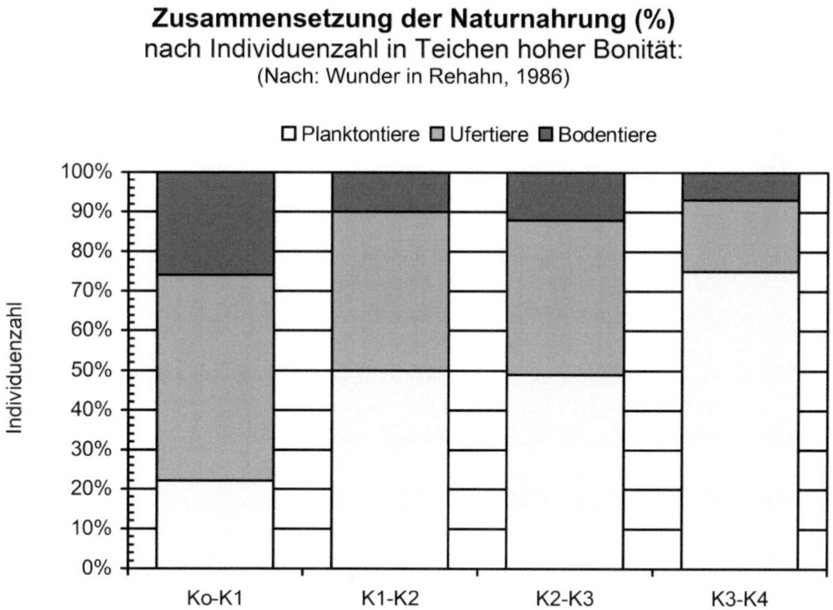
Zusammensetzung der Naturnahrung (%)
nach Individuenzahl in Teichen hoher Bonität:
(Nach: Wunder in Rehahn, 1986)
Planktontiere
Ufertiere
Bodentiere
100%
90%
80%
70%
60%
50%
40%
30%
20%
10%
0%
Individuenzahl
Ko-K1
K1-K2
K2-K3
K3-K4

Da Cypriniden auch gut Kohlenhydrate verdauen können, wird am zweckmäßigsten mit stärkehaltigen Futtermitteln wie grobkörnigem Getreide zugefüttert. Damit eine zufrieden stellende Verwertung des Beifutters gewährleistet ist, muss der Naturnahrungsanteil aber rund 50 % betragen. Das Futter wird dabei auf möglichst hartgründigen Futterstellen oder -straßen in etwa 1 Meter Wassertiefe ausgebracht. Bei weichgründigen Gewässern wird das Futter auf Futtertischen, die einen 3-5 cm hohen Rand aufweisen, dargeboten. Da Getreidekörner im Wasser zwar quellen, aber nicht zerfallen, kommt man mit etwa 3 Futtergaben je Woche aus. Ein Einweichen des Getreides vor der Verabreichung ist nicht sinnvoll. Um Staubanteile möglichst zu vermeiden ist eine mäßige Zerkleinerung durch Schroten nur bei großen Körnern (Mais, Erbsen, Bohnen) oder kleinen Fischen (einsömmerigen) notwendig. Sojaschrot kann bei hohen Wasser-temperaturen auch schon nach zwei Tagen sauer werden und wird dann von den Fischen nicht mehr gefressen. Bei der Verfütterung von Mais wird das Fleisch gelblich, sowie fetter und weicher, was geschmacklich ungünstig ist. Bei der Verfütterung von Roggen, zumindest während der letzen 4 Wochen der Fütterungsphase, lässt sich die Fleischqualität aber verbessern.
Getreide (Weizen, Roggen, Gerste, sowie Mais) haben etwa einen Proteingehalt von 5-15 %, einen Fettgehalt von 1-5 % und einen Kohlenhydratgehalt von 50-80 %. Leguminosen (Erbsen, Bohnen, Lupine, sowie Soja) haben etwa einen Proteingehalt von 20-45 %, einen Fettgehalt von 1-5 % und einen Kohlenhydratgehalt von 20-60 %.
Das Protein des Getreides und der Leguminosen ist durch den geringen Gehalt an bestimmten Aminosäuren allerdings nicht vollwertig, es dient also nur als Zufutter. Weiters beinhalten einige Pflanzensamen (Bohnen, Weizen) einen hohen Gehalt an Verdauungshemmern (Protease-, Amylasehemmer), welche jedoch durch Erhitzen zerstört werden können. Daher wird in intensiv bewirtschafteten Teichen und bei Naturnahrungsmangel oft mit Mischfuttermittel zugefüttert, wodurch die Fische meist schneller Wachsen und eine bessere Kondition erhalten.

Jahresfuttermenge an Getreidezufütterung

in Abhängigkeit zur Jahreszeit (%):

(Nach: Bohl, 1999; Steffens, 1981)

Klasse	Mai	Juni	Juli	Aug.	Sept.	Okt.
K_V-K_1	0	0	5	60	28	7
K_1-K_2	3	10	20	45	20	2
K_2-K_3	5	15	25	40	15	0

Wachstum bei der Zufütterung von Getreide (A) und Pellets (B)
bei der Produktion dreisömmeriger Karpfen:
(Nach: Müller et Merla, 1979; Steffens, 1981)

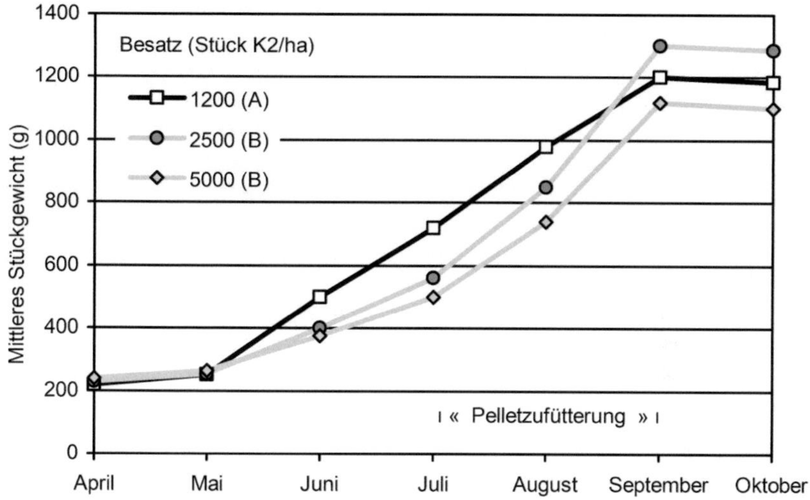

Erträge bei der Zufütterung von Getreide und Pellets
bei der Produktion von Karpfen:
(Nach: Steffens, 1981)

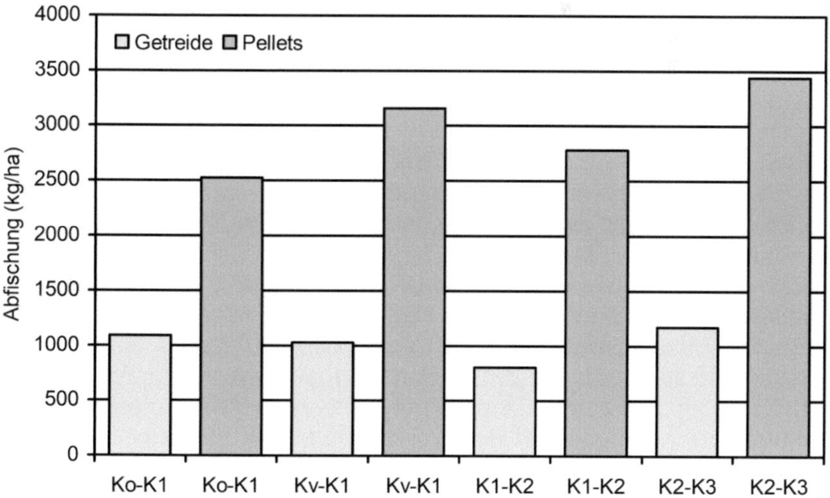

Das Mischfuttermittel (Trockenfutter) sollte einen Proteingehalt von 20-30 % als Beifutter bzw. 30-40 % als Alleinfutter, sowie einen Fettgehalt von 10-20 % und einen Kohlenhydratgehalt von 35-45 % haben. Der Gesamtbedarf an essentiellen Fettsäuren und Aminosäuren liegt bei etwa 1-2 % und 13-14 % des Trockenfutters. Eine günstige Zusammensetzung an Aminosäuren ist durch die Verwendung eines hohen Anteils (ca. 50 %) an Fischmehl zu erreichen. Eine günstige Zusammensetzung an Fettsäuren ist durch die Verwendung von Pflanzenöl (Sonnenblumen- oder Rapsöl) zu erreichen. Kohlenhydrate können den Körperfettgehalt bei Cypriniden beeinflussen, was für die Überwinterung wichtig ist. Ein überhöhter Gehalt an Kohlenhydraten im Futter reduziert allerdings die Verdaulichkeit und kann den Körperproteingehalt und somit das Wachstum beeinflussen. Für ein gutes Wachstum sollte etwa 4-6 g verfügbarer Phosphor je Kilogramm Futter zur Verfügung stehen. Ein Salzgehalt (NaCl) von 4 % im Futter kann einen positiven Effekt auf das Wachstum haben. Der Gehalt an Mineralstoffen ist umso höher, je höher der Anteil tierischer Komponenten ist. Ein Defizit an Mineralstoffen (Co, Cr, Cu, Fe, Mg, Mn, Se, Zn) und Vitaminen (A, B, C, D, E, K) kann unter anderem zu Wachstumsdepression und Krankheitsanfälligkeit führen.
Die Bruttoenergie von Nährstoffen liegt für Fett bei 39,5 kJ/g, für Protein bei 23,8 kJ/g und für Kohlenhydrate bei 16,5 kJ/g. Die verdauliche Energie von Nährstoffen liegt für Fett bei 33,5 kJ/g, für Protein bei 16,8 kJ/g und für Kohlenhydrate bei 14,7 kJ/g. Die Aufenthaltsdauer der Nahrung im Verdauungstrakt beträgt beim Karpfen bei einer Wassertemperatur von 10-15 °C etwa 60-20 h und bei einer Wassertemperatur von 20-25 °C etwa 48-4 h. Die Verdaulichkeit der Energie ist auch von Wassertemperatur und Futterpartikelgröße abhängig. Beim Karpfen bewirkt eine Temperaturerniedrigung von 20 °C auf 10 °C eine Verringerung der Energieverdaulichkeit von etwa 7 %. Die Verdaulichkeit von Mischfutterpellets hängt wesentlich von ihrem Rohfasergehalt ab; dieser sollte nicht mehr als 5 % betragen. Die Verdaulichkeit von Getreidemehl liegt bei etwa 55-75 % und jene von Fischmehl und Sojabohnenmehl bei etwa 75-95 %. Der Bedarf an Nettoenergie liegt für Karpfen mit einem Körpergewicht von 100-1.000 g und einer Wachstumsrate von 1-2 % bei rund 8-10 MJ/kg Zuwachs. Der Nettobedarf an Protein liegt für 100-1.000 g schwere Karpfen bei etwa 140-160 g/kg Zuwachs. Da sich mit zunehmendem Proteingehalt am Gesamtenergiegehalt auch die Proteinverwertung verschlechtert, sollte das Verhältnis Protein zu verdaulicher Energie für Karpfen bei einer Wassertemperatur von 24 °C bei 20-22 g/MJ liegen.

Tägliche Fütterungsraten und Fütterungsintervalle von Mischfutter
für Karpfen bei einer Wassertemperatur von 20-25 °C:
(Nach: Albrecht et Steffens, 1981; Bohl, 1999; Steffens, 1984)

Produktion	Körpergewicht	Fütterungsrate	Fütterungsintervall
K_0-K_v	0-1 g	20-10 %	15-30 min (48-24/d)
K_v-K_1	1-50 g	10-5 %	30-60 min (24-12/d)
K_1-K_2	50-250 g	5-3 %	60-120 min (12-6/d)
K_2-K_3	250-1500 g	3-2 %	120-240 min (6-3/d)

Bei einer Wassertemperatur von 20-25 °C beträgt die Fütterungsrate bei juvenilen Fischen etwa 10-5 % und bei adulten 4-2 % des Körpergewichts pro Tag. Beträgt die Wassertemperatur 15-20 °C oder 25-30 °C so ist die Futtermenge etwa zu halbieren. Bei einer Wassertemperatur von 5-15 °C kann nach Bedarf gefüttert werden. Unter einer Wassertemperatur von 5 °C sollte die Fütterung eingestellt werden. Vorraussetzung für eine Fütterung ist, dass die übrigen Wasserparameter (Sauerstoff, Ammoniak, pH-Wert) nahe des Optimalbereichs liegen.
Da Cypriniden die Futterpartikel meist vor dem Schlucken mit ihren Schlundzähnen zerkleinern und dabei oft beachtliche Mengen an Futter durch die Kiemenspalten verloren gehen können, ist es zweckmäßiger kleinere Futterpartikel als für Salmoniden empfohlen, zu verfüttern.

Futterpartikel von Mischfutter
für Karpfen in Abhängigkeit von der Fischgröße:

Körpergewicht	Futterpartikel
0-2 g	0,4-0,8 mm
2-20 g	0,8-1,5 mm
20-200 g	1,5-2,0 mm
200-2000 g	2,0-3,0 mm
2000-20000 g	3,0-5,0 mm

Da Cypriniden keinen Magen haben, der als Zwischendepot dienen kann, und deshalb nur kleinere Mengen an Futter aufnehmen, sollte die Fütterung von Mischfuttermittel aufgeteilt in mehreren Raten erfolgen. Am zweckmäßigsten erfolgt die Fütterung daher über Futterautomaten (z.B.: Band- oder Pendelfutterautomaten) an 1-5 Futterstellen/ha, wobei je Tonne Fische ein Automat vorhanden sein sollte. Schwimmfähiges Mischfutter kann auch in Schwimmrahmen angeboten werden.

Bei Selbstbedienungsfütterung ist das Wachstum aber auch der Futterquotient meist etwas höher als bei Zuteilungsfütterung.
Die Fütterungsintervalle sollten von 48-mal pro Tag bei juvenilen bis zu 3-mal pro Tag bei adulten Fischen reichen. Die Verweildauer der Nahrung im Darm beträgt bei 15-20 g schweren Karpfen etwa 6-7 Stunden. Bei ein- bis zweisömmerigen Karpfen gelten Fütterungsintervalle von 6-mal pro Tag als optimal. Im Vergleich zu Fütterungsintervallen von 1-mal pro Tag lässt sich so der Futterquotient um bis zu 1/5 verringern und der Fischertrag um bis zu 1/3 erhöhen. Längere Fütterungspausen (wie an Wochenenden), haben ebenfalls einen negativen Einfluss auf das Wachstum. Satzkarpfen, die bei 25 °C gehalten werden, erleiden bei einer Fütterungspause von 2 Tagen einen durchschnittlichen Gewichtsverlust von 5-6 %. Karpfen und Schleien, vor allem einsömmerige, sind dämmerungs- und nachtaktiv, daher kann die Fütterung auch zu diesen Zeiten bzw. am Tag oder in der Nacht erfolgen. Eine Fütterung von 24 Stunden pro Tag erhöht allerdings auch den Futterquotient.
Bei starkem Besatz mit Graskarpfen kann, nach Verzehr der Wasserpflanzen, auch mit frisch geschnittenen Landpflanzen (wie: Klee, Gras oder Wicke) zugefüttert werden. Diese werden am besten in einem 8-12 m^2 großen schwimmenden Holzrahmen je Hektar angeboten, der abseits von den Fütterungsplätzen der Karpfen installiert wird und sind so zu dosieren, dass sie in maximal 12 Stunden aufgefressen sind, andernfalls sind die übrig gebliebenen Pflanzen zu entfernen. Bis zu einem Körpergewicht von etwa 100 g müssen die Landpflanzen zerkleinert (gehäckselt) werden. Außerdem ist es empfehlenswert, die Landpflanzen eine Stunde vor dem gegebenenfalls für die anderen Fische gedachten Futtermittel zu verabreichen.
Der Futterquotient (kg Futter/kg Zuwachs), der wesentlich von Wassertemperatur und Fütterungsintensität abhängt, beträgt bei Mischfutter 1-2, bei Leguminosen und Getreide 2-4, bei Tubifiziden 3-6 und bei Cladoceren 10-20.
Bei unzureichender Versorgung mit Naturnahrung weisen die Fische oft kritische Energiegehalte (unter 4 MJ/kg) auf, bei zusätzlich starker Zufütterung mit Getreide verfetten die Fische oft.
Umweltbedingungen wie Wassertemperatur, Wasserqualität und Photoperiode beeinflussen das Wachstum. Unterschiedliche Lichtverhältnisse haben allerdings keinen direkten Einfluss auf das Wachstum des Karpfens. Beim Vorspielen von klassischer Musik über ein Hydrophon (für 30 Minuten alle 2 Stunden) nur während des Tages, wachsen Karpfen um etwa 20 % besser als ohne Musik.

Verhältnis zwischen Besatzdichte und Zufütterung mit Getreide
bei der Produktion 1-2 sömmeriger Karpfen:
(Nach: Steffens, 1981)

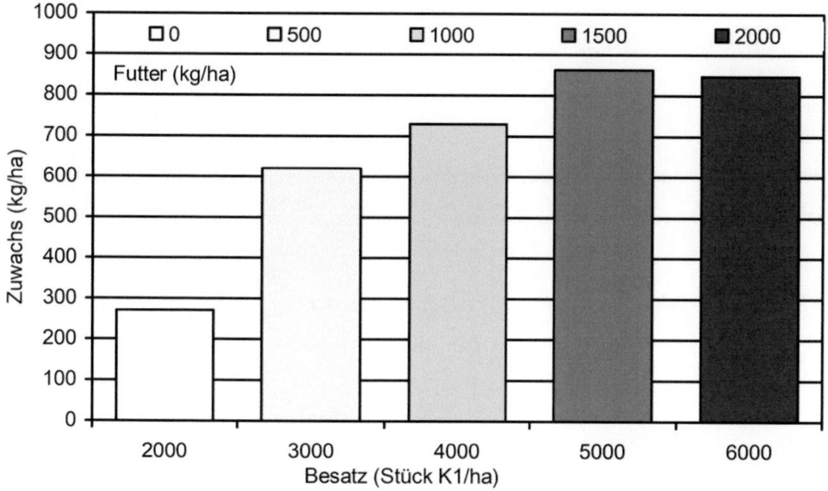

Wachstumsrate und Futterquotient von Karpfen (á 30-100 g)
in Abhängigkeit von der Fütterungsintensität:
(Nach: Füllner, 1985)

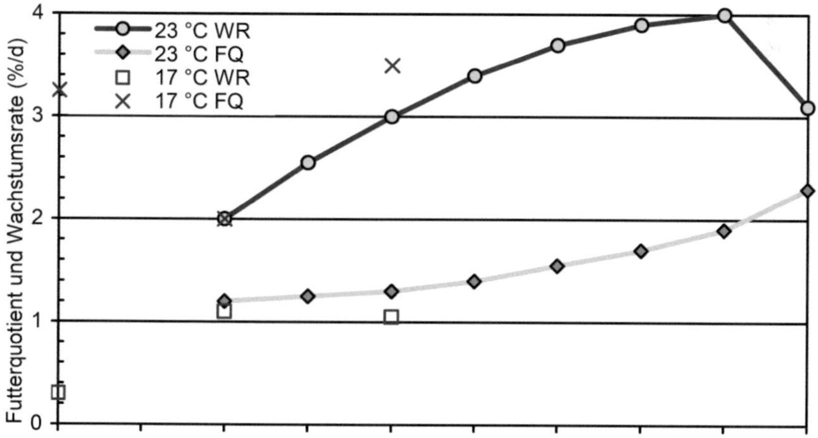

Karpfen unter Pendelfutterautomat. (Foto: P. v. Menzel)

Planktonfang hinter Schaufelradbelüfter und Wurfnetz Probefang. (Foto: M. Hochleithner)

WASSERQUALITÄT:

Im Teich wird am Tag durch die Photosynthese der Pflanzen zwar Sauerstoff produziert und Kohlendioxyd aufgenommen, in der Nacht jedoch wird durch die Atmung der Pflanzen wieder ein Teil des Sauerstoffes aufgenommen und Kohlendioxyd abgegeben. Von den Fischen selbst, sowie von Nährtieren und Bakterien wird sowohl am Tag als auch in der Nacht Sauerstoff verbraucht und Kohlendioxyd ausgeschieden. Im Teichschlamm kann es bei Sauerstoffzehrung durch Atmung und Zersetzungsvorgänge zur Reduktion von Sulfat und der Bildung von Schwefel-wasserstoff kommen. Für die Oxydation von 1,00 mg H_2S wird dann 1,88 mg O_2 benötigt. In erster Linie ist daher der Sauerstoffgehalt der begrenzende Faktor in der Produktion und sollte (am besten 1-2 h nach Sonnenaufgang) regelmäßig überwacht und falls nötig durch Belüftung erhöht werden. Ein Sammeln der Fische beim Einlauf oder Notatmung an der Wasseroberfläche sind meist kritische Anzeichen für schlechte Sauerstoffwerte (<1 mg/l).
Die Belüftung mit Luft ermöglicht den Ein- und Austrag von Gasen (z.B.: O_2, CO_2). Luft enthält je nach Feuchtigkeit und Temperatur ca. 78,00 % Stickstoff, 21,00 % Sauerstoff, 0,93 % Argon und 0,03 % Kohlendioxid, sowie andere Gase, die für Fische jedoch unbedeutend sind. Grundsätzlich gilt: je niedriger die Gassättigung im Wasser, desto effektiver ist die Belüftung. Der Wirkungsgrad bei der Belüftung mit Luft (ca. 21 % Sauerstoff) über Ausströmer liegt bei einer Einblastiefe von einem Meter bei ca. 3 %. Effektiver als Ausströmer sind im Wasser installierte Belüfter z.B.: Schaufelradbelüfter die eine Strömung erzeugen und Wasser in der Luft verspritzen, Propellerbelüfter die Wasser ansaugen und in der Luft verspritzen, oder Injektorbelüfter die eine Strömung erzeugen; dabei Luft ansaugen und im Wasser verwirbeln.
Zur Belüftung und Förderung von (Tiefen-) Wasser eignet sich ein hydropneumatischer Höhenförderer (Mammutpumpe). Dabei wird in ein Rohr mit einem Durchmesser von 100-120 mm, etwa 10-50 m³ Luft pro Stunde über Düsen (nicht Ausströmer) eingeblasen. Bei einem Verhältnis Einblastiefe zu Förderhöhe von 10:1 wird durch die aufsteigenden Blasen etwa ebensoviel Wasser wie Luft hochbefördert. Über Luftmenge und Ausströmtiefe lassen sich Fördermenge und Sauerstoffanreicherung auch weitgehend regeln. Wegen des höheren Widerstandes bzw. der geringeren Wasserdurchlässigkeit im Rohr, fördern größere Bläschen dabei mehr Wasser als kleinere und kleinere Rohre im Verhältnis zum Durchmesser mehr als größere.

Die Stoffwechselaktivität ist neben der Wassertemperatur wesentlich vom Stückgewicht abhängig. Die Stoffwechselrate von kleinen Fischen ist also wesentlich höher als die von großen (siehe auch Tabellen).

Sauerstoffverbrauch von Karpfen (á 100 g)
beim Grundstoffwechsel in Ruhestellung:
(Nach: Steffens, 1981)

Temp. °C	**10**	**15**	**20**	**25**	**30**
mg/kg/h	17	31	50	72	105

Der Sauerstoffbedarf von Fischen hängt neben der Fischgröße und Wassertemperatur auch wesentlich von der Anpassung (Sauerstoffgehalt) und Aktivität (Fütterungsintensität und Schwimmgeschwindigkeit) ab. Er ist beim Grundstoffwechsel (Ruhen) am geringsten, beim Routinestoffwechsel (Verdauung), und beim Aktivitätsstoffwechsel (Bewegung) am höchsten.

Sauerstoffverbrauch von zweisömmerigen Karpfen (bei 7-8 °C)
beim Grundstoffwechsel in Ruhestellung:
(Nach: Einsele, 1965)

O_2-Geh. mg/l	**8,7**	**5,0**	**2,9**	**1,8**	**0,8**
mg/kg/h	112	64	32	14	3

Sauerstoffverbrauch von einsömmerigen Karpfen (bei 10-20 °C)
beim Aktivitätsstoffwechsel in Bewegung:
(Nach: Steffens, 1981)

Geschw. cm/s	**0**	**2**	**4**	**6**	**8**
mg/kg/h	120-220	150-270	180-320	230-400	280-500

Bei einer Wassertemperatur von 20-25 °C liegt der Sauerstoffbedarf von Eiern des Karpfens anfangs bei unter 500 mg/kg/h, während er beim Schlüpfen der Larven auf über 1.000 mg/kg/h, bis zur aktiven Nahrungsaufnahme auf etwa 2.000 mg/kg/h ansteigt und anschließend wieder kontinuierlich abfällt (siehe auch Grafik).

Sauerstoffverbrauch von Karpfen (bei 20-23 °C)
beim Routinestoffwechsel (A) und Aktivitätsstoffwechsel (B):
(Nach: Steffens, 1981)

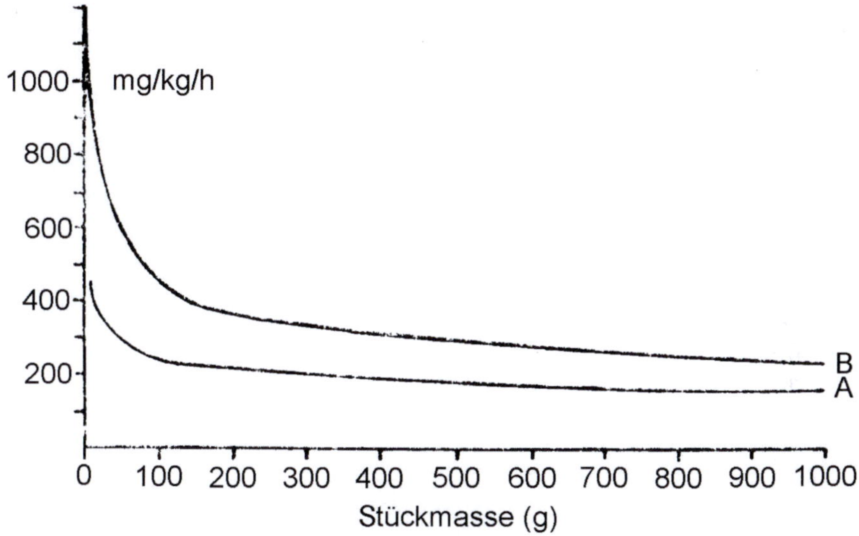

Belüftung eines Teiches mittels Injektorbelüfter. (Foto: M. Hochleithner)

Wasserqualitätskriterien für Cypriniden

bei langfristiger Haltung:

(Nach: Bohl, 1999; Steffens, 1981)

Parameter	Grenzwerte	Anmerkung
Temperatur	4 - 36 Grad Celsius	
pH-Wert	5,5 - 8,5	
SBV (Säurekapazität)*	1 - 8 mval/l	(x 0,5 mmol = Edalkaliionen)
Leitfähigkeit	> 90,0 µS	(SBV x 90 = Mikrosiemens b. 20 °C)
Oxidierbarkeit ($KMnO_4$)	< 30,0 mg/l	(Kaliumpermanganatverbrauch)
BSB_2 (Sauerstoffzehrung)	< 4,0 mg/l	(x 1,85 = BSB_5)
Sauerstoffkonzentration (O_2)	> 4,0 mg/l	
Kohlendioxid (CO_2)	< 10,0 mg/l	
Stickstoff (N_2)	< 103 % Gassättigung	(Differenz 15 mm Hg)
Nitrat (NO_3)	< 500 mg/l	
Nitrit (NO_2)	< 0,02 mg/l	(0,06 in hartem Wasser SBV >2)
Ammonium (NH_4)	< 0,10 mg/l	
Ammoniak (NH_3)	< 0,01 mg/l	
Schwefelwasserstoff (H_2S)	< 0,01 mg/l	
Salpetersäure (HNO_2)	< 0,01 mg/l	
Chlor (Cl_2)	< 0,01 mg/l	
Ozon (O_3)	< 0,01 mg/l	
Eisen (Fe)	< 0,10 mg/l	
Kobalt (Co)	< 0,10 mg/l	
Mangan (Mn)	< 0,10 mg/l	
Nickel (Ni)	< 0,10 mg/l	
Aluminium (Al)	< 0,10 mg/l	
Kupfer (Cu)	< 0,01 mg/l	(0,03 in hartem Wasser SBV >2)
Blei (Pb)	< 0,01 mg/l	(0,03 in hartem Wasser SBV >2)
Zink (Zn)	< 0,01 mg/l	(0,03 in hartem Wasser SBV >2)
Arsen (As)	< 0,01 mg/l	
Chrom (Cr)	< 0,01 mg/l	
Kadmium (Cd)	< 0,01 mg/l	
Quecksilber (Hg)	< 0,01 mg/l	
Silber (Ag)	< 0,01 mg/l	
Selen (Se)	< 0,01 mg/l	
Zyanid (Cn)	< 0,01 mg/l	
Phenole	< 0,01 mg/l	
Absetzbare Stoffe	< 25,0 mg/l	

* früher SäureBindungsVermögen x 2,8 = °dH (Karbonathärte)

1 °dH = 10,00 mg CaO/l = 17,86 mg $CaCO_3$/l = 7,10 mg MgO/l = 15,00 mg $MgCO_3$/l

Die Schädlichkeitsgrenze der einzelnen Parameter hängt auch von der Wassertemperatur ab und kann bis um das 3-fache schwanken. Sie ist zudem von Größe und Alter der Fische abhängig. Eier sind relativ unempfindlich, generell steigt die Empfindlichkeit bei Jungfischen, nimmt jedoch mit zunehmenden Alter der Fische wieder ab. Neben der Temperatur beeinflusst auch der pH-Wert (*potentia Hydrogenii*) stark die Toxizität von Wasserinhaltsstoffen, wie Ammoniak, Nitrit, Schwefelwasserstoff, Metallen, Herbiziden und Insektiziden. Es besteht eine starke Wechselwirkung zwischen den Substanzen untereinander und den übrigen Parametern (pH, SBV, CO_2 uvm.). Bei zu niedrigem Kalkgehalt (SBV < 0,5 mval/l) kann mit 280 kg CaO oder 500 kg $CaCO_3$ je ha die Pufferkapazität 1 m tiefer Teiche um 1 mval verbessert werden. Ein mit Luft im Lösungsgleichgewicht stehendes Gewässer enthält bei einer Temperatur von 20 °C auf Meeresniveau etwa 0,60 mg und in 500 m Höhe etwa 0,53 mg freies CO_2/l. Diese Gleichgewichtskohlensäure kann eine Bikarbonatkonzentration in Lösung halten die 1 mval/l entspricht. Durch Assimilation der Pflanzen kann dem Gewässer jedoch häufig so viel Kohlensäure entzogenwerden, dass die Pufferung nicht mehr ausreicht und es zu einer Erhöhung des pH-Werts bis über 9 kommen kann. Es steigt also der pH-Wert mit sinkendem Gehalt an CO_2 und mit steigendem pH-Wert steigt (temperaturabhängig) wiederum der Ammoniakgehalt. Bei einer Wassertemperatur von 20-25 °C liegt bei einem pH-Wert von 7 nur 0,4-0,6 % des Ammonium als Ammoniak vor, bei einem pH-Wert von 8 bereits 4-5 % und bei einem pH-Wert von 9 schon 28-36 %. Der pH-Wert sollte daher am besten vor Sonnenuntergang überwacht und notfalls reguliert werden.

Normale Ausscheidung (Exkretion) des beim Eiweißabbau entstehenden Ammoniumstickstoffs über die Kiemen ist möglich, solange der pH-Wert des Wassers gleich oder kleiner als jener des Blutes (pH 7,3-7,5) ist. Unter diesen Bedingungen diffundiert Ammonium ungehindert aus dem Blut ins Wasser, selbst gegen höhere Ammoniumgehalte. Ist aber der pH-Wert der Wassers höher als jener des Blutes, wird mit steigendem pH-Wert die Diffusion des Ammoniums aus dem Blut bis zur vollständigen Blockade (pH 10,5) vermindert. Ist der pH-Wert im Wasser höher als jener des Blutes und tritt gleichzeitig auch Ammonium im Wasser auf, so nimmt mit steigendem pH-Wert auch der Anteil des giftigen Ammoniaks zu. Die Ammoniumausscheidung über die Kiemen nimmt dabei stark ab und es diffundiert sogar Ammoniak aus dem Wasser über die Kiemen ins Blut. In beiden Fällen erfolgt eine Akkumulation im Fisch und es kann zu einer Kiemennekrose und schließlich zu einer Ammoniakvergiftung kommen.

Die Stickstoffausscheidung, welche bei Fischen zu 80-90 % über die Kiemen und nur zu 10-20 % über die Nieren erfolgt, wobei 60 % des Stickstoffs in Form von Ammoniak ausgeschieden wird, beträgt bei einer Wassertemperatur von 20-25 °C etwa 4 mg/kg/h bei ungefütterten einsömmerigen Karpfen und kann auf bis zu 60-80 mg/kg/h etwa 6 h nach der Fütterung von 3 % Mischfutter ansteigen.

Da die Wassertemperatur ein wesentlicher Faktor für die Produktion und das Wachstum ist, sollten die Teiche möglichst wenig beschattet sein. In einem stark mit Schwimmblattpflanzen bewachsenen Teich kann die Wassertemperatur um bis zu 3 °C niedriger sein, als in unbeschatteten Teichen. Da das Wasser die Sonnenwärme speichert, liegt in flachen Naturteichen die durchschnittliche Wassertemperatur während der Sommermonate etwa 1-3 °C über der Lufttemperatur. In Teichen wird eine mittlere Wassertemperatur im Tagesverlauf von über 15 °C als produktionsbiologisch günstig und über 20 °C als optimal angesehen. Bei einer Erhöhung der Wassertemperatur um 10 °C laufen alle physiologischen Stoffwechselreaktionen etwa doppelt so schnell ab. Eine Erhöhung der durchschnittlichen Wassertemperatur von 1 °C erbringt einen Mehrzuwachs von etwa 10 % bzw. 50-100 kg/ha je Saison. Produktionsbiologisch besonders bedeutend ist eine Erhöhung der Wassertemperatur auf über 20 °C in den Monaten Juli-August, was eine Zuwachssteigerung von etwa 4 kg/Tag bewirken kann.

Mit steigender Trophie verringert sich die belichtete Zone, wobei es durch die steigende Phytoplanktonbiomasse zur Sebstbeschattung kommt und so die produktive Schicht im Gewässer verringert wird. Ein Abfall der Strahlung unter 0,1 cal/cm^2/h verhindert die Photosynthese völlig. Bei zunehmender Eutrophierung können beim Massensterben von Blaualgen (*Anabena, Aphanizomenon, Microcystis*) auch Phytotoxine ins Wasser ausgeschieden werden, welche zu Fischsterben führen können.

Gelegentlich werden Cypriniden auch im Brackwasser produziert, wobei der Salzgehalt nicht über 7,5 ‰ betragen sollte, andernfalls kommt es zu Wachstumseinbußen und höheren Verlusten. Die höchste Produktion kann bei einem Salzgehalt von 2-3 ‰ erreicht werden.

Die Wasserversorgung muss so ausreichend sein, dass neben dem normalen Teichvolumen auch die Bodensättigung (15-30 %), Versickerung (20-25 %) und Verdunstung von ca. 700 mm/Saison (15-50 %) ausgeglichen wird. Zur Aufrechterhaltung des Wasserstandes in Naturteichen rechnet man mit einem Mindestzulauf von etwa 0,5-1,0 l/s/ha. Bei einem Produktionsniveau von 1-5 t/ha werden in Naturteichen im Durchschnitt 25-5 m^3/kg Fischproduktion an Frischwasser benötigt.

Wachstum von Silberkarpfen
in Abhängigkeit von der Wassertemperatur:
(Nach: Lieder, 1985)

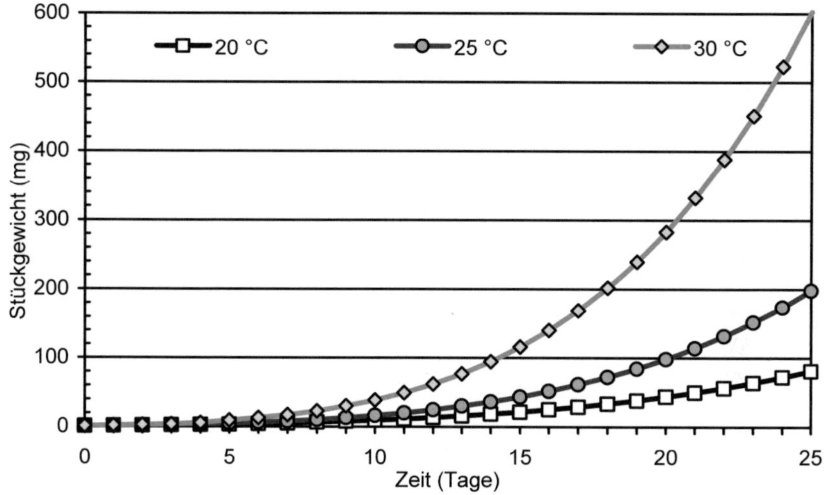

Durchschnittliche Hektarerträge bei Pelletzufütterung
in Abhängigkeit von der mittleren Temperatur in 10 cm Wassertiefe
in den Monaten Juni-August:
(Nach: Füllner, 1988)

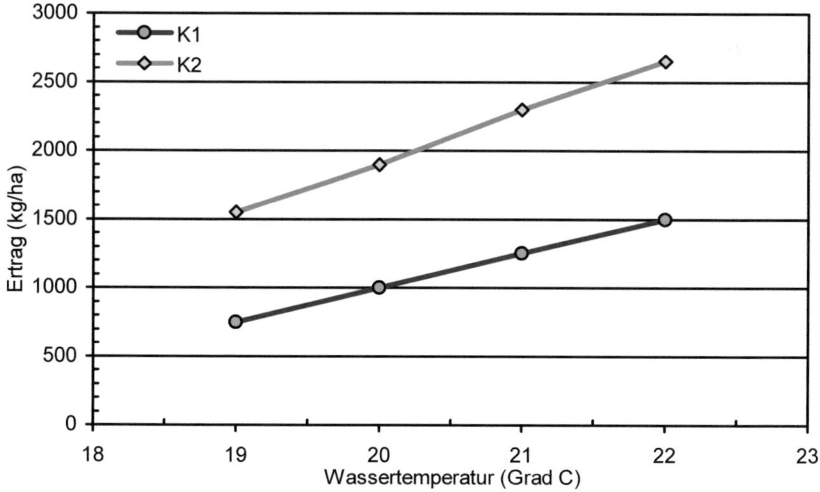

Abfischung von Silberkarpfen (Si_1 á 15 g bzw. Si_2 á 150 g)
in Abhängigkeit von der Überlebensrate und Besatzdichte
(Vorgestreckte x 10.000 bzw. Einsömmerige x 1.000):
(Nach: Fuhrmann et Lange, 1984; Lange et Fuhrmann, 1984)

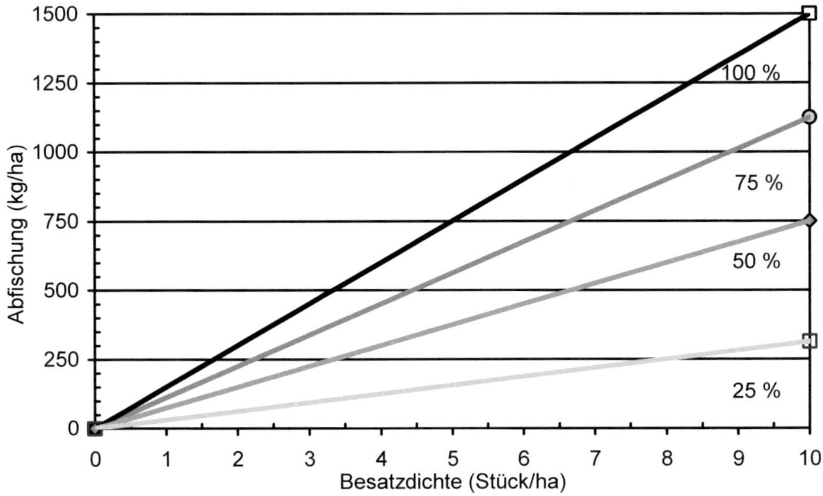

Gewichtsverteilung einsömmeriger Karpfen
in Abhängigkeit vom Durchschnittsgewicht:
(Nach: Steffens, 1979)

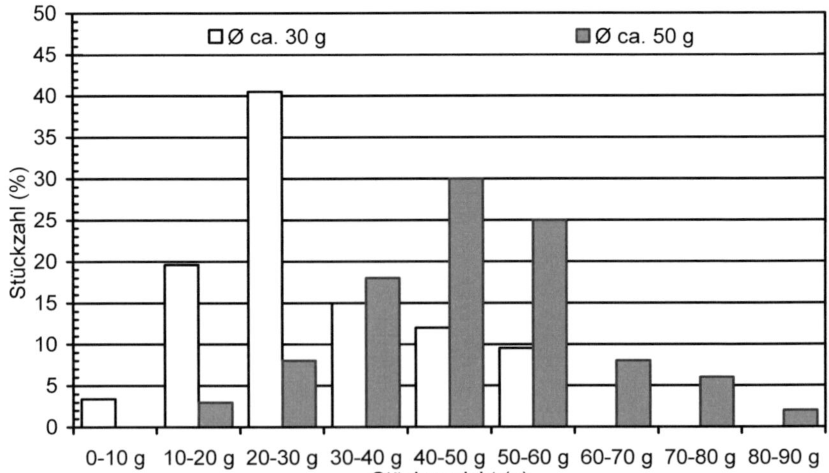

KRANKHEITSBEHANDLUNG:

Hygiene ist eine grundsätzliche Anforderung für erfolgreiche Fischzucht. Verendete Tiere sind möglichst sofort zu entfernen. Alle Geräte sind regelmäßig mit geeigneten Mitteln (10 %iges Formaldehyd) zu desinfizieren. Bei Becken kann die Desinfektionslösung (0,3-0,5 l/m²) gut mit einer Gießkanne verteilt aufgebracht werden. Die Einwirkzeit ist temperaturabhängig und sollte mindestens 30 min bei 20 °C, 60 min bei 12 °C, oder 150 min bei 4 °C betragen. Teiche werden am besten sofort nach dem Abfischen mit Brant- oder Chlorkalk desinfiziert, allerdings muss der Teich zur Beseitigung zu hoher pH-Werte vor einem neuen Besatz 2-6 Wochen lang gefüllt und nochmals abgelassen werden.
Grundsätzlich muss festgehalten werden, dass bei "vernünftiger" Haltung der Fische unter guten Bedingungen viele Krankheiten erst gar nicht auftreten. Umweltfaktoren haben also direkt oder indirekt einen großen Anteil am Entstehen von Krankheiten. Diese können in der Karpfenproduktion einen Verlustanteil von etwa 50 % bewirken. Während des Sommers gelten Verluste von 25 % von einsömmerigen auf zweisömmerige Fische und 10 % von zweisömmerigen auf dreisömmerige als normaler Richtwert (siehe auch Tabelle). Im Winter sollten die Verluste 20 % bei einsömmerigen und 10 % bei zweisömmerigen nicht übersteigen.

Durchschnittliche Verlustentwicklung in der Karpfenproduktion
in % des Besatzes:
(Nach: Steffens, 1981)

Produktion	Satzkarpfen (K 1-2)			Speisekarpfen (K 2-3)		
Dekade/Tag	a	b	c	a	b	c
1-10	0,05	0,5	0,5	0,10	1,0	1,0
11-20	0,25	2,5	3,0	0,14	1,4	2,4
21-30	0,55	3,5	6,5	0,16	1,6	4,0
31-40	0,50	5,0	11,5	0,15	1,5	5,5
41-50	0,40	4,0	15,5	0,10	1,0	6,5
51-60	0,10	1,0	16,5	0,09	0,9	7,4
61-70	0,05	0,5	17,0	0,09	0,9	8,3
71-80	0,15	1,5	18,5	0,08	0,8	9,1
81-90	0,25	2,5	21,0	0,05	0,5	9,6
91-100	0,20	2,0	23,0	0,02	0,2	9,8
101-110	0,10	1,0	24,0	0,01	0,1	9,9
111-120	0,05	0,5	24,5	0,01	0,1	10,0
121-130	0,05	0,5	25,0	0,00	0,0	10,0
131-180	0,00	0,0	25,0	0,00	0,0	10,0

Legende: a = Tagesverlust; b = Dekadenverlust; c = Gesamtverlust;

Vor allem bei schlechten Haltungsbedingungen in der intensiven Produktion kann es zum Auftreten von Krankheiten kommen. Diese sollten, wenn möglich, unmittelbar bekämpft werden, langfristig sind die Haltungsbedingungen zu verbessern.
Durch den Zusatz von probiotischen Bakterien (*Lactobacillus, Bacillus*) oder Mikroalgen (*Spirulina, Chlorella*) ins Haltungswasser bzw. Mischfutter lässt sich die Immunabwehr, sowie Stress- und Krankheitsresistenz der Fische erhöhen.
Durch UV-Bestrahlung des Wassers können Parasiten, Bakterien und Viren abgetötet werden. Bei einer Dosis von 20-30 mWs/cm² etwa *Aeromonas, Sarcina, Saprolegnia*, und bei einer Dosis von 100-300 mWsec/cm² etwa *Trichodina, Ichthyophthirius*. Zur 90 %igen Reduzierung reicht etwa die Hälfte bis ein Drittel der Dosis aus.
Gegen viele Außenparasiten (*Chilodonella, Trichodina, Dactylogyrus, Gyrodactylus*) bietet sich 36 %iges Formalin, für eine Kurzzeitbehandlung (0,5-2,0 h) in einer Dosis von 200-300 ppm bzw. für eine Langzeitbehandlung (12-48 h) in einer Dosis von 20-30 ppm, als Bad an. Als Alternative eignet sich für einige Außenparasiten (*Trichodina, Argulus, Ergasilus*) stattdessen auch Kochsalz (NaCl) in einer Dosis von 1-2 % für ca. 1 h. Für eine Behandlung von Jungfischen und während eines Transports sollte diese Dosis etwa halbiert werden.
Während des Behandlungsbades werden die Fische beobachtet, um im Fall von Stressreaktionen frisches Wasser beizufügen oder gegebenenfalls die Behandlung zu unterbrechen. Da Salz eine starke Schleimabsonderung hervorruft, in der sich meist die Parasiten befinden, ist es besser, das Bad in einem großen Transportbehälter oder ähnlichem durchzuführen und das Behandlungswasser anschließend zu entfernen.
Bei der Verwendung von Chemikalien oder Medikamenten sollte man zur Vorsicht erst ein Testbad mit einer kleinen Menge (10 Stück) durchführen. Bei größeren Krankheitsproblemen sollte man unbedingt den Fischgesundheitsdienst um Rat fragen, bzw. einige Lebendfische zur Untersuchung einschicken. Einige Medikamente sind ohnedies nur über den Tierarzt erhältlich, da verschreibungspflichtig.
Auf die Angabe von Antibiotika zur prophylaktischen Behandlung von bakteriellen Erkrankungen (siehe Anhang) wird bewusst verzichtet, da dies bei unsachgemäßer Anwendung nur zu unerwünschter Resistenzbildung führen würde. Wenden Sie sich bitte an den für Sie zuständigen Tierarzt oder Fischgesundheitsdienst (siehe Anhang).
Gegen Viruserkrankungen (siehe Anhang) gibt es derzeit keine Behandlungsmöglichkeiten. Generell sind dabei aber alle tierseuchenrechtlichen Bestimmungen zu beachten.

SORTIERUNG:

Ein wichtiges Kriterium für optimales Wachstum ist die Größenzusammensetzung der gehaltenen Fische. Speziell bei der Fütterung mit Mischfutter können sich bei den Jungfischen innerhalb von Wochen signifikante Größenunterschiede zeigen. Aber auch in den folgenden Monaten lässt sich ein Auseinanderwachsen der Fische (z.B.: durch unterschiedliches Erbgut) immer wieder beobachten. Die Folge ist – gerade bei punktueller Fütterung – dass nur die dominanten Fische an das Futter gelangen und somit erhebliche Größendifferenzen ausgebildet werden, die bis hin zu erhöhter Mortalität der schwachen Tiere führen können. Zur Vermeidung solcher teilweise haltungsbedingten Probleme ist eine regelmäßige Sortierung der Fische in verschiedene Größenklassen notwendig. Die Sortierung in einzelne Größenklassen hat eine eindeutig positive Auswirkung auf Wachstum und Mortalität und sollte alle 1-6 Monate bzw. je nach Wachstum durchgeführt werden. Grundsätzlich gilt: je intensiver die Produktion, desto öfter sollte sortiert werden. In den Naturteichen ist eine geordnete Sortierung natürlich nur vor dem Besatz oder nach der Abfischung möglich. Wichtig ist auch die exakte Dokumentation der Mengen, da die Daten die Basis für die weiteren Berechnungen darstellen.
Am besten werden die Fische gleich nach der Abfischung nach Arten und Größen sortiert. Bei mehreren Fischarten eignen sich dafür am besten spezielle Sortiertische, die mehrere Abgänge haben. Bei nur einer Fischart kann die Sortierung auch mit manuellen Sortiergeräten oder automatischen Sortiermaschinen in verschiedene Größenklassen (meist 2-4) erfolgen. Nach der Sortierung sollten die Fische, innerhalb einer Größenklasse nicht mehr als 10-20 % vom Durchschnittsstückgewicht abweichen.
Für das Überwinden von Höhen bis 4-6 m eignen sich Archimedische Förderschnecken oder Vakuum-Fischpumpen, welche die zusammengedrängten Fische mit Wasser hochfördern, dann oft das Wasser von den Fischen durch einen Separator (Gitterstäbe) trennen, anschließend rutschen die Fische (5-15 t/h) meist in einen Behälter einer elektronischen Waage und weiter in die Sortiermaschine, einen Transportbehälter oder die Hälterung.
Mit vorgestreckten Cypriniden wird oft auch eine große Menge an Kaulquappen abgefischt, die jedoch beide leicht zu trennen sind, indem in einem Behälter für einige Zeit die Belüftung abgestellt wird und die zur Notatmung zuerst an die Wasseroberfläche kommenden Fische abgefischt und wieder in sauerstoffreiches Wasser überführt werden.

TRANSPORT:

Kleinere Mengen an Brütlingen oder Setzlingen können sehr gut in etwa 0,1 mm starken Plastiksäcken mit Wasser und Sauerstoffblase über lange Zeiten und weite Strecken transportiert werden (siehe Tabelle). Um Temperaturschwankungen zu minimieren, verwendet man bei wärmerem Wetter und längeren Transporten am besten Kisten aus Styropor oder isolierte Kartons, in denen die mit Sauerstoff aufgefüllten und dicht verschlossenen Säcke gelegt werden.

Stückzahl von Dottersackbrut beim Transport
in Plastiksäcken mit 20 l Wasser und 30 l Sauerstoff:

Dauer h	4	8	12	16
15 °C	100.000	80.000	60.000	40.000
20 °C	80.000	60.000	40.000	20.000
25 °C	60.000	40.000	20.000	10.000

Stückzahl von Vorstreckbrut (á 1 g) beim Transport
in Plastiksäcken mit 20 l Wasser und 30 l Sauerstoff:

Dauer h	4	8	12	16
15 °C	3.000	2.500	2.000	1.500
20 °C	2.500	2.000	1.500	1.000

Größere Mengen an Setzlingen und Speisefischen werden am zweckmäßigsten in Transportbehältern aus Kunststoff (Polyester oder Polyethylen) mit Sauerstoffversorgung befördert. Für längere Transporte eignen sich am besten weiße, isolierte Behälter, da diese sich nicht so schnell erwärmen, wie dunkle. Ein Ablassventil und eine Ablassschleuse sind dabei vorteilhaft für das Entleeren des Behälters.
Für Setzlinge haben sich 1-3 am Behälterboden montierte 12 oder 24 Volt Tauchpumpen gut bewährt. Das Wasser (1-3 l/s) wird dabei an der Oberfläche über Düsen wieder verteilt und dadurch mit Luftsauerstoff angereichert. Die Fische stehen dann meist in der Strömung und sammeln sich nicht so stark am Boden. Wichtig ist, dass kleinere Fische nicht von der Pumpe angesaugt werden und diese verstopfen können. Daher muss ein exakt passendes Absperrsieb die Fische von der Pumpe trennen. Eine Belüftung mit Luft über Kompressor bietet sich vor allem bei kleineren Fischmengen an. Die Stromversorgung für Pumpen oder Kompressoren erfolgt dabei vom Zugfahrzeug aus.

Wichtig ist eine optimale Sauerstoffversorgung, da es bei starker Sauerstoffübersättigung zu Durchblutungsstörungen in Kiemen, Haut und Flossen kommen kann, deren Folgen (sekundäre Verpilzungen und Verluste), oft erst nach 2-3 Wochen sichtbar werden. Der Sauerstoffbedarf von Karauschen und Schleien beträgt etwa 80-85 % und jener von Brachsen und Rotaugen etwa 140-150 % von dem des Karpfens. Die Versorgung mit Sauerstoff (ca. 1 Liter/Minute je 100 kg Fisch) erfolgt üblicherweise für kurze und gelegentliche Lebendfischtransporte aus Sauerstoffdruckflaschen. Multipliziert man das Flaschenvolumen mit dem Druck (bar) so erhält man den Inhalt an Sauerstoff. Ein Liter Sauerstoff wiegt dabei etwa 1,4 g. In letzter Zeit wird für längere und häufige Lebendfischtransporte vermehrt Flüssigsauerstoff verwendet. Wobei jedoch täglich etwa 4 % als Verlust verdampfen. Dabei entspricht 1 Liter flüssigem Sauerstoff etwa 800 Liter gasförmigem. Die Sauerstoffzufuhr über Ausströmer beim Fischtransport liegt etwa 5 bis 10-mal höher als der tatsächliche Verbrauch durch die Fische, da der Wirkungsgrad der Ausströmer, je nach Besatzdichte (bei 1:2-5) nur etwa 20-10 % beträgt. Der Sauerstoff wird bei gelochten Gummiausströmern zu etwa 10-30 % und bei Keramikausströmern zu 50-80 % genutzt.
Eine chemische Sauerstoffanreicherung in Behältern oder Teichen ist auch mit (10-50 g/m^2) Kaliumpermanganat ($KMnO_4$) oder besser mit Peroxodischwefelsäure ($H_2S_2O_8$) möglich, wobei man in Teichen mit 10 g/m^3 einen Sauerstoffanstieg von 3-6 mg/l für 5-10 Tage erreicht.
Die Transportdichte ist neben der Transportdauer auch wesentlich von der Fischgröße und der Wassertemperatur abhängig (siehe Tabelle).

Transportverhältnis für eine Dauer bis zu 10 h bei 10-15 °C
in Transportbehältern mit Sauerstoffversorgung:

Altersklasse	**K_v**	**K_1**	**K_2**	**K_3**
Fische:Wasser	1:10-20	1:5-10	1:3-5	1:1-3

Bei längerer Transportdauer und höheren Temperaturen sollte die Fischmenge (je 5 °C um etwa 20-30 %) reduziert oder unterwegs ein Wasserwechsel durchgeführt werden. Als ammoniotelische Organismen scheiden Fische als Endprodukt des Stickstoffwechsels Ammoniak aus. Durch die gleichzeitige Ausscheidung von Kohlendioxid (CO_2) sinkt der pH-Wert und damit steigt im sauren Bereich die Toxizität von Ammoniak. Bei langen Transporten besteht daher die Gefahr einer Ammoniakvergiftung.

Vor dem Transport sollten daher Brütlinge nicht, größere Fische jedoch für 3-6 Tage gut ausgenüchtert werden, damit die Stickstoffausscheidungen geringer sind. Durch Eiweißverbindungen sowie Schleim kann sich in den Transportbehältern ein Schaum bilden, der sich durch die Zugabe von etwa 1/8 l Kuhmilch je 2 m^3 Transportwasser reduzieren lässt. Zur Reduzierung der Bewegung und Atmung werden dem Transportwasser gelegentlich Betäubungsmittel wie Tricainemethansulphonat zugesetzt. Die Dosis beträgt 5 ppm bei Karpfen und Graskarpfen oder 10 ppm bei Marmor- und Silberkarpfen, wobei bei einer Wassertemperatur von 5-15 °C, die Transportdichte um 50-150 % erhöht werden kann. Gelegentlich wird dem Transportwasser auch 0,5 % Kochsalz (NaCl) zugesetzt, wodurch die Fische vitaler bleiben.
Der Transport von Cypriniden sollte generell bei einer Wassertemperatur von 5-10 °C im Winter und 15-20 °C im Sommer erfolgen. Der Temperaturunterschied von Transportwasser und Herkunfts- bzw. Besatzwasser sollte generell nicht mehr als 3-5 °C betragen. Bei größeren Temperaturunterschieden ist eine Anpassung beim Umsetzen vorzunehmen, wobei die Temperaturanpassung höchstens 5 °C/h, sowie die gesamte Temperaturdifferenz nicht mehr als 10 °C/d betragen sollte. Mit 25 kg Eis kann ein Kubikmeter Wasser um 2 °C heruntergekühlt werden. Dividiert man das Wasservolumen (Liter) durch 80 (Cal) erfährt man die Menge (kg) an Eis die für die Abkühlung um 1 °C benötigt wird.
Die einzelnen Fischarten und -größen sollten auch stets getrennt von einander transportiert werden, da sonst die größeren und robusteren die kleineren und empfindlicheren schädigen und zerdrücken könnten.
Für den kurzen, innerbetrieblichen Lebendfischtransport haben sich Behälter mit integrierter Mess- oder Wiegevorrichtung sehr bewährt, an denen ein aufgehängter Schlauch als Schleuse angeschlossen wird. Damit die Fische schonend über diesen Schlauch abgelassen werden können, sollte er einen Durchmesser von mindestens 20-30 cm bei einsömmerigen, 30-40 cm bei zweisömmerigen, 40-50 cm bei dreisömmerigen und 50-60 cm bei mehrjährigen Fischen, haben.
Das Zählen der Brut kann durch gleichmäßiges Vermischen des Behältervolumens und Auszählen von drei Proben (á 100 ml), sowie anschließendes Umrechnen des Mittelwertes der Proben auf das Gesamtvolumen, ermittelt werden. Kleinere und empfindlichere Fische werden meist in Wasser gewogen. Größere und robustere Fische können ohne Wasser gewogen werden. Beim Wiegen ohne Wasser sollten die Fische dabei nicht höher als 30-40 cm übereinander liegen, da sonst Druckschäden an den untersten Fischen auftreten können.

Außerbetrieblicher Transport mit Lastkraftwagen. (Foto: M. Hochleithner)

Innerbetrieblicher Transport mit Gabelstapler. (Foto: M. Hochleithner)

Fischerei

BEDEUTUNG:

Cypriniden haben seit langem eine große wirtschaftliche Bedeutung. So sind Fischteiche von Mesopotamien seit ca. 5.000 Jahren bekannt. In China ist die Produktion von Cypriniden seit mindestens 3.000 Jahren überliefert. Der Karpfen war bis zur Tang-Dynastie die Hauptfischart. Der Name der kaiserlichen Familie und das chinesische Wort für den Karpfen „Li" waren ident. Der Karpfen war der kaiserliche Fisch, welcher nicht gefangen oder gegessen werden durfte. In Japan wird der Karpfen seit fast 2.000 Jahren kultiviert und wurde das Symbol für Energie sowie das Emblem der Samurai, da er sich gegen die Strömung behaupten und dagegen anschwimmen konnte. In Europa wird der Karpfen seit über 2.000 Jahren in Teichen gezogen. In Mitteleuropa entstanden die ersten Teichwirtschaften mit der Gründung von Klöstern (Zisterzienser) ab dem 12. Jahrhundert. Als Fastenspeise für Mönche ist der Karpfen auch heute noch sehr beliebt.
Aber auch als Angelfische haben manche großwüchsigen Arten eine besondere Bedeutung, wie in Indien (z.B.: *Tor sp., Barilius sp.*) oder vor allem in Europa (z.B.: *Cyprinus sp., Barbus sp.*). An der Donau werden Nasen (*Chondrostoma sp.*) eingelegt oder geräuchert und in Frankreich kleine Grundeln (*Gobio sp.*) verzehrt. In England wurden früher selbst Elritzen (*Phoxinus sp.*) gegessen. Der Schleie werden heilende Wirkungen gegen Fieber, sowie Kopf- und Zahnschmerzen nachgesagt. In Indien und Iran wurden einige Arten (z.B.: *Tor sp., Capoeta sp.*) von den Hindus verehrt bzw. auf Schreinen abgebildet. In Nordamerika werden einige Cypriniden als Köderfische (*Pimephales sp.*) oder Schädlinge (*Cyprinus sp.*) angesehen. Andere Arten (z.B.: *Brachydanio sp., Carassius sp., Leuciscus sp., Phoxinus sp.*) werden gelegentlich als Versuchsfische in Labors verwendet. In Afrika wird vom Rogen einiger Arten (z.B.: *Labeo sp.*) auch Kaviar hergestellt. In China werden viele Cypriniden bzw. Teile davon (z.B.: *Ctenopharyngodon sp.*) in der traditionellen Medizin verwendet. Ein Guaninextrakt aus den Schuppen einiger Arten (z.B.: *Alburnus sp., Leucaspius sp., Pelecus sp.*) wird gelegentlich für die Herstellung von künstlichen Perlen verwendet. Einige Arten (z.B.: *Labeo sp., Notropis sp.*) sind beliebte Aquarienfische und einige Zuchtformen und Farbvarianten, wie Goldfische und Buntkarpfen (z.B.: *Carassius sp., Cyprinus sp.*), haben eine besondere Bedeutung als Zierfische für Aquarien oder Gartenteiche, vor allem in China und Japan, aber zunehmend auch in Europa und Amerika.

Die weltweite Gesamtausbeute an Cypriniden aus Fischerei und Aquakultur betrug jährlich etwa in den 1950er Jahren 738.475 t, 1960er Jahren 979.500 t, 1970er Jahren 1.420.485 t, 1980er Jahren 3.817.345 t, 1990er Jahren 10.535.555 t und in den 2000er Jahren 18.035.292 t (wobei davon rund 60, 70, 83, 87, 93 und 96 % alleine aus der Aquakultur, sowie 43, 46, 50, 60, 74 und 77 % aus China stammt).
Der weltweite Gesamtfang an Cypriniden aus der Fischerei (ohne Aquakultur) betrug jährlich etwa in den 1990er Jahren 689.240 t (wobei sich der Anteil auf folgende Kontinente wie folgt aufteilt: 65 % Asien, 20 % Europa, 11 % Afrika und 4 % Amerika.
Die europäische Gesamtausbeute an Cypriniden aus Fischerei und Aquakultur betrug jährlich durchschnittlich in den 1990er Jahren 389.700 t und Anfang bis Mitte der 2000er Jahre 333.500 t (wobei davon rund 64-65 % alleine aus der Aquakultur, sowie 43-47 % aus Russland stammten, und ca. 49-51 % auf den Karpfen entfallen).
Der europäische Gesamtfang an Cypriniden aus der Fischerei (ohne Russland) betrug jährlich durchschnittlich in den 1990er Jahren 58.540 t (wobei sich der Anteil auf folgende Gattungen wie folgt aufteilt: 29 % *Rutilus sp.*, 21 % *Abramis sp.*, 16 % *Cyprinus sp.*, 13 % *Hypophthalmichthys sp.* und 5 % *Carassius sp.*).

Weltweite Gesamtausbeute an Cypriniden
aus Aquakultur und Fischerei:
(Nach: Shatz, 2000)

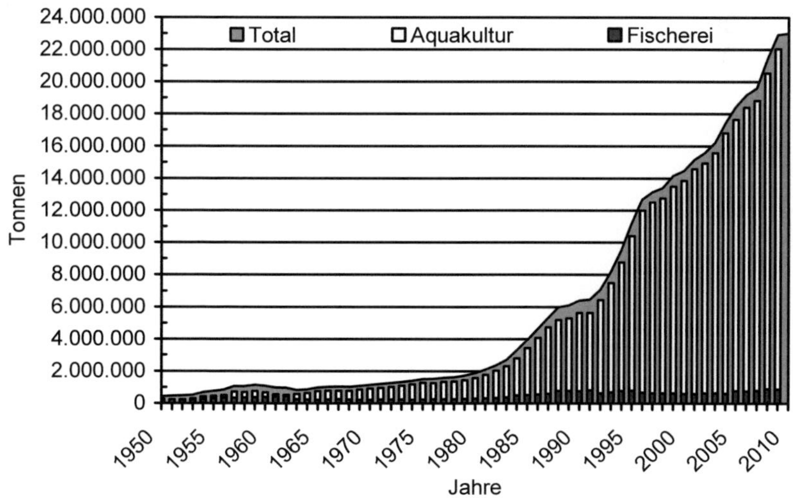

Artenanteil an der weltweiten Gesamtausbeute

von ca. 10.535.555 t (Mittelwert der 1990er Jahre):
(Nach: Shatz, 2000)

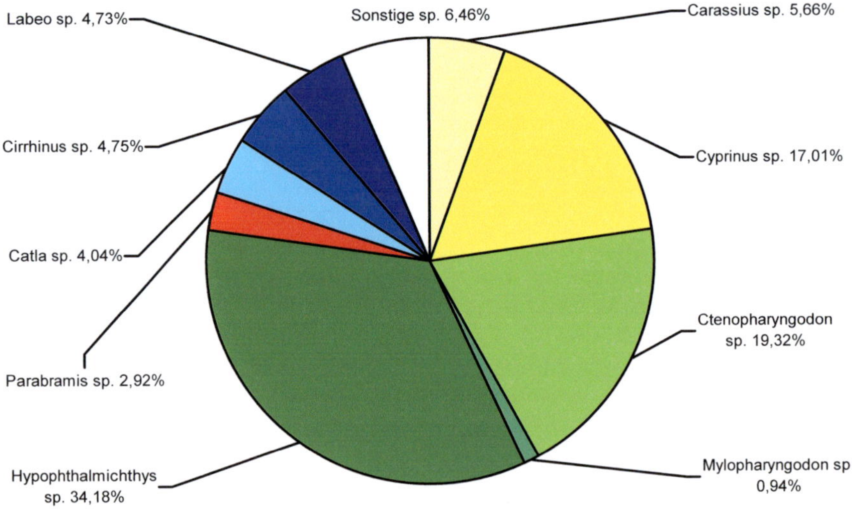

Länderanteil an der weltweiten Gesamtausbeute

von ca. 10.535.555 t (Mittelwert der 1990er Jahre):
(Nach: Shatz, 2000)

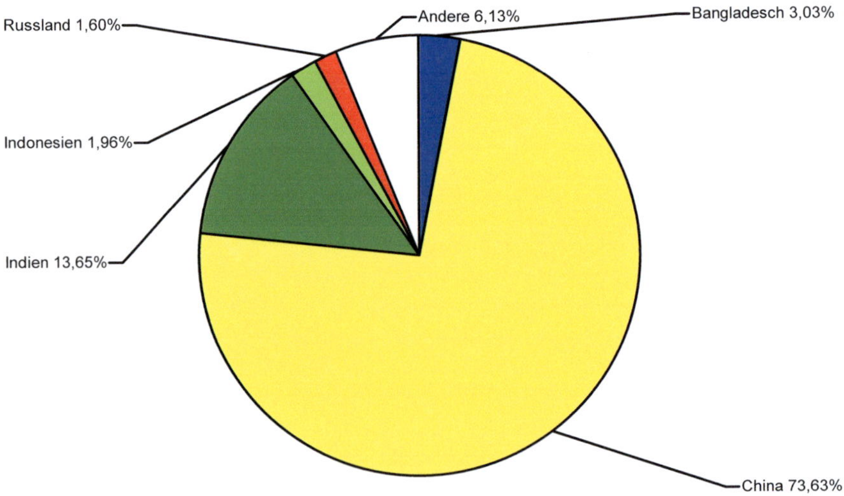

Artenanteil an der europäischen Gesamtausbeute
von ca. 390.000 t (Mittelwert der 1990er Jahre):
(Nach: Shatz, 2000)

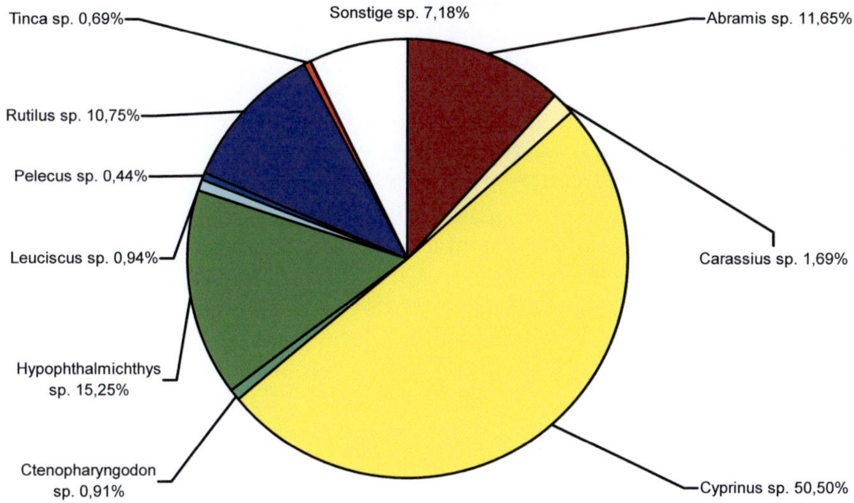

Länderanteil an der europäischen Gesamtausbeute
(ohne Russland) von 221.660 t (Mittelwert der 1990er Jahre):
(Nach: Shatz, 2000)

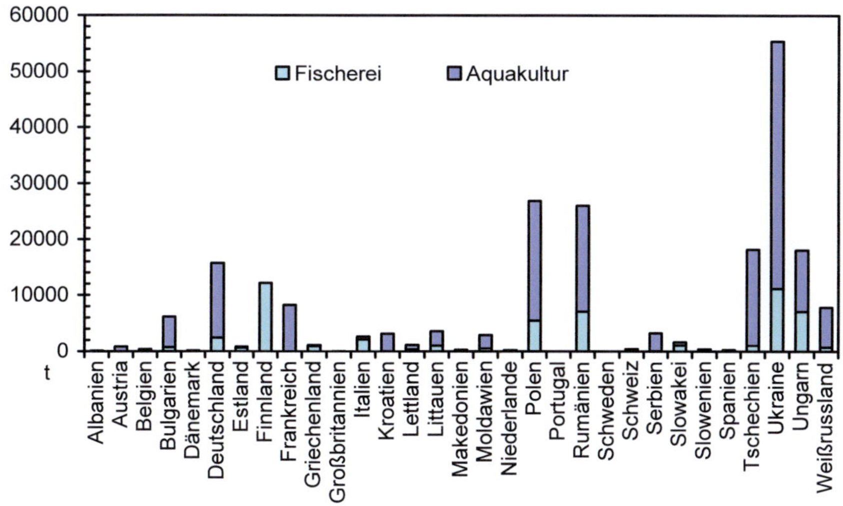

METHODEN:

Lange bevor zum Fang Hilfsmittel zur Verfügung standen, dürften anfangs die Menschen ähnlich wie Tiere die Fische mit der Hand gefangen haben. Bald wurden die zur Jagd auf Landtiere verwendeten Gegenstände, wie Steine und Speere, später auch Pfeil und Bogen verwendet. Jünger ist die Entwicklung des Angelhakens, dessen Grundform weltweit und über die Zeiten bestehen blieb und nur in Bezug auf das Material nach und nach von besserem abgelöst wurde: von Stein und Knochen über Bronze zu Stahl. Reusen, Körbe und Fallen wurden meist aus Pflanzenteilen (Weiden, Palmen) geflochten. Im Donauraum wurde der Fischfang in den Flüssen vom 8. bis 18. Jahrhundert oft auch mit hölzernen Großreusen mit Leitwerk aus Ästen (sogenannten Archen, Aerch, Arichsteti, Veer, Vennen) durchgeführt. Reusenartige Fanggeräte, wie Körbe und Fallen, finden in ihrem Grundprinzip oft heute noch Anwendung. Anfangs wurden Netze aus eingeweichten Bastfasern (Zedern) oder Gefäßfasern (Lein) hergestellt und mit Steinen beschwert. Später wurden die Netze aus Samenfasern (Baumwolle) gefertigt und mit Schwimmern aus Kork versehen und zur Beschwerung Seile aus Rosshaar mit Wickelblei verwendet. In den 1940-1950er Jahren erfolgte die Einführung von monofilen Kunstfasern (Polyamid) für die Netzerzeugung, die nur etwa halb so schwer sind, wie multifile Baumwolle und eine etwa 7-8 mal höhere Fängigkeit besitzen.
In China (Mekong) erfolgt der Fang seit etwa 1.300 Jahren auch sehr erfolgreich mit handaufgezogenen Kormoranen, wobei den gezähmten Vögeln ein Ring um den Hals gelegt wird sodass sie die erbeuteten Fische nicht schlucken können. Pro Kormoran können so täglich bis zu 10 kg Fische gefangen werden. Eine ähnliche Methode wird in Indien (Ganges) mit angeleinten Ottern praktiziert, die die Fische in aufgestellte Netze treiben. In Myanmar (Irawady) arbeiten die Fischer mit wildlebenden Flussdelphinen zusammen, die die Fische am Ufer zusammentreiben, wodurch sie die Fischer leichter mit Wurfnetzen fangen können.
Der Fang erfolgt heute neben der Angel mit unterschiedlichen Methoden und Ausrüstungen (wie: Fliegen-, Spinn-, Stipangel), vor allem mit verschiedenen Netzen (Senk-, Wurf-, Stell- und Zugnetzen sowie Reusen). Die optimale Maschenweite für Kiemennetze beträgt bei Cypriniden etwa 15-20 % der zu fangenden Fischlänge. Reusen, die mit 5-10 Stück/Bügel permanent erregten Magneten (0,1 mT in 10 cm Entfernung) bestückt sind, fangen um etwa 30-90 % mehr Cypriniden als Reusen, die nicht mit Magneten ausgestattet sind.

Stationäres Senknetz. (Foto: M. Hochleithner)

Mobile Ringwade. (Foto: M. Hochleithner)

Hebenetz. (Foto: R. Eilmannsberger)

Elektrofischerei. (Foto: N. Schotzko)

GEFÄHRDUNG:

Einige Cyprinidenpopulationen sind in manchen Gebieten ihrer Verbreitung überfischt und teilweise in ihrem Bestand gefährdet. Die Gewässerbelastung mit Schwermetallen und Bioziden, sowie die Eutrophierung durch Industrie, Landwirtschaft und Fremdenverkehr beeinträchtigen die Wasserqualität. Dadurch hat sich die Gewässergüte in vielen Flüssen und Seen stark verschlechtert und die Laichplätze verschlammen. Abwasserstöße führen oft zu direkter Vernichtung des Fisch- und Nährtierbestandes, gravierender sind jedoch die schleichenden Veränderungen des Lebensraumes. Im deutschsprachigen Raum ist die stoffliche Belastung der Gewässer in den letzten zwei Jahrzehnten durch den Bau von Abwasserreinigungsanlagen wieder deutlich zurückgegangen.
Heute stehen an fast allen Flüssen Kraftwerke und Staudämme, die die Laichwanderung stark einschränken. Durch wasserbauliche Maßnahmen verändern sich die Fließgeschwindigkeiten und es kommt meist zu starken Schwankungen des Wasserspiegels, sowie zur Veränderung der Wassertemperatur. Das Geschiebedefizit durch Kraftwerksbau und Kiesgewinnung führt oft zu Sohlabsenkungen von mehreren Metern. Die großen Niveauunterschiede verwehren den Fischen den Zugang zu traditionellen Laichgewässern. Viele Gewässer sind durch eine harte Uferverbauung monoton reguliert worden, dabei wurden die Laichgebiete stark verringert. Gewässerstrukturen haben eine sehr differentielle Wirkung auf den Altersaufbau und die Altersklassenverteilung einer Art. Regulierungen verursachen eine drastische Reduktion der strukturellen Vielfalt des Gewässerbettes und bewirken damit eine deutliche Abnahme der Bestandsdichte und der Artendiversität. Der Einfluss der Regulierungen und Verbauungen auf die Gewässer im Laufe eines Jahrhunderts wird am Beispiel der Salzach zwischen Salzburg und Oberndorf deutlich (siehe Grafik).
Verbauungen sind heute fast unerlässlich, trotzdem sollte Raum für Entwicklungsmöglichkeiten des Gewässers gelassen bzw. geschaffen werden. Dies ist neben der vielfältigen Gewässerstruktur auch der beste Hochwasserschutz. Unbeeinflusste Fließgewässer pendeln oder mäandrieren nach physikalischen Gesetzmäßigkeiten und streben diesbezüglich einen Endzustand an, der unter anderem im Verhältnis zwischen mittlerer Gewässerbreite und dem Abstand zwischen den Kurvenscheitelachsen ausgedrückt werden kann. Dieses Verhältnis liegt in der Regel bei 1:5 bis 1:10.

Für das Abflussprofil ist grundsätzlich die Charakteristik des Gewässers maßgeblich. Der Verlauf sollte möglichst abwechslungsreich durch den Einbau von Rampen, Schwellen, Buhnen, Kolke und Bänke gestaltet sein. Der Wechsel von flachen und tiefen, schnell und langsam fließenden Abschnitten ermöglicht die Erhaltung der Artenvielfalt und schafft Lebensraum für viele Lebewesen. Eine möglichst vielfältige Strömungsverteilung im Gewässer ist eine wichtige Voraussetzung für Fische. Fehlen Strömungsrefugien, so können sich dort Fische auf Dauer nicht halten. Die größte Fließgeschwindigkeit tritt im oberen 1/3 der Gewässertiefe auf, dort wo der Einfluss des Untergrundes am geringsten ist. Außer vom Gefälle und der Beschaffenheit des Gewässergrundes hängt die Fließgeschwindigkeit auch von Gewässerbreite und der Wassertiefe ab. Bei mittlerer Fließgeschwindigkeit sollte die Gewässertiefe auch bei Niedrigwasser zumindest an einer Stelle des Gewässerquerschnitts mindestens 20 cm betragen. Um ein unerwünschtes Zuwachsen mit Wasserpflanzen zu verringern, sollte bei langsam fließenden Gewässern diese Tiefe jedoch mindestens 50 cm betragen. Begradigungen führen zwangsläufig zu größerem Gefälle und erhöhter Fließgeschwindigkeit und die erodierenden Kräfte nehmen zu. Beim Ausbleiben von Gegenmaßnahmen wird sich daher das Gewässerbett mehr und mehr eintiefen. Eine künstliche Sohlbefestigung oder der Einbau von Schwellen und Rampen verhindert dies. Harte Verbauungen aus Stein oder gar Beton sind fischereilich ungünstiger als weiche aus Holz (Lärche bzw. Weißtanne). Durch die seitliche Verbreiterung des Kolkes werden Schäden an den Böschungen vermieden. Größere Abstürze können von vielen Arten nicht überwunden werden, daher ist der Einbau von Sohlrampen aus rauen Blocksteinwurf empfehlenswert. Die Abflussmenge beträgt 3-10 m^3/s je Meter Rampenbreite und die Rampenneigung sollte nicht mehr als 1:10-30 betragen. Die Rampenkrone sollte zur Konzentration des Niederwasserabflusses zur Mitte bzw. bei Kurvenlage zum Prallufer hin eine schwache Neigung aufweisen. Um eine Erosion zu verhindern, sollten die Uferböschungen an Bachläufen grundsätzlich 1:2 bis 1:5 betragen. Die Uferbepflanzung dient der Uferbefestigung und Beschattung, dabei sind regiontypische Pflanzen vorzuziehen. Künstlich im Böschungsfuß angelegte Kehlbuhnen und Fischunterstände können das Gewässer ebenfalls bereichern. Auch das Anlegen von künstlichen Laichplätzen kann sich unter Umständen lohnen. Da viele Cypriniden notwendige Laich-, Nahrungs- und Bestandswanderungen unternehmen, ist die Anlage von Fischwanderhilfen an Wehren und Staudämmen zwingend notwendig.

Ein Fischpass sollte so angelegt sein, dass die meist entlang des Ufers aufsteigenden Fische durch eine Lockströmung in den Einstieg, der in der Nähe der stärksten Strömung (Turbinenausläufe oder Prallufer) liegen muss, geführt werden. Durch mehrere treppenartig angeordnete Becken werden die Fische über jeweils diagonal angesetzte Schlupflöcher vom Unter- ins Oberwasser geführt. Das Gefälle der Treppe sollte weniger als 1:10 beträgt und die Höhendifferenz je Becken höchstens 20 cm. Starke Turbulenzen und Fließgeschwindigkeiten über 0,5 m/s sollten in den Becken vermieden werden. Dies kann durch die Ausgestaltung mit groben Steinen (über 150 mm) unterstützt werden. Eine mindestens 20 cm dicke durchgehende Schicht des natürlichen Sohlsubstrates sollte auch im Aufstiegsbereich vorhanden sein. Bei den Übergängen darf die Strömungsgeschwindigkeit höchstens 2 m/s betragen. Überströmungen sollten mindestens 15 cm Wassersäule aufweisen. Die Becken sollten eine Mindestgröße von 2 x 1 x 1 m haben und die Boden- und Kronenschlupflöcher ca. 20 x 30 cm. Bessere Wirkungen können durch horizontal und vertikal schräg versetzte Zwischenwände erreicht werden. Werden die Schlupflöcher etwa 10 cm von der Wand entfernt eingebaut, so entstehen kleine Ruhezonen. Alle 2-3 Höhenmeter sollte auch ein größeres Ruhebecken eingerichtet werden, das Deckung und Einstand gewährt. Optimal für alle Stadien und Arten ist jedoch die Anlage von Umgehungsgerinnen, die etwa einem natürlichen Bachlauf um das Wanderhindernis entsprechen und ein Gefälle unter 1:15 aufweisen. Der wesentlich höhere Platzbedarf dieser Gerinne ist durch die bessere Nutzung gerechtfertigt. Auch in den Restwasserstrecken sollten ausreichende Wassertiefen und eine Fließgeschwindigkeit von 0,1-0,3 m/s aufrecht erhalten bleiben.
Um im Bereich von Wasserentnahmestellen und Kraftwerkseinläufen einen effektiven Fischschutz und Scheuchung zu gewährleisten, eignen sich elektrische oder akustische Fischleitanlagen. Um bei elektrischen Fischsperren einen wirksamen Scheuchimpuls zu erreichen, sollte die Stromdichte des elektrischen Feldes 2,56 mA/mm² betragen. Die beste Wirkung wird mit Stromimpulsen im Bereich einer Viertel-Sinuswelle erreicht. Um den Fischen die Flucht zu ermöglichen, sollte bei flussabwärts gerichteten Sperren in Höhe der Elektroden die Fiesgeschwindigkeit im Allgemeinen 0,2 m/s nicht überschreiten. Alle Fische können auch Laute (in Form von Vibration oder Druckwellen) wahrnehmen. Einige Laute werden dabei besonders störend empfunden und führen daher dazu, dass die Fische diesen Bereich meiden. Verstärkt wird die Leitwirkung wenn zusätzlich noch ein "Vorhang" von aufsteigenden Luftblasen installiert wird.

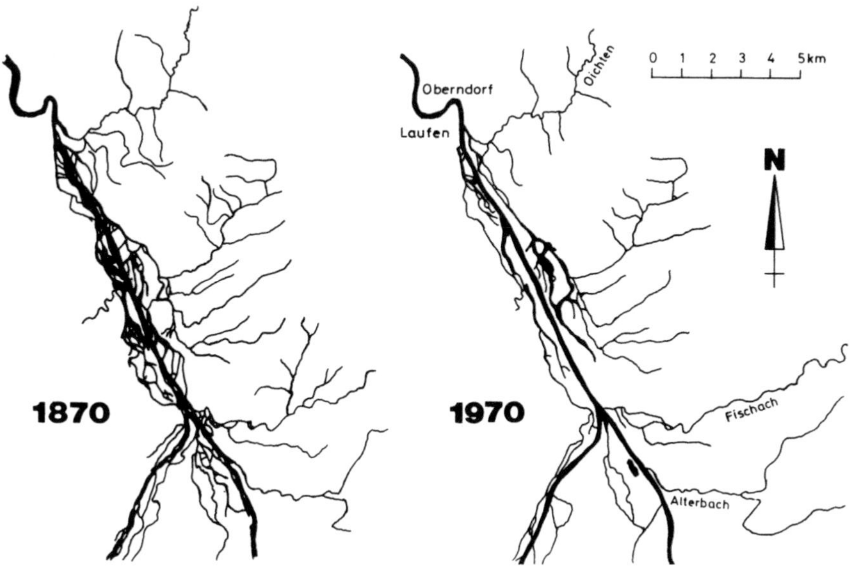

Einfluss der Regulierung und Verbauung. (Nach: Jäger et Schillinger, 1988)

Phytoplanktonproduktion (P) und Fischertrag (Y) in Seen

in Abhängigkeit vom Trophiegrad:

(Nach: Bulon et Vinberg in Barthelmes, 1985)

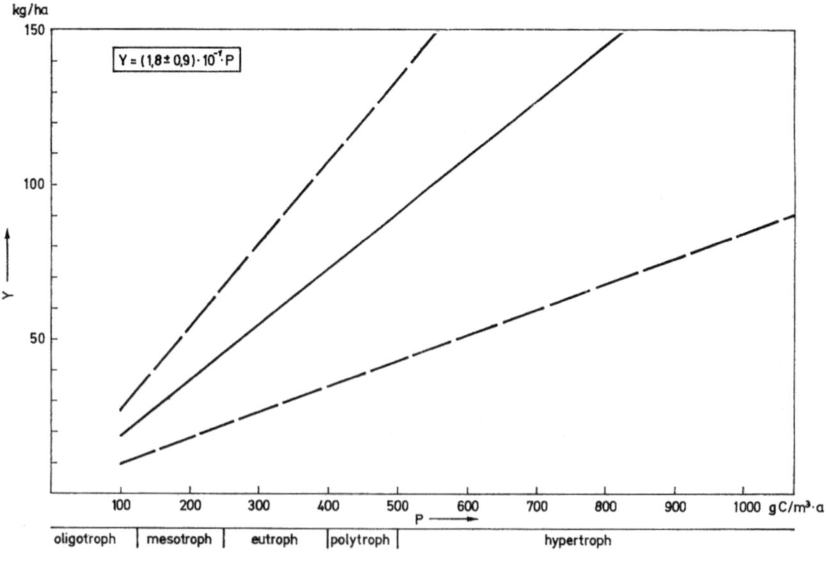

BEWIRTSCHAFTUNG:

Das Ziel einer nachhaltigen fischereilichen Gewässerbewirtschaftung ist es, einen natürlichen überlebensfähigen Fischbestand (ca. 50-300 kg/ha etwa 2.000-10.000 Stück/ha) zu erhalten, den jährlichen Produktionszuwachs abzufischen und somit langfristig den höchstmöglichen Ertrag zu gewährleisten. Dieser Maximalertrag beträgt ohne Überfischung aus fangtechnischen und ökonomischen Gründen in kleineren Gewässern meist 30-50 % und in größeren Gewässern meist um 20-30 % des gesamten Fischbestandes. Ohne natürliche Fortpflanzungsmöglichkeiten erreicht der Fangertrag zahlenmäßig aber höchstens 5-10 % der Besatzfischmenge.
Damit die biologische Produktionskraft eines Gewässers optimal genutzt wird, muss die Fischdichte vor allem dem Nahrungsangebot angepasst sein. Zu hohe Fischdichten sind an der Kleinwüchsigkeit der Einzeltiere (Verbuttung) zu erkennen. Viele Laichfische lassen auch nicht immer einen starken Jahrgang heranwachsen. Vielmehr lässt sich beobachten, dass mittlere Bestandsdichten an Elternfischen meist die stärksten Jahrgänge heranwachsen lassen und somit generell die höchste Produktion und den größten Ertrag ermöglichen. Dieser hängt neben dem Futteraufkommen jedoch auch sehr von den jeweiligen klimatischen Bedingungen ab.
Das Schonmaß (Mindestmaß) sollte grundsätzlich so gewählt werden, dass jeder Fisch vor seinem Fang mindestens einmal ablaicht und gleichzeitig die Entnahme mit einer wirtschaftlichen Größe erfolgt. Diese Größe schwankt jedoch innerhalb einer Art je nach Nahrungsangebot und klimatischen Bedingungen beträchtlich. Je länger die Fische durch das Schonmaß geschützt werden, desto geringer wird generell der Flächenertrag. Um der negativen Selektion durch das Mindestmaß, wobei stets die rasch- oder großwüchsigsten Fische mit guten Erbanlagen als erstes gefangen werden, entgegenzuwirken, kann bei einigen Arten durch die Einrichtung eines Fangfensters (z.B.: fangbare Größe 20-40 cm) die Schnell- und Großwüchsigkeit besonders berücksichtigt und gefördert werden.
Die Schonzeit sollte sich zeitlich befristet unmittelbar vor und direkt auf die Laichzeit beziehen. Diese Zeit kann aber je nach Fischart und Gewässer stark variieren. Dies gewährleistet, dass die laichbereiten Fische nicht zur Laichzeit weggefangen werden.
Das Schongebiet sollte für einen ausgedehnten Bereich gelten (z.B.: an Laichplätzen) und gewährleistet ein ungestörtes Ablaichen. Es hilft so zumindest teilweise den Bestand zu sichern.

Eine ökologische Bewirtschaftung muss neben der Hege des Fischbestandes auch in besonderer Weise die Pflege der Gewässer und den Schutz der Ufer einschließen. Alle wasserbaulichen Arbeiten müssen sich nach den ökologischen Gegebenheiten im Gewässer richten. In der Zeit von Juli bis Oktober werden Fische am wenigsten gestört. Gezielte Artenschutzmaßnahmen beginnen mit der Bestandsaufnahme und der Ergründung der Gefährdungsursachen. Nach deren Beseitigung kommt es bei natürlicher Reproduktionsmöglichkeit oft zur selbständigen Bestandserholung. Der natürliche Zustand des Lebensraumes, wie vielfältige Habitate, die den Ansprüchen der verschiedenen Altersstadien entsprechen, bietet den besten Schutz für die Erhaltung einer Population und erübrigt in vielen Fällen den Fischbesatz. Neben dem Erfassen und Aufzeichnen von Informationen über das Gewässer und den Bestand, erscheinen folgende Bewirtschaftungsmaßnahmen sinnvoll:

Schutz - In ungestörten Gewässern mit einem geringen Trophiegrad, welche einen guten Selbstregulierungsmechanismus haben, sind alle Schutzmaßnahmen (Schonmaß, Schonzeit, Schongebiet) wichtig.
In gestörten Gewässern mit einem hohen Trophiegrad, welche einen schlechten Selbstregulierungsmechanismus haben, sind alle Schutzmaßnahmen nutzlos.

Besatz - In ungestörten Gewässern mit einem geringen Trophiegrad, sind Besatzmaßnahmen nicht notwendig und führen meist nicht zu einer Erhöhung des Fischbestandes, außer bei stark gefährdeten Arten.
In gestörten Gewässern mit einem hohen Trophiegrad, sind regelmäßige Besatzmaßnahmen wichtig und führen generell zu einer Erhöhung oder Veränderung des Fischbestandes (außer in polytrophen Gewässern).

Fang - In ungestörten Gewässern mit einem relativ geringen Trophiegrad, sollten alle Fangmaßnahmen (ausgenommen in der Laichzeit) auf alle Arten gleichermaßen aufgeteilt und das Mindestmaß streng überwacht werden, damit ein Gleichgewicht bestehen bleibt.
In gestörten Gewässern mit einem relativ hohen Trophiegrad sollten Fangmaßnahmen vor allem auf Arten erfolgen, die stark zunehmen, wobei für diese kein Mindestmaß und keine Schonzeit nötig erscheinen. Durch die jährliche Entnahme von 50-200 kg/ha an Cypriniden ist oft eine deutliche Verringerung der Trophie in nährstoffreichen Seen erreichbar.

VERARBEITUNG:

Bei der Verarbeitung von Fischen sind nur Trinkwasser, sowie leicht zu reinigende Materialien, wie Edelstahl und Kunststoff zu verwenden. Die aktuellen Vorschriften, wie Tierschutz-, Marktordnungs-, Lebensmittel-, Bedarfsgegenständegesetz sowie Zusatzstoff-, Höchstmengen-, Kennzeichnungsverordnung und Hygienebestimmungen etc. sind zu beachten.
Zum Schlachten bestimmte Fische müssen vorher zur Ausnüchterung (Entleerung des Darms) in sauberem, kühlem Wasser 1-2 Wochen gehältert werden, wobei sie auch den modrig-schlammigen Geschmack, der durch Blaualgen oder Bakterien verursacht wird, verlieren.
Zum Töten werden die Fische betäubt. Dies geschieht bei einer kleinen Menge an Fischen durch einen kräftigen Schlag auf den Kopf hinter die Augen mit einem (30-50 cm langen) Holzstock. Bei größeren Mengen wird oft mit Gleichstrom betäubt. Bei der Verwendung von Pflanzenöl (Eugenol 1 ml/l für 2-4 Minuten) als Betäubungsmittel, kann der Eintritt der Totenstarre etwa um 12 Stunden verzögert werden, allerdings kann dabei auch eine leichte Geschmacksbeeinträchtigung eintreten. Bei größeren Fischen, wie Karpfen, werden nach der Betäubung mit einem kleinen Messer die Kiemenbögen bzw. die Hauptblutbahn durchgetrennt. Um die Frische zu gewährleisten, kommen die geschlachteten Fische oft gleich in einen mit Eiswasser gefüllten Behälter und kühlen so schnell auf ca. 0 °C herunter.
Zum Ausnehmen wird die Bauchseite mittig mit einem kleinen, speziell geformten, hakenförmigen Messer vom After zum Kopf hin aufgeschnitten und die Eingeweide, ohne diese zu verletzen, entfernt. Anschließend wird mit einem Teelöffel die Niere herausgekratzt und die Fische gründlich gewaschen.
Zum Schuppen wird mit einem schräg gestellten Messer oder einem speziellen Schuppgerät, gegen die Schuppen gestrichen, wobei sich diese von der Haut lösen. Alternativ kann das Schuppen auch mit Wasserdruck (20-25 bar) durch Düsen erfolgen.
Zum Schröpfen können bei allen grätenreichen Fischen die Gabelgräten (Y-Gräten) durch Einschneiden zerschnitten werden. Dazu schneidet man die Fische von der Hautseite bis zur Wirbelsäule bzw. die Filets von der Fleischseite bis zur Haut in kleinen Abständen (alle 3-4 mm) ein, wobei die zahlreichen Zwischenmuskelgräten zerkleinert werden, sodass man sie im Fleisch nicht bemerkt und bedenkenlos mit essen kann. Für größere Mengen an Filets gibt es für das Schröpfen auch manuell oder elektrisch betriebene Geräte.

Filetieren eines Silberkarpfens. (Foto: M. Hochleithner)

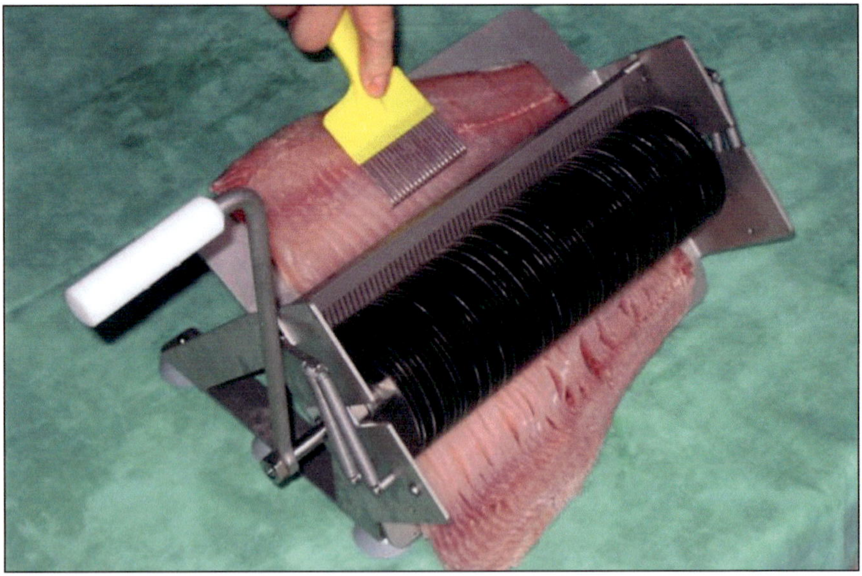

Schröpfen eines Karpfenfilets. (Foto: H. Klein)

Zum Filetieren per Hand wird mit einem langen dünnen Messer an einer Körperhälfte direkt hinter dem Kopf bis auf die Wirbelsäule geschnitten. Dann wird der Fisch vom Kopf bis zur Schwanzflosse entlang der Rückenflosse bis zur Wirbelsäule eingeschnitten, die Zwischenmuskelgräten durchtrennt und anschließend entlang der Rippen bis zum Bauch geschnitten, um so ein Filet zu erhalten. An der anderen Körperhälfte wird ebenso verfahren und die so erhaltenen zwei Filets werden noch zugeschnitten und gesäubert.
Zum Enthäuten wird das Filet mit der Hautseite nach unten auf ein Brett gelegt. Dann wird mit einem langen dünnen Messer das Fleisch am Schwanzstiel bis zur Haut eingeschnitten und das Messer mit einem Schnitt weiter entlang der Haut durchgezogen. Zum Festhalten der Haut während des Häutens kann diese am Schwanzstiel etwas eingeschnitten werden. Bei der Verarbeitung größerer Mengen an Fischen werden jedoch heute großteils automatische Geräte und Maschinen eingesetzt.
Beim Kühlen erfolgt die Lagerung von Frischfisch am besten bei Temperaturen von 0 bis +4 °C und einer relativen Luftfeuchte von 90-95 %. Das Einsetzen und Anhalten der Totenstarre (rigor mortis) kann durch Kühlung von 10-24 h bei 15 °C auf 35-96 h bei 1 °C verzögert bzw. verlängert werden.
Beim Frieren erfolgt die Lagerung von Frostfisch am besten bei Temperaturen von -18 bis -20 °C. Entscheidend für das schonende Einfrieren ist eine schnelle Gefriergeschwindigkeit von mindestens 1-2 cm/h (2 h bei -35 bis -40 °C) und das rasche Unterschreiten der Kerntemperatur von -10 °C. Frostfisch sollte generell nicht länger als 3-6 Monate gelagert werden. Der Gewichtsverlust bei der Gefrierlagerung kann bis zu 20 % betragen.
Zum Glasieren wird der frisch gefrostete Fisch ein bis zweimal kurz in sehr kaltes Wasser getaucht und erhält so eine schützende Eishülle.
Zum Verpacken werden die Fische oder meist Filets am besten vakuumiert.
Das Räuchern erfolgt mit Hartholz (z.B.: Buche, Eiche, Teak). Dabei können drei Verfahren unterschieden werden: Kaltrauch (unter 25 °C), Warmrauch (25-50 °C) und Heißrauch (über 50 °C). Der Gewichtsverlust beim Räuchern beträgt, je nach Temperatur und Dauer, etwa 10-20 %.
Gelegentlich werden Cypriniden im Ganzen auch gesalzen und getrocknet und Filets oder Happen mariniert, gebraten und sterilisiert zu Konserven verarbeitet, oder 90 Minuten in 15 %iger Salzlake gepökelt und anschließend gekocht und in Aspik eingelegt.

Das helle Fleisch vieler Cypriniden ist wohlschmeckend, aber grätenreich, es eignet sich zum Kochen und Dünsten ebenso wie zum Braten und Backen. Abschnitte wie Kopf (ohne Kiemen), Flossen, Haut und Skelett eignen sich hervorragend für die Herstellung von Suppen und Saucen. Die unreifen Ovarien werden manchmal auch zu Speisen verarbeitet. Aus der äußeren Haut der Schwimmblase der Karpfen kann Fischleim hergestellt werden, indem diese nach dem Säubern und Trocknen zerkleinert und in deionisiertem Wasser 24 h angequollen und bei 60-80 °C für 1-3 h denaturiert werden.

Schlachtausbeute von Karpfen (ca. 0,5-1,5 kg):

(Nach: Bohl, 1999; Schäperclaus et Lukowicz, 1987)

Körperteil	Anteil
Fleisch	30-50 %
Kopf	20-25 %
Innereien	15-20 %
Haut	6-8 %
Skelett	5-7 %

Die Filetausbeute von Karpfen beträgt etwa 35-40 %. Der durchschnittliche Anteil an Leber und Gonaden am Körpergewicht beträgt jeweils etwa 4-8 %, der durchschnittliche Schuppenanteil beträgt bei Schuppenkarpfen etwa 4,0-5,0 % und bei Spiegelkarpfen etwa 0,6-1,2 %.

Der essbare Anteil macht bei Cypriniden (z.B.: Karpfen, Grasfische, Brachsen und Schleie) je nach Körpergewicht 35-65 % aus, wobei je nach Lebensraum, Salinität, Fütterung, Saison und Geschlecht, der Wassergehalt 60-80 %, der Proteingehalt 10-20 % und der Fettgehalt 1-10 % beträgt. Der Anteil an mehrfach ungesättigten Fettsäuren liegt bei etwa 30-50 %, und das Verhältnis von essentiellen Ω-3:Ω-6 Fettsäuren bei 1:1-3. Der Nährwert beträgt durchschnittlich etwa 80-150 kcal bzw. 335-630 Joule je 100 g (1 kcal = 4,186 Joule).

Die langkettigen n-3- und n-6-Fettsäuren spielen auch eine besondere Rolle in der menschlichen Ernährung und sind in der Lage, Herz-Kreislauf-Erkrankungen vorzubeugen und zu heilen. Reichliche Zufuhr an diesen hochungesättigten Fettsäuren kann den Gesamtfettgehalt im Blutserum verringern, den Blutdruck senken und somit die Gefahr eines Herzinfarktes reduzieren. Als minimale bzw. optimale Bedarfswerte an diesen Fettsäuren gelten 100-200 bzw. 300-400 mg pro Tag oder 0,1-0,2 bzw. 0,3-0,4 % der Nahrungsenergie.

ANHANG

Rezepte
für jeweils 4 Personen

KALTE VORSPEISEN:

Mousse von Räucherfisch auf Fleurons

Zutaten	Zubereitung
1 Packung Blätterteig 1 Ei 0,50 kg geräucherte Weißfische (Brachsen) 0,25 l Suppe 0,04 Noilly Prat 0,25 l Sahne 4 Blatt Gelatine Petersilie Zitrone Salz und Pfeffer 0,10 kg Feldsalat Dressing	Blätterteig in 8 Quadrate und quer in Dreiecke schneiden, mit Ei bestreichen und knusprig backen. Die Räucherfische häuten und alle Gräten entfernen. Alle Abschnitte mit Noilly Prat und 0,25 l Wasser auf 0,125 l einkochen, abseihen und darin die eingeweichte Gelatine auflösen. Das Fleisch mit dem Fond etwas Saft und Schale der Zitrone und Salz und Pfeffer mixen. Petersilie und das geschlagene Obers unterheben. Jeweils auf eine Blätterteigecke spritzen und mit einer zweiten abdecken. Mit dem Feldsalat und einem Zitronenschnitz garnieren.

Fischlaibchen

Zutaten	Zubereitung
0,30 kg Filets von Weißfischen (Rapfen) 1 Semmel 1 Ei Milch Brösel Petersilie Zwiebel, Knoblauch Zitrone Salz und Pfeffer Butterschmalz	Das Fischfleisch faschieren, die in Milch eingeweichte Semmel gut ausdrücken, mit dem Ei, geriebener Zitronenschale, gehackten Zwiebel den Kräutern und möglichst wenig Brösel mischen sodass eine formbare Masse entsteht. Anschließend mit Salz und Pfeffer würzen. Kleine Laibchen von 5 cm Durchmesser formen, ca. 1 Stunde kühl stellen und in Butterschmalz von beiden Seiten goldbraun braten. Auf mariniertem Blattsalat anrichten und mit Kirschtomaten garnieren.

Eingelegte Bratfische

Zutaten	Zubereitung
4 Weißfische (Nasen) Mehl Öl Zwiebeln Weinessig Weißwein Salz, Pfeffer, Zucker Zitronenscheiben	Kleine ausgenommene und gewaschene Näslinge ohne Kopf werden mehliert und in Öl gebraten. Zwiebel in Ringe schneiden, ohne Farbe zu nehmen kurz anbraten lassen, mit Wein und Weinessig ablöschen und mit Salz, Pfeffer und einer Prise Zucker abschmecken. Die Näslinge in eine Form schichten mit den Lorbeerblättern und Zitronenscheiben und mit dem Sud übergießen. Nach 2-3 Tage sind sie gut durchgezogen und können verspeist werden.

SUPPEN:

Fischknöderlsuppe

Zutaten	Zubereitung
1,00 kg Weißfische im Ganzen od. 0,60 kg Karkassen und 0,40 kg Filet 1 Ei 1 Becher Crème fraîche ½ Zitronenschale Salz und Pfeffer 0,375 l Weißwein 1/2 Säckchen Safran 1 Bund Suppengrün (Karotte, Lauch, Sellerie) 1 EL Butter 2 EL Tomatenmark 1 Bund Schnittlauch	Das Suppengrün in Butter anlaufen lassen, die Karkassen und das Tomatenmark kurz mitrösten, mit 0,25 l Wein und 0,75 l Wasser aufgießen und ca. 30 Minuten köcheln lassen, dann abseihen und mit Safran, Salz und Pfeffer abschmecken. Das Filet klein schneiden mit Salz, Pfeffer und Zitrone marinieren. Eiklar steif schlagen. Das Fischfleisch mit Crème fraîche, geriebene Zitronenschale und Eidotter pürieren, Schnee unterheben. Aus der Masse Knöderl formen und in 1 Liter kochendem Salzwasser mit 0,125 l Wein ca. 8 min. garziehen lassen. Die abgeschmeckte Suppe in Teller geben, die Knödel einlegen und mit Schnittlauch garniert servieren.

Fischbeuschelsuppe

Zutaten	Zubereitung
1,00 kg Karpfenabschnitte (Karkasse, Kopf, Innereien) 1 Bund Suppengrün (Karotte, Lauch, Sellerie) 0,25 l Weißwein 1 Zwiebel 0,05 kg Butter 0,05 kg Mehl 1 Zitrone 1 Becher Crème fraîche ½ Bund Kräuter (Petersilie und Dill) Paprika, Kapern, Sardellen Salz und Pfeffer	Kopf, Karkasse und Innereien waschen, mit Suppengrün, Wein und 1 l kaltem Wasser aufstellen und ca. 30 min. langsam kochen lassen und abseihen. Zwiebel in Butter anrösten, mit Mehl stauben und mit der Suppe aufgießen und verkochen. Crème fraîche, gemahlenen Paprika, gehackte Kapern und passierte Sardellen in die Suppe rühren, die geschnittenen Gonaden und ausgelösten Fleischreste dazu geben, mit Salz und Pfeffer, sowie Zitronenschale und -saft abschmecken. Mit gehackten Kräutern bestreuen und mit getoastetem Weißbrot servieren.

WARME VORSPEISEN:

Souffle von Weißfischen

Zutaten	Zubereitung
0,30 kg Weißfischfleisch (Plötzen, etc.) 0,25 l Sahne Salz und Pfeffer Zitrone Kerbel 3 EL Weißwein 3 Jungzwiebeln od. Lauch 0,03 kg Butter 2 EL Forellenkaviar	Das Fischfleisch mit Salz, Pfeffer und Zitronensaft marinieren und gut kühlen. Mit Sahne cuttern und den Kerbel untermischen. In ausgebutterten Förmchen im Wasserbad bei 175 °C ca. 25 min. garen. Inzwischen den Jungzwiebel schräg in feine Streifen schneiden und in Butter dünsten, mit Wein ablöschen und mit Salz und Pfeffer würzen. Die Souffles auf Teller stürzen, mit Forellenkaviar und einem Kerbelsträußchen dekorieren und mit Jungzwiebel garnieren.

Barbenröllchen

Zutaten	Zubereitung
0,20 kg entgrätetes Barbenfleisch 0,125 l Sahne 2 Auberginen 1 Ei 2 EL Öl Salz und Pfeffer Zitrone Dill 1 Dose gesch. Tomaten Zwiebel, Knoblauch, Rosmarin, Oregano 1 EL Öl	Aus den Auberginen längs 8 Scheiben mit ½ cm dicke schneiden, salzen, pfeffern und in Öl braten. Das Fischfleisch mit Obers, Salz, Pfeffer und Spritzer Zitrone cuttern und den Dill unterheben. Auf den Scheiben verteilen, aufrollen, in geölte Form legen und bei 160 °C ca. 25 min. backen. Die fein gehackte Zwiebel mit Knoblauch in Öl anschwitzen und mit den geschälten Tomaten und Oregano, Rosmarin und Salz kurz einkochen. Einen Soßenspiegel auf Teller gießen und die Röllchen draufsetzten und mit einem Rosmarinzweig garnieren.

Filetstreifenspießchen

Zutaten	Zubereitung
0,40 kg Weißfischfilet (Döbel, etc.) 1 Ei Salz und Pfeffer Mehl und Brösel Öl Zitrone Petersilie	Die Fischfilets in ca. 3-4 mm breite Streifen schneiden und mit Salz und Pfeffer würzen. In Mehl, Ei und Brösel panieren, auf kleine Spieße stecken und bei 170 °C kurz goldgelb frittieren. Mit Zitrone und Petersilie garnieren oder auf Salat servieren.

HAUPTSPEISEN:

Schleie im Bierteig

Zutaten	Zubereitung
4 St. Schleienfilets 0,25 l Bier 2 Eier 0,15 kg Mehl Salz und Pfeffer Zitrone Butterschmalz	Die Filets salzen, pfeffern und mit Zitrone marinieren. Das Bier mit den Dottern, Salz und Mehl versprudeln und 15 min. quellen lassen. Klar zu Schnee schlagen und unterheben. Die Filets durch den Teig ziehen und ausbacken. Dazu passt gut Kartoffelsalat mit Ruccola.

Ungarisches Fischgulasch

Zutaten	Zubereitung
0,80 kg Fischfilet (Silberkarpfen) 0,05 l Öl 3 Zwiebeln 3 Knoblauchzehen 3 Paprika (rot, gelb, grün) 0,25 l Weißwein 3 EL Tomatenmark Salz und Paprika Peperoni Majoran 1 EL Maisstärke	Die ringelig geschnittenen Zwiebeln und Knoblauch werden im Öl angeröstet und dann die in Streifen geschnittenen Paprika mitgeröstet. Das Paprikapulver, fein gehackte Peperoni, Majoran und Tomatenmark dazu geben und mit Wein und ½ l Wasser aufgießen. Maisstärke mit etwas Wasser anrühren und alles 5 min. köcheln, den würfelig geschnittenen Fisch dazu geben und noch 5 min. in der Sauce ziehen lassen. Gut passen dazu Reisnudeln oder andere Teigwaren.

Gratinierter Karpfen

Zutaten	Zubereitung
4 St. Karpfenfilets 4 EL Brösel 1 Ei 0,08 kg Speck 1 Zwiebel 1 Knoblauchzehe 2 EL gemischte Kräuter 1 Becher Creme fraiche Salz und Pfeffer Zitrone 0,03 kg Butter	Das geschröpfte Filet mit Salz, Pfeffer und Zitrone würzen und in ausgebutterte Form geben. Speck und Zwiebel fein würfeln und mit etwas Butter leicht anrösten. Ei, Brösel, Creme fraiche und Kräuter und gepressten Knoblauch einrühren und auf den Filets verteilen. Im heißen Backrohr bei 200 °C ca. 15-20 min. backen.

Serbischer Karpfen

Zutaten	Zubereitung
4 St. Karpfenfilets Paprikapulver süß Salz 0,1 kg Butterschmalz Backteig: 1/8 l Milch 2 Eier 60 g Mehl Salz Knoblauchbutter: 4 Zehen Knoblauch 60 g Butter Zitronensaft Salz	Das geschröpfte Filet mit Salz würzen und mit Paprikapulver bestreuen. Für den Backteig die Zutaten verrühren. Anschließend die Filets durch den Backteig ziehen und in Butterschmalz goldgelb ausbacken. Gebackene Filets mit einer Scheibe Knoblauchbutter belegen und mit Kartoffel-Gurkensalat servieren. Für die Knoblauchbutter den geschälten und gepressten Knoblauch, eine Priese Salz und einen Spritzer Zitronensaft mit der Butter verrühren, in Folie eine Rolle formen und mind. 1 h vorher kaltstellen.

Gefüllte Fischschnitzel

Zutaten	Zubereitung
4 Fischfilets (Graskarpfen) 1 Mozzarella 2 Paprika (rot und grün) 1 Zwiebel Salz und Pfeffer Petersilie Zitrone Weizenmehl Ei Semmelbrösel Butterschmalz	In die geschröpften Filets eine Tasche schneiden, oder flach schneiden und nach dem Füllen zusammenklappen. Die Zwiebel fein hacken und anrösten. Die Paprika in winzige Würfel schneiden und mitrösten. Wenn es kalt ist den feinwürfelig geschnittenen Mozzarella und die Petersilie dazu geben, salzen und die Filets damit füllen. Mit einem Zahnstocher zustecken, salzen, pfeffern und mit Zitrone würzen, wie üblich mit Mehl, Ei und Brösel panieren und in einer Pfanne bei mittlerer Hitze goldgelb backen. Ein Salat von grünen Bohnen ist ein guter Begleiter dazu.

Fischpfanne

Zutaten	Zubereitung
0,60 kg Fischstücke (Döbel) 1 kg Kartoffel 0,25 l Milch 0,05 kg Butter Salz und Pfeffer Muskat 0,15 kg Karotten 0,15 kg Erbsen 4 Eier 1 Becher Sauere Sahne 0,04 kg geriebenen Käse	Aus Kartoffeln, Milch und Butter macht man Püree wie üblich und würzt mit Salz und Muskat. Eine Form wird ausgebuttert und das Püree am Rand verteilt. In die Mitte kommen die geschröpften und angebratenen Fischstücke und die in Scheiben geschnittenen und kurz überkochten Karotten und die Erbsen. Die Eier werden mit Salz und Pfeffer und den Sauerrahm versprudelt und über die Fülle gegossen und der Käse darüber verteilt. Im Backrohr bei 160 °C wird die Fischpfanne ca. 20 min. überbacken und mit Salat serviert.

Entwicklung

der Schleie

bei einer Wassertemperatur von 15-25 °C:

(Nach: Peňaz in Bănărescu et al., 1999)

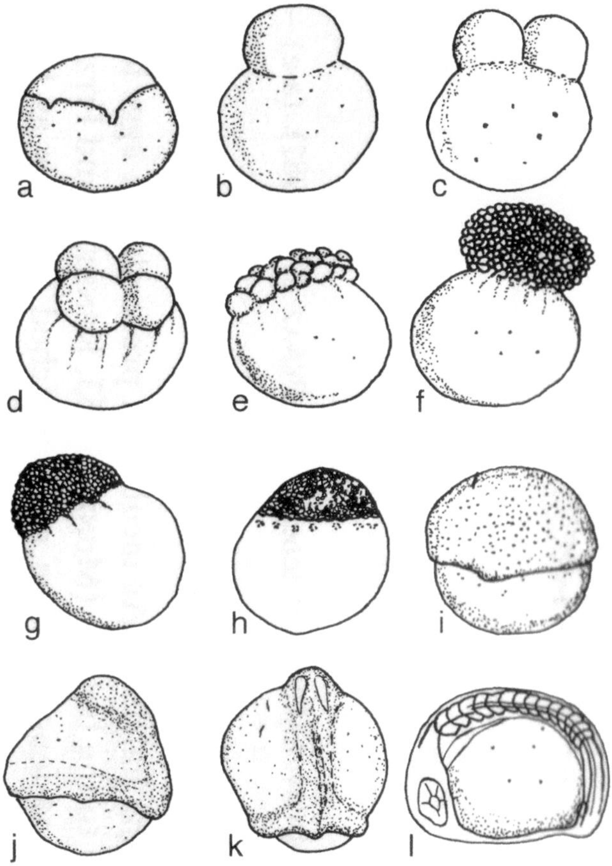

a-l: Embryonalentwicklungsstadien im Ei.

m-o: Embryonalentwicklungsstadien mit entfernter Eihaut.

p-t: Embryonalentwicklungsstadien der geschlüpften Larven.

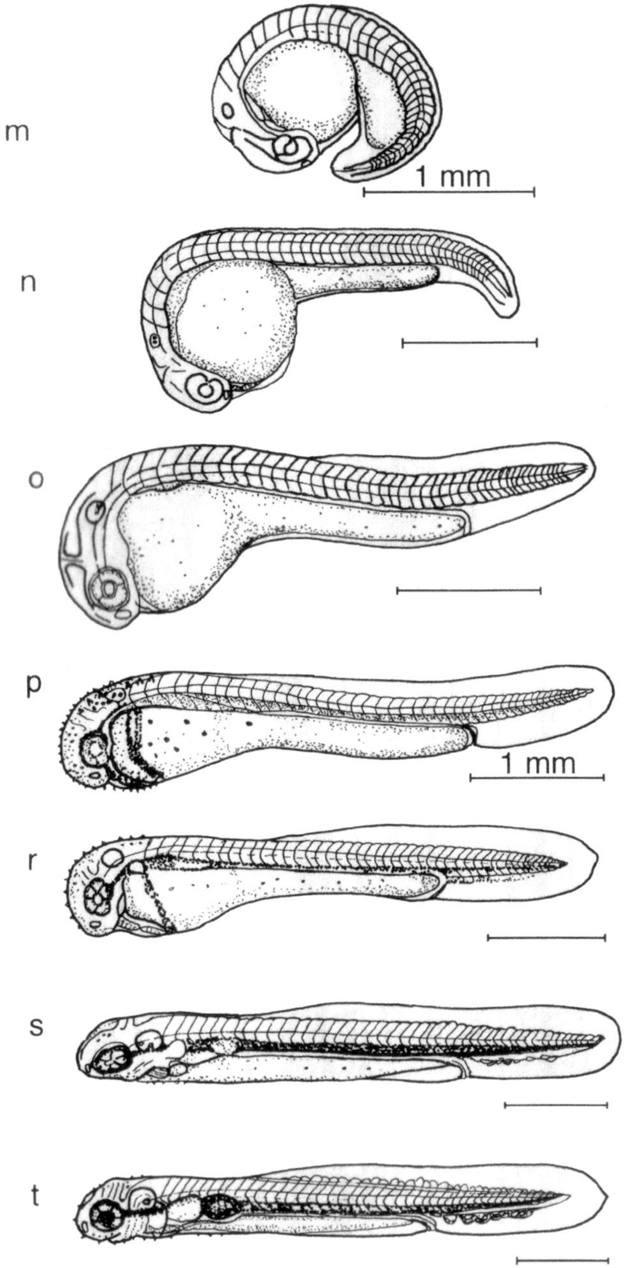
m
1 mm
n
o
p
1 mm
r
s
t

Embryonalentwicklung

Nr.:	Stunden	T°	TL mm	Abbildung	Beschreibung
1	0-1	0,1	0,5-0,8	a-b	Konzentration von Zytoplasma am animal Pool. Blastoscheibe umfasst 1/3-1/2 des Dottervolumens.
2	1-6	1-2	0,8-1,6	c-g	Morulation: Zellteilung beginnt über der Dotterschicht.
3	6-9	4-5	0,8-1,6	h	Blastulation: Blastoscheibe senkt sich in die Dotterschicht.
4	9-15	7-8	0,8-1,6	i	Gastrulation: Zellschichten differenzieren sich. Blastoderm wächst über Dotterschicht.
5	15-25	8-10	0,8-1,6	j-l	Neurulation: Zellmaterial bedeckt die Dotterschicht. Blastopore geschlossen.
6	25-40	14-21	1,6-2,1	m	Schwanzstiel entwickelt sich. Herz beginnt zu schlagen. Dottersack wird abgeteilt. Flossenfalten entwickeln sich.
7	40-76	33-38	2,1-3,8	n-o	Segmentation des Schwanzses ist beendet. Pigmentation der Augen setzt ein.
8	70-135	109-111	3,8-4,8	m-o	Massenschlupf. Vorderteil des Dottersackes verringert sich.
9	168-240	131-141	4,8-5,5	p-t	Körper wird langgestreckt. Kiemenreusen entwickeln sich. Gasblase wird gefüllt. Larve schwimmt frei im Wasser.

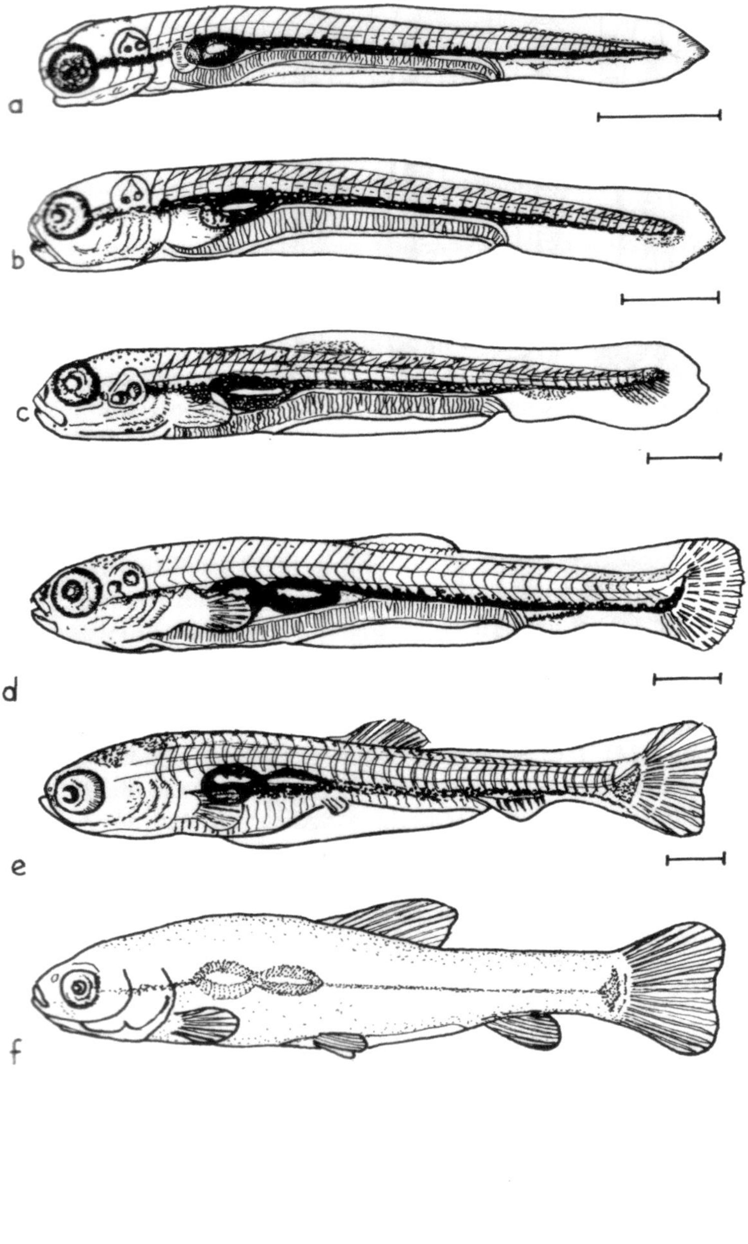
a
b
c
d
e
f

Larvenentwicklung

Nr.:	Tage	T°	TL mm	Abbildung	Beschreibung
1	6-9	150-160	5,5-5,8	a	Ernährung endogen und exogen. Dottersack nahezu aufgezehrt. Darm mit Nahrung gefülllt.
2	9-12	160-240	5,8-7,4	b	Ernährung nur noch exogen. Maul wird endständig. Melanophoren werden zahlreicher.
3	13-16	236-262	7,4-9,6	c	Flossenfalten differenzieren sich. Schwanzflosse entwickelt sich. Verknöcherung des Kopfes beginnt.
4	17-20	250-390	9,6-10,6	d	Rücken- und Afterflossenstrahlen entwickeln sich. Schwimmblase ist zweigeteilt.
5	21-24	380-627	10,6-15,0	e	Bauchflossen entwickeln sich. Pigmentation beginnt sich zu entwickeln.
6	33-40	612-675	15,0-17,5	f	Gelbliche Pigmentation des Körpers erhöht sich. Kleine Melanophoren sind am Körper verteilt.
7	41-54	772-905	17,5-20,0	g	Schuppen beginnen sich zu entwickeln. Alle Flossen voll entwickelt.
8	67-70	1170-1227	20,0-30,0	h	Schuppen voll entwickelt. Erscheinung ähnlich wie adulte Fische.

Larvenentwicklung

der chinesischen Karpfen
bei einer Wassertemperatur von 28-29 °C:
(Nach: Winfield et Nelson, 1991)

1.) **Frisch geschlüpft:** 4,5-6,0 mm lang. Dottersack groß, Körper transparent, Blut leicht gelblich. Die Larven haben sich entwickelnde Nerven-, Seh-, Gehör-, Geschmacks- und Verdauungsorgane sowie After- und Kiemenöffnungen. Sie können noch nicht schwimmen, sondern liegen am Rücken und versuchen einmal alle paar Minuten durch wellige Bewegungen des Schwanzes zur Oberfläche zu gelangen und sinken wieder zu Boden.

2.) **Erster Tag nach Schlupf:** 5,5-7,0 mm lang. Dottersack verringert sich. Brustflossen erscheinen, Flossensaum gut entwickelt, Maulöffnung unten positioniert, Kiemenöffnungen werden sichtbar, gelb-braune Pigmente erscheinen in den Augen.

3.) **Zweiter Tag nach Schlupf:** 7,5-8,0 mm lang. Dottersack wird länglich und schmal, Schwimmblase formt sich, ist aber noch nicht gefüllt. Maulöffnung vorne positioniert, Unterkiefer können bewegt werden, Brustflossen sind groß, haben aber noch keine Flossenstrahlen. Die Larven beginnen horizontal zu schwimmen.

4.) **Dritter Tag nach Schlupf:** 8,0-8,5 mm lang. Dottersack fast ganz absorbiert, Schwimmblase mit Gas gefüllt, Körper im Bereich der Schwimmblase leicht gekrümmt, viele Farbpigmente erscheinen am Körper, Kiemenreusendornen konisch, Verdauungstrakt gerade. Die Brütlinge beginnen kleine Nährtiere (Zooplankton) zu fressen.

5.) **Vierter Tag nach Schlupf:** 8,5-9,5 mm lang. Dottersack komplett aufgezehrt. Flossenstrahlen der Schwanzflosse und dornige Schlundzähne entwickeln sich.

6.) **Siebter Tag nach Schlupf:** 12,0-13,5 mm lang. Bauchflossen erscheinen, Flossenstrahlen der Rücken- und Afterflosse entwickeln sich, Schwanzflosse gabelt sich. Schwimmblase teilt sich in eine vordere, runde und hintere, ovale Kammer. Kiemenreusendornen werden zahlreicher, erste Windung erscheint im vorderen Teil des Verdauungstraktes.

7.) **Zehnter Tag nach Schlupf:** 17-19 mm lang. Alle Flossen außer Bauchflossen sind gut entwickelt, die Flossenstrahlen der Schwanzflosse segmentieren sich. Die Brütlinge schwimmen aktiv und gut.

8.) **Dreizehnter Tag nach Schlupf:** 23-25 mm lang. Alle Flossen vollständig entwickelt, Kiemenreusendornen gut entwickelt, erste Schuppen erscheinen. Das Nahrungsverhalten der Brütlinge nähert sich dem der adulten Fische an.

9.) **Siebzehnter Tag nach Schlupf:** 27-30 mm lang. Die juvenilen Fische sind nun in innerlicher Struktur und äußerlicher Erscheinung den adulten Fischen sehr ähnlich.

Feinde

Die häufigsten Feinde der Cypriniden in Europa:

***TELEOSTEI* (Knochenfische):**

Acipenseridae (Störe)
Anguillidae (Aale)
Cyprinidae (Karpfen)
Esocidae (Hechte)
Percidae (Barsche)
Siluridae (Welse)

***AVES* (Vögel):**

Alcedo atthis (Eisvogel)
Ardea cinerea (Graureiher)
Aythya fuligula (Reiherente)
Botaurus stellaris (Rohrdommel)
Ciconia ciconia (Weißstorch)
Cinclus cinclus (Wasseramsel)
Haliaeetus albicilla (Seeadler)
Larus ridibundus (Lachmöwe)
Mergus merganser (Gänsesäger)
Pandion haliaetus (Fischadler)
Pelecanus onocrotalus (Rosapelikan)
Phalacrocorax carbo (Kormoran)
Podiceps cristatus (Haubentaucher)
Sterna hirundo (Flußseeschwalbe)
Tachybaptus ruficollis (Zwergtaucher)

***MAMALIA* (Säugetiere):**

Lutra lutra (Fischotter)
Neomys fodiens (Wasserspitzmaus)
Ondatra zebethicus (Bisamratte)
Phoca vitulina (Seehund)
Putorius putorius (Iltis)
Rattus norvegicus (Wanderratte)

***REPTILIA* (Reptilien):**

Tropidonotus natrix (Ringelnatter)

***AMPHIBIA* (Amphibien):**

Rana esculenta (Wasserfrosch)

***INSECTA* (Insekten):**

Corixa punctata (Ruderwanze)
Dytiscus latissimus (Breitrandkäfer)
Dytiscus marginalis (Gelbrandkäfer)
Hydrometra lacustris (Wasserläufer)
Notonecta glauca (Rückenschwimmer)

Wie viele Lebewesen, spielen auch die Karpfenfische für einige Tierarten zumindest zeitweise eine wesentliche Rolle für deren Ernährung. Meist werden die Populationen dabei aber nicht beeinträchtig. Neben einigen Fischen und Insektenlarven sind auch wasserbezogen lebende Vögel und Säugetiere Feinde und können in den vom Menschen veränderten Lebensräumen, sowie in Teichanlagen hohe Verluste und Schäden verursachen. Viele fischfressende Tierarten treten aber ohnedies eher selten auf und sind gefährdet oder geschützt.
Aufgrund der Auswirkungen auf die Fischbestände gelten heute Kormorane als die stärksten Fischfeinde. Sie verursachen durch ihre starke Zunahme seit den 1980er Jahren meist im Herbst und Winter hohe Fischverluste in Flüssen und Teichen. Seit den 2000er Jahren wurde der Bestand an Kormoranen in Europa auf über 1 Mio. Stück geschätzt. Der durch Speiballenanalysen ermittelte Nahrungsbedarf wildlebender Kormorane beträgt rund 0,5 kg Fisch/Tag. Diese Vögel haben ein Beutespektrum an Fischgewichten von 1-900 g. Der Aktionsradius zwischen Schlafplatz und Nahrungsgewässer kann bis zu 40 km betragen. Neben den direkten Verlusten durch Verzehr, verursachen die Vögel vor allem in Teichen aber auch indirekte Schäden durch Bissverletzungen und Scheuchstress auf.
Eine wirksame Abwehrmethode gegen Vögel ist die Überspannung der Teiche mit Netzen oder Drähten im Abstand von 10-20 cm. Dies ist jedoch meist nur bei kleinen Teichen möglich. Leider gewöhnen sich die Vögel auch oft sehr rasch an Störungen. Während des Ablassens eines Teiches bewährt sich jedoch eine akustische und optische Vergrämung (Schreckschussattrappen, Feuerwerkskörper, Greifvogelattrappen, Windscheuchen). Akustische Scheuchen haben aber in der Regel eine geringere Wirkung als optische. Die Kombination mehrerer Methoden und der Wechsel des Standortes ist dabei meist am wirkungsvollsten. Eine Verscheuchung sollte schon in den frühen Morgenstunden wirksam sein und vor allem erfolgen bevor die Vögel das fragliche Gewässer als gute Nahrungsquelle kennen lernen können. Die Anwesenheit von Menschen ist oft die beste Abwehrmaßnahme. Ein begrenzter Abschuss der Vögel zur Vergrämung ist in vielen Ländern allerdings genehmigungspflichtig. Als alternativer Schutz gegen Kormorane kann der Einbau von Unterstände in der Form von oben abgeschatteten Käfigen (z.B.: 2x2 bis 5x5 m) dienen, die mindestens 5 % der Gewässerfläche bedecken sollten, wodurch sich Anzahl, Fangrate und Erfolg der Kormorane um 50-80 % verringern lassen. In natürlichen Gewässern kann als Unterstand auch das Einbringen von Totholz in Form von Knickbäumen dienen.

Kormoran (*Phalacrocorax carbo*) und Graureiher (*Ardea cinerea*). (Foto: M. Hochleithner)

In Teichen können auch Otter, vor allem im Winter, erhebliche Schäden verursachen. Dabei nimmt der Schaden je Hektar mit der Teichgröße ab, der Schaden je Teich jedoch zu. Weiters können Ratten (Bisam- und Wanderratten) in Teichanlagen vor allem während des Winters Fischverluste verursachen und wie auch der Biber, durch ihre Wühltätigkeit im Sommer die Dämme zerstören. Zum Abhalten von Otter und Biber eignet sich die Einzäunung von Teichen mit Elektrozäunen, die mindestens 50 cm hoch sein müssen und etwa alle 10-15 cm einen stromführenden Draht haben sollten. Ratten können relativ gut mit Greiffallen oder Drahtreusen, die für Wanderratten mit einem Stück eines Fisches, bzw. für Bisamratten vorzugsweise mit einem Stück eines stark duftenden Apfels beködert sind, gefangen werden.

Wasserkäfer und -wanzen, die vor allem Brütlingen gefährlich werden, können mit Lichtfallen die 5-10 m vom Ufer entfernt unter Wasser installiert sind, relativ einfach über Nacht gefangen werden. Zur Vorbeugung gegen hohe Insektenbestände helfen eine gründliche Kalkung der Teiche nach dem Abfischen, sowie ein Anstauen der Teiche erst 10-14 Tage vor dem Besatz mit Fischen.

Krankheiten

Die häufigsten Parasiten der Cypriniden in Europa:

(Nach: Bănărescu et al., 1999-2003; Kirjušina et Vismanis, 2007; Reichenbach-Klinke et al., 1980; Reimer, 2005; Steffens et al., 1981)

PROTOZOA (Einzeller)

Parasit	Wirt
CILIATA **(Wimpertierchen):**	
Amphilepus branchiarum, A. macrostoma	Ab Al As Ct Cy Go Le
Apiosoma campanulatum, A. matthesi, A. nasale,	Al Ca Cy Go Le Ti
A. piscicolum, A. poteriforme	- " -
Balantidium ctenopharyngodontis	Ct
Chilodonella hexasticha, C. piscicola	Ab As Ba Ca Ct Cy
- " -	Le Rh Ti
Epistylis lwoffi	Ct Cy
Glossatella amoebae, G. carpelli, G. cylindriformis, G. doliaris,	Al Ca Ct Cy Go Le Rh
G. magna, G. minuta, G. nasalis, G. piscicola	Ru Sc
Ichthyophthirius multifiliis	Ab Al Ba Ca Ct Cy Le
- " -	Rh Ru Sc Ti
Scyphidia doliaris	Cy
Tetrahymena pyriformis	Ab Ct Cy
Trichodina acuta, T. domerguei, T. fultoni, T. intermedia,	Ab Al Ca Ct Cy Ba Go
T. janovice, T. meridonalis, T. modesta, T. mutabilis, T. nigra,	Le Ph Rh Ru Sc Ti Vi
T. nobilis, T. ovaliformis, T. pediculus, T. polycirra, T. rectangli,	- " -
T. reticulata, T. rutili, T. rostrata, T. valkanovi	- " -
Trichodinella epizootica, T. subtilis	Ab Ca Ct Cy Go Rh
- " -	Ru Sc Ti
Tripartiella alburni, T. bulbosa, T. carassii, T. copiosa, T. incissa,	Al Ca Ct Cy Go Le Rh
T. lata	Ru Sc
FLAGELLATA **(Geißeltierchen):**	
Cryptobia abramidis, C. barbi, C. borrelli, C. branchialis,	Ab Ba Ca Cy Ct Rh
C. cyprini, C. indistincta, C. keisseletzi, C. khaibulaerii, C. tincae	Sc Ti
Hexamita sp.	Ct
Ichthyobodo necator	Ab Ba Ca Ct Cy Rh Ti
Spironucleus elegans	Ct Cy
Trypanosoma abramidis, T. barbi, T. bliccae, T. carassii,	Ab As Ba Ca Ch Ct
T. leucisci, T. nikitnii, T. scardinii, T. tincae	Cy Le Ru Sc Ti
Trypanoplasma borelli	Cy
HAPLOSPORA **(Haplotierchen):**	
Dermocystidium cyprini, D. kamilovi, D. kobiakovae	Cy
Sporozoon tincae	Cy Ti
MICROSPORA **(Mikrotierchen):**	
Glugea anomala, G. rhodei	Go Rh
Pleistophora hyphessobryconis, P. longifiliis , P. mirandellae	Ab Ba Ca Go Ph Ru

***MYXOSPORA* (Myxotierchen):**

Chloromyxum barbi, C. cristatum, C. cyprini, C. fluviatile,	Ab Al Ba Ca Ct Cy Rh
C. koi, C. legeri, C. nanum	Ru Ti
Henneguya cutanea, H. doneci, H. zschokkei	Ab Al Ca Cy Vi
Hoferellus carassii, H. cyprini, H. schulmanii	Ca Cy
Myxidium ctenopharyngodontis, M. cuneiforme,	Ab As Ba Ca Ct Cy
M. marcrocapsulare, M. pfeifferi, M. rhodei	Go Le Rh Ru Sc Ti
Myxobilatus legeri	Ab Al Ru
Myxobolus albovae, M. artus, M. baueri, M. bramae,	Ab Al As Ba Ch Ca Ct
M. branchialis, M. carassi, M. chondrostomi, M. cordis,	Cy Go Le Ph Rh Ru
M. crassus, M. cristatus, M. cycloides, M. cyprini,	Sc Ti Vi
M. cyprinicola, M. dendriformes, M. dispar, M. disparoides,	- " -
M. dogieli, M. donecea, M. dujardini, M. ellipsoides,	- " -
M. encephalicus, M. exiguus, M. gigas, M. impressus,	- " -
M. infundibulatus, M. kubanicus, M. lobatus, M. lomi, M. lussi,	- " -
M. macrocapsularis, M. minutus, M. muelleri, M. muelleriformis,	- " -
M. musculi, M. nemachili, M. nemeczeki, M. obesus,	- " -
M. oviformis, M. permagnus, M. pfeifferi, M. physophilus,	- " -
M. pseudorasborae, M. rhodei, M. rotundus, M. rutili,	- " -
M. schulmani, M. squamae, M. thelohanellus, M. votemkhai	- " -
Myxosma acuta, M. branchialis, M. cabedae, M. dujardini,	Ba Ca Cy Le Ru Sc Ti
M. multiplicata, M. sphaerica, M. tisae	- " -
Sphaerospora angulata, S. carassii, S. cyprini, S. molnari,	Ca Ct Cy Ru
S. galinae, S. renicola, S. rota, S. tincae	Cy Le Ti
Thelohanellus dogieli, T. furmanni, T. oculileucisci, T. pyriformis	Ab Ca Ct Cy Le Ru
- " -	Sc Ti
Zschokkella nova	Ab Al Ca Ct Cy Go Le
- " -	Ru Sc Ti Vi

***RHIZOPODA* (Wurzelfüßler):**

Entamoeba ctenopharyngodontis	Ct

***SPOROZOA* (Sporentierchen):**

Eimeria cheisini, E. cylindrospora, E. leucisci, E. minuta,	Ab Al Ba Ca Ct Cy Go
E. mylopharyngodontis, E. pigra,E. rutili, E. scardini,	Le Ph Ru Sc Ti
E. siliculiformis, E. sinensis, E. stankovitchi	- " -
Goussia carpelli, G. cyprinorum, G. subepithelialis	Al Cy Go Rh
Haemogregarina cyprini	Cy Ti

***SUCTORIA* (Sauginfusorien):**

Trichophrya piscicum, T. sinensis	Ct Cy

Abkürzungen:

L. = Larve, Ab = Abramis, Al = Alburnus, As = Aspius, Ba = Barbus, Ca = Carassius, Ch = Chondrostoma, Ct = Ctenopharyngodon, Cy = Cyprinus, Go = Gobio, Hy = Hypophthalmichthys, Le = Leuciscus, Pe = Pelecus, Ph = Phoxinus, Rh = Rhodeus, Ru = Rutilus, Sc = Scardinius, Ti = Tinca, Vi = Vimba;

METAZOA (Vielzeller)

Parasit	Wirt
***CESTODA* (Bandwürmer):**	
Archigetes brachyurus, A. iowensis, A. sieboldi	Ab Ba Cy Go Ti Vi
Bathibothrium rectangulum	Ba
Biacetabulum appendiculatum	Ab As Ba Ct Le
Bothriocephalus acheilognathi, B. opsariichthydis	Ba Ct Cy Go Rh
Brachyurus gobii	Go
Caryophyllaeus brachicola, C. fimbriceps, C. laticeps (L.)	Ab As Ba Ca Cy Le
- " -	Ph Rh Ru Sc Ti Vi
Caryophyllaeides fennica	Ab Al As Ba Ch Cy
- " -	Go Le Ru Sc Ti Vi
Diagramma interrupta (L.)	Ab Ca Cy Rh Ru
Eubothrium crassum	Ba
Khawia baltica, K. dubius, K. japonensis, K. parva, K. rossittensis, K. sinensis	As Ba Ca Ct Cy Go Ti
Ligula intestinalis, L. colymbi (L.)	Ab Al Ba Ca Ct Cy Go
- " -	Le Pe Ph Rh Ru Sc
Markewitschia sagittata	Cy
Monobothrium wageneri	Ba Ti
Neogryporhynchus cheianoristrotus (L.)	Ca Cy Ti
Triaenophorus crassus, T. nodulus, T. lucii (L.)	Ab Al Ba Ca Ct Cy Le
- " -	Ph Vi
Paradilepis scolecina (L.)	Ab Ca Cy Ru Ti
Philometroides sp.	Ba
Proteocephalus osculatus, P. percae, P. torulosus	Ab Al As Ba Cy Go Le
- " -	Ru Sc Ti Vi
Valipora campylancristrota (L.)	Ca Cy Ti
***MONOGENA* (Hakenwürmer):**	
Dactylogyrus achmerowi, D. alatus, D. amphibothrium,	Ab Al As Ba Ca Ch
D. anchoratus, D. arquatus, D. auriculatus, D. baueri,	Ct Cy Go Le Ph Rh
D. bicornis, D. borealis, D. caecus, D. carparum, D. cornoides,	Ru Sc Ti Vi
D. chondrostomi, D. ctenopharyngodontis, D. cordus, D. cornu,	- " -
D. crassus, D. crucifer, D. cryptomeres, D. difformis,	- " -
D. distinguendus, D. dogieli, D. dulkeiti, D. dyki, D. extensus,	- " -
D. falcatus D. falciformis, D. fallax, D. folkmanowae,	- " -
D. formosus, D. fraternus, D. gobii, D. goktchaicus,	- " -
D. grislaginis, D. haplogonus, D. inexpectatus,	- " -
D. intermedius, D. lamellatus, D. macracanthus, D. malleus,	- " -
D. merus, D. micracanthus, D. minor, D. minutus, D. nanoides,	- " -
D. nanus, D. naviculoides, D. parvus, D. petenyi, D. rutili,	- " -
D. propinquus, D. ramulosus, D. robustus, D. similis,	- " -
D. sphyrna, D. suecius, D. tincae, D. tissensis, D. tuba,	- " -
D. vastator, D. vistulae, D. wegeneri, D. wunderi, D. zandti	- " -
Diplozoon gracilis, D. homoion, D. megan, D. nipponicum,	Ab Al As Ba Ch Ct Cy
D. paradoxum, D. pavlovskii (L.)	Go Le Pe Ph Rh Ru
- " -	Sc Ti Vi
Eudiplozoon nipponicum	Ca Cy

Gyrodactylus barbi, G. carassii, G. chinensis, G. cyprini,	Ab Al Ba Ca Ch Ct Cy
G. ctenopharyngodontis, G. decorus, G. derjavini, G. elegans,	Go Hy Le Ph Rh Ru
G. gasterostei, G. gobii, G. gobiensis, G. gracillis, G. hemibarbi,	Sc Ti Vi
G. katharineri, G. kherulensis, G. laevis, G. luhei,	- " -
G. marcrocornis, G. macronychus, G. magnifico, G. malmbergi,	- " -
G. markakulensis,D. medius, G. minimus, G. merkewitschi,	- " -
G. nagibinae, G. nemachili, G. osoblahensis, G. parvicopula,	- " -
G. phoxini, G. prostae, G. rhodei, G. shulmani, G. sprostonae,	- " -
G. stankovici, G. tincae, G. tuba, G. vimbi, G. wageneri	- " -
Paradiplozoon alburni, P. bliccae, P. homoion, P. megan,	Ab Al Ba Ch Cy Go
P. rutili, P. Sapae, P. Tidae, P. zeller	Rh Ru Sc Vi
Pseudacolpenteron pavlovskii	Cy

***TREMATODA* (Saugwürmer):**

Acrolichanus auriculatum	Cy
Allocreadium baueri, A. carparum, A. gobii, A. imitans,	Ab Al As Ba Ca Ch
A. isoporum, A. markewitschi, A. montanum, A. transversale	Cy Go Le Ph Ru Sc Ti
Amurotrema dombrowskajae	Ct
Ancyrocephalus subaequalis	Ct
Apharyngostrigea cornu (L.)	Ab Al Ch Cy Le Ru Sc
Aponurus tschugunovi	Cy
Apophallus muehlingi (L.)	Ab Cy Le Rh Ru Sc
Ascocothyle coelostoma (L.)	Ab As Cy Ru Vi
Aspidogaster curnu, A. limacoides	Ab As Ba Ct Cy Le Ru
- " -	Sc Vi
Asymphylodora carpiae, A. demeli, A. imitans, A. kubanicum,	Ab Al Aa Ca Cy Go Le
A. tincae	Ru Sc Ti Vi
Azygia lucii	As Ti Vi
Bolbophorus confusus (L.)	Ab As Cy Le Ru Sc
Bucephalus polymorphus (L.)	Ab Al As Ba Ca Cy
- " -	Go Le Ru Sc Ti Vi
Bunodera luciopercae	Cy Le, Ru
Clinostomum complanatum (L.)	Ab Al Ca Ch Le Ru Sc
Conodiplostomum perlatum (L.)	Cy
Cotylurus communis, C. cuculus, C. pileatus (L.)	Ab Al As Ba Ca Ch Ct
- " -	Go Le Ru Sc Ti Vi
Crepidostomum cooperi, C. latum	Cy Sc
Crowcrocoecum skrjabini	Ab Al As Ba Ch Go Le
- " -	Sc Ti
Cyathocotyle sp. (L.)	Ab Al Ru
Diplostomum indistictum, D. macrostomum, D. mergi,	Ab Al As Ba Ca Ch Ct
D. paraspathaceum, D. phoxini, D. rutili, D. spathaceum (L.)	Cy Go Le Pe Ph Rh
- " -	Ru Sc Ti Vi
Diplozoon paradoxum	Ba
Echinochasmus perfoliatus (L.)	Ab As Cy Go Le Rh
- " -	Sc
Hysteromorpha triloba (L.)	Ab As Ca Cy Le Ru
- " -	Sc Ti
Ichthyocotylurus pileatus, I. platycephalus, I. varigatus (L.)	Ab Al Ca Cy Go Le
- " -	Ru Sc Ti Vi
Isoparorchis hypselobagri (L.)	Go
Mesorchic denticulatus (L.)	Le

Mesostephanus appendiculatus (L.)	Ab
Metagonimus takahaschi, M. yokogawai (L.)	Ab Al As Ba Ca Ct Cy
- " -	Go Le Ph Rh Ru Sc V
Metorchis albidus, M. intermedius, M. xanthosomus (L.)	Ab Al Ch Ru
Neascusticola sp.	Ba
Neodiplostomum perlatum, N. pseudattenatus (L.)	Ab Ca Cy Rh Sc Ti
Nicolla skrijabini, N. testiobliqua	Ba Cy Go
Opisthorchis felineus, O. sinensis (L.)	Ab Al As Ba Ca Ch Ct
- " -	Cy Le Ru Sc Ti
Orientotrema cyprini	Cy
Ornithodiplostomum ptychocheilus, O. scardinii (L.)	Ab Cy Ru Sc Ti
Palaeorchis incognitus, P. unicus	Al Ba Le Ru Sc
Paracoenogonimus ovatus (L.)	Ab Al As Ca Go Le
- " -	Rh Ru Sc Ti Vi
Parascocotyle longa (L.)	Ba Sc
Parasymphylodora markewitschi	Cy Sc
Phyllodistomum elongatum, P. folium, P. pseudofolium	Ab Al As Ba Ca Ch Cy
- " -	Go Le Rh Ru Sc Ti Vi
Plagioporus angusticolle	Al Le
Posthodiplostomum brevicaudatum, P. cuticola,	Ab Ba Ca Ch Ct Cy G
P. minimum (L.)	Hy Le Rh Ru Sc Ti Vi
Pseudamphistomum truncatum (L.)	Ab Ru Sc
Pseudochetostoma leucisci, P. salmonicola	Al Ba Go
Pygidiopsis genata (L.)	Sc
Rhipidocotyle campanula, R. illense (L.)	Ab Al Ba Cy Go Le Ph
- " -	Rh
Rossicotrema donicum (L.)	Al Sc
Sanguinicola armata, S. inermis, S. intermedia,	Al Ca Cy Le Ti
S. volgensis	- " -
Sphaerostoma bramae, S. majus	Ab Al As Ca Ch Cy Le
- " -	Ph Rh Ru Ti Vi
Sphaerostomum bramae, S. globiporum	Ab Al Le Ru Sc Vi
Tetracotyle echinata, T. sogdiana (L.)	Ab Ca Ct Cy Le Ph
- " -	Ru Vi
Tylodelphys clavata (L.)	Ab Al Ba Cy Le Rh Ru
- " -	Sc Ti

***NEMATODA* (Fadenwürmer):**

Agamonema sp. (L.)	Rh
Agamospirura sp. (L.)	Ca Cy Go
Anguillicola crassus (L.)	Cy
Anisakis sp. (L.)	As Cy Sc Ti Vi
Camallanus cotti, C. lacustris, C. truncatus	Ab As Ba Cy Go Le
Capillaria brevispicula, C. catenata, C. eupomotis, C. leucisci,	Ab As Ba Ca Ct Cy
C. petruschewskii, C. tomentosa	Go Le Ph Ru Sc
Contracaecum bidentatum, C. micropapillatum,	Ab Al As Ba Ca Cy
C. multipapillatum, C. phoxini, C. rudolphi, C. squalii (L.)	Go Le Ph Ru Sc Ti
Cucullanus cyprini, C. dogieli, C. herochronus	Ab Al As Ba Ch Cy Le
- " -	Ru Sc Vi
Cystedicoloides ephemeridarium	Ba
Cystidicola farionis	Le
Desmidocerella numidica (L.)	Ab Ru Sc Ti

Desportesius brevicaudatus (L.)	Cy
Eustrongylides excisus, E. mergorum (L.)	As Cy Go Le
Filochona sulaki	Ba
Gnathostoma hispidum, G. spinigerum (L.)	As Cy Le Ru Sc
Ichthyobronema gnedini	As Le Ti
Philometra abdominalis P. intestinalis, P. ovata, P. rischta	Ab Al As Ca Ch Ct Go
P. sanguinea	Le Ph Ru Sc Vi
Philometroides cyprini, P. lusii	Ct Cy
Porrocaecum reticulatum (L.)	As Cy Vi
Pseudocapillaria tomentosa	Ab Ch Cy Le Vi
Rhabdochona acuminata, R. denudata, R. filamentosa,	Ab Al As Ba Ct Cy Go
R. gnedini R. hellichi	Le Ph Rh Ru Sc
Rhaphidascaris acus (L.)	Ab Al As Ba Ca Ch Cy
- " -	Go Le Ph Ru Sc Ti Vi
Schulmanela petruschewskii	Ba Cy Rh Vi
Skrjabillanus cyprini, S. tincae	Cy Ti
Spinitectus gracilis	Al Cy
Spiroxys contorus (L.)	Cy Ct
Syncuaria squamata (L.)	Cy

***ACANTHOCEPHALA* (Kratzer):**

Acanthocephalus anguillae, A. lucii	Ab Al As Ba Ca Cy G
- " -	Le Pe Ph Ru Sc Ti Vi
Corynosoma semerme, C. strumosum (L.)	Ab As Cy Le Ru, Sc Ti
Echinorhynchus gadi	Ab Le Vi
Leptorhynchoides thecatus	Cy
Metechinorhynchus salmonis, M. truttae	Ab Ba Le Ru Sc Vi
Neoechinorhynchus rutili	Ab Al As Ba Ca Ch Cy
- " -	Go Le Ph Ru Sc Ti
Neogryporhynchus chelancristotus	Ba
Paracanthocephalus curtus, P. gracilacanthus, P. tenuirostris	Ca Cy Ti
Pomphorhynchus bosniacus, P. laevis.	Ab Al As Ba Ca Ch Cy
- " -	Go Le Ph Rh Ru Sc Ti
Pseudoechinorhynchus clavula	Cy Go Le Ru
Tracheliaster polypus	Ba

***HIRUDINA* (Egel):**

Caspiobdella fadejewi	Ba Cy
Cystobranchus respirans	Ba Ch Cy Rh Vi
Hemiclepsis marginata	Ba Ca Cy
Ichthyobdella sp.	Ba
Limnotrachobdella turkestanica	Cy
Piscicola fadejewi, P. geometra	Ab Al As Ba Ca Ct Cy
- " -	Le Rh Sc Ti
Phagicola longa	Ba
Placobdella montifera	Cy
Trachelobdella sinensis	Ca Cy

***LINGUATULIDA* (Zungenwürmer):**

Sebekia oxycephala	Ct

***CRUSTACEA* (Krebstiere):**

Argulus coregoni, A. foliaceus	Ab Al Ba Ca Ch Ct Cy
- " -	Go Le Rh Ru Sc Ti
Caligus lacustris	Ab Al As Ba Ct Cy Le
- " -	Ru Sc Vi
Ergasilus briani, E. foliaceus, E. sieboldi, E. tissesis, E. tumidus	Ab Al As Ba Ca Ch Cy
- " -	Go Le Ph Rh Ru Sc Ti
Lamproglena pulchella	Ab Al As Ba Ch Cy Le
- " -	Rh Ru Sc
Lernaea ctenopharyngodontis, L. cyprinacea, L. elegans,	Ab As Ba Ca Ch Ct
L. esocina, L. Phoxinacea, L. quadrinucifera	Cy Le Ph Rh Ru Sc Ti
Neoergasilus japonicus, N. longispinosus	Ca Ct Go
Paraergasilus brevidigitus, P. longidigitus, P. medius, P. rylovi	Ca, Ct Cy Rh
Sinergasilus lieni, S. major, S. undulatus	Ca Ct Cy
Tracheliastes maculatus, T. polycolpus	Ab Ba Ch Cy Go Le
- " -	Ph Rh Ru

***ARACHNIDA* (Spinnentiere):**

Arrenurus sp. (L.)	Ab Ru
Eylais hamata (L.)	Ab Cy Ru
Hydrachna geographica (L.)	Ab Cy Ru
Hydrophantes ruber (L.)	Ab Cy

***BIVALVIA* (Muscheln):**

Anodonta cygnea (L.)	Ab Al Ca Ch Cy Go
- " -	Le Ph Rh Ru Sc Ti
Pseudanodonta kletti (L.)	Ph Ru
Unio pictorum, U. rostratus, U. tumidus (L.)	As Ba Ch Cy Go Le
- " -	Ph Rh Ru Sc Ti Vi

***FUNGI* (Pilze):**

Achlya flagellata	Cy
Branchiomyces demigrans, B. sanguinis	Al, Ca Ct Cy Sc Ti
Ichthyochytrium vulgare	Ab Cy Ti
Ichthyophonus hoferi	Ca Rh
Saprolegnia ferax, S. mixta, S. moica, S. parasitica	Ab Ba Ct Cy Ru Ti Vi

Abkürzungen:

L. = Larve, Ab = Abramis, Al = Alburnus, As = Aspius, Ba = Barbus, Ca = Carassius, Ch = Chondrostoma, Ct = Ctenopharyngodon, Cy = Cyprinus, Go = Gobio, Hy = Hypophthalmichthys, Le = Leuciscus, Pe = Pelecus, Ph = Phoxinus, Rh = Rhodeus, Ru = Rutilus, Sc = Scardinius, Ti = Tinca, Vi = Vimba;

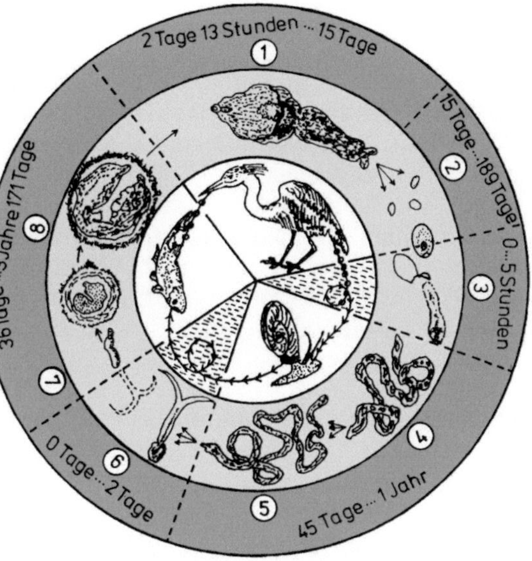

Entwicklungszyklus von *Posthodiplostomum cuticola.* (Nach: Dönges in Fuhrmann, 1979)

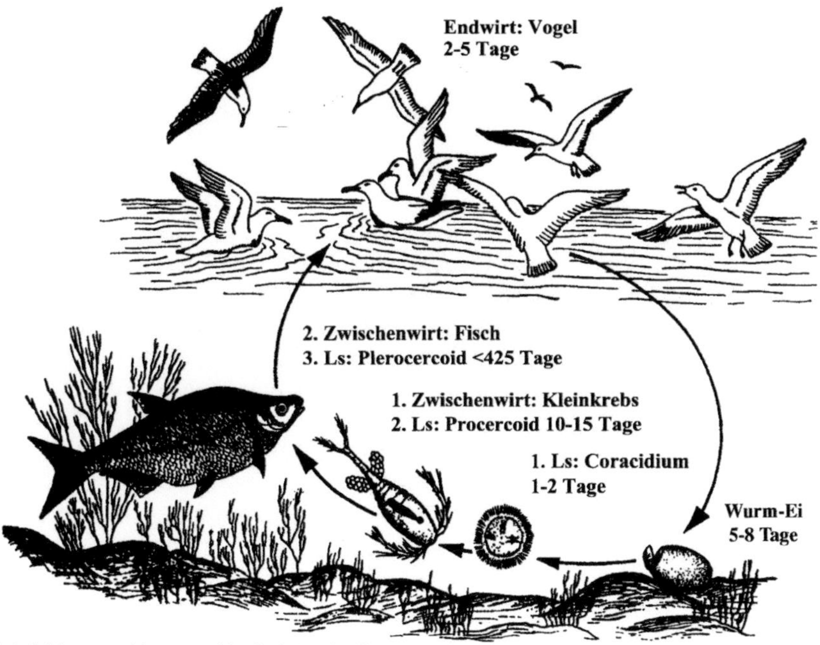

Entwicklungszyklus von *Ligula intestinalis.* (Nach: Dubinina in Schabuss et al., 2004)

KREBSE (Parasitosen)

Ergasilus sp., Neoergasilus sp. und *Lernea sp.* sind Hüpferlinge (Copepoda) bei denen die Männchen nach der Kopulation absterben und nur die größeren bis 1,0-2,0 mm langen Weibchen mit etwa 0,5-1,0 mm langen Eiersäckchen parasitisch sind. Sie befallen die Kiemen oder Haut, ernähren sich von Epithelgewebe und Blut und legen bis zu 200 Eier aus denen ab April die Nauplien schlüpfen. Nach mehreren Häutungen schlüpfen Copepodite und nach weiteren Häutungen die Adulten. Unter günstigen Wassertemperaturen (über 15 °C) können so in einem Sommer bis zu mehrere Generationen schlüpfen und bis zu mehreren Tausend Parasiten an einem Fisch gefunden werden. Die befallenen Fische (vor allem Schleien und Brachsen) werden krankheitsanfällig, magern ab und können bei starkem Befall eingehen. Zur Bekämpfung eignet sich eine 5-minütige Behandlung mit Kaliumpermanganat (5 ppm) oder Masoten bzw. Trichlorphon (2 %).

Argulus sp. sind Fischläuse (Branchiura) die horizontal abgeflacht und bis zu 1 cm groß werden, und an zahlreichen Süß- und Meeresfischen vorkommen können. Ihre Mundwerkzeuge sind angepasst, wobei die beiden Maxillenpaare Haftklauen oder Saugnäpfe zum Festklammern an der Haut oder Flossen des Wirts bilden, Ober- und Unterlippe bilden mit den Mandibeln ein Rohr, mit dem diese Krebstiere Blut saugen. Die Antennen sind sehr kurz, die ersten können zurückgebildet sein. Der Thorax trägt vier Beinpaare, beim Männchen sind am vorletzten und letzten Beinpaar komplizierte Begattungsorgane ausgebildet. Die Eier der Krebstiere werden, ab einer Wassertemperatur von 8 °C, in Streifen an Wasserpflanzen oder Steinen festgeklebt. Nach etwa 4 Wochen schlüpfen die Jungtiere, die umherschwimmen und einen Wirt suchen an dem sie 4-6 Wochen Blut saugen um geschlechtsreif zu werden und sich dann von Wirt lösen. Durch den Blutentzug können sie die Fische schwächen, und durch die offenen Wunden bilden sich oft Eintrittspforten für andere Infektionen. Zur Bekämpfung eignet sich eine Behandlung mit Neguvon bzw. Trichlorphon (2 % für 5 Minuten oder 0,25 ppm für 12 Stunden).

WÜRMER (Helminthosen)

Bothriocephalus sp. und *Khawia sp.* sind gegliederte bzw. ungegliederte Bandwürmer die eine Breite bis zu 5 mm und eine Länge bis zu 30 cm erreichen können. Die Eier der Parasiten werden mit dem Kot ins Wasser abgegeben, als Zwischenwirte dienen Copepoden bzw. Oligochaeten. Der adulte Bandwurm parasitiert im Darm verschiedener Süßwasserfische und schädigt bei Massenauftreten seinen Wirt durch Nahrungsentzug und Darmentzündung, was zu Abmagerungen und vor allem bei Jungfischen zu hohen Verlusten bis 80 % führen kann. Eine Behandlung ist mit der Verfütterung von Mansonil bzw. Di-n-Butylzinnoxid von 0,1-0,3 g/kg Fischmasse für 1-3 Tage möglich. Die Unterbrechung des Entwicklungskreislaufes und eine Abtötung der Zwischenwirte ist mit 0,25 ppm Masoten bei Temperaturen über 12 °C bzw. dem Ausbringen von 1.000-2.000 kg Chlorkalk je ha auf den Teichboden vor dem Besatz, möglich.

Diagramma interrupta und *Ligula intestinalis* sind Bandwürmer die bei starkem Befall auch Schäden verursachen können. Endwirte sind fischfressende Vögel (Säger, Taucher, Reiher, Möwen) in denen der Parasit im Darm geschlechtsreif wird. Die Eier gelangen mit dem Kot ins Wasser wo im Bodenschlamm die bewimperte Flimmerlarve frei wird. Erste Zwischenwirte sind Hüpferlinge (*Cyclops sp., Diaptomus sp.*) in denen eine ungegliederte Larvenform (Procercoid) entsteht. Zweite Zwischenwirte sind verschiedene Cypriniden, aber auch andere Fische in dessen Bauchhöhle sich das äußerlich gegliederte bis zu 1 m lange Plerocercoid einnistet, wodurch es zu Schwimmstörungen und selbst zur Kastration kommen kann. Eine Reduzierung der befallenen Fische ist mit dem Besatz von Raubfischen (Salmoniden, Perciden, Siluriden) relativ einfach und erfolgreich möglich.

Echinochasmus sp. und *Metagonimus sp.* sowie *Opisthorchis sp.* sind Saugwürmer die in Europa und Asien vorkommen und in der Leber des Endwirts (Hund oder Katze) leben. Auch andere Säugetiere und der Mensch kann sich durch den Verzehr von rohem Fischfleisch das die Metacercarien dieser Leberegel beinhaltet infizieren, wobei sich die Parasiten im Ersatzwirt nicht selten im Zwölffingerdarm oder den Gallengängen der Leber befinden. Als erster Zwischenwirt dienen Deckelschnecken (*Bulimus sp., Melanoides sp., Fagotia sp.*), als zweiter verschiedene Cypriniden.

Diplostomum sp. sind Saugwürmer welche zur Trübung der Linse und bei starkem Befall zur Erblindung der Fische führen können. Endwirte sind Wasservögel (Möwen, Pelikane), von denen die Eier mit dem Kot ins Wasser gelangen, woraus bewimperte Larven (Miracidium) schlüpfen, die aktiv in Wasserschnecken (*Lymnea sp., Radix sp.*) eindringen und sich dort in Sporozysten verwandeln. In der Leber der Schnecke entwickelt sich aus der Sporozyste eine Zerkarie, die die Schnecke verlässt und aktiv - durch die Augen, Kiemen oder Haut - in einen Fisch eindringt. Wird nun ein mit Metazerkarien infizierter Fisch von einem Vogel gefressen, so werden diese in ihm geschlechtsreif. Mit einem Besatz von 20-50 Stück/ha an Muschelkarpfen (*Mylopharygodon piceus*) können die ersten Zwischenwirte des Parasiten (Schnecken) erfolgreich reduziert und so der Kreislauf unterbrochen werden.

Acanthocephalus sp. und *Metechinorhynchus sp.* sowie *Neoechinorhynchus sp.* sind Kratzer die bis zu 10-20 mm lang werden und sich mit ihrem stacheltragenden Rüssel im Darm von Fischen verankern und durch den starken Befall von bis zu über 300 Parasiten ihren Wirt schädigen können. Aus den ausgeschiedenen, schwebenden Eiern entstehen stacheltragende Larven (Acanthella), die einen Zwischenwirt (Bachflohkrebs, Wasserassel oder Schlammfliege) aufsuchen in dem sie vom Darm in die Leibeshöhle wandern und dort bis zur Übertragung in den Endwirt ein Ruhestadium verbringen. Für die Bekämpfung eignet sich neben der regelmäßigen Trockenlegung und Kalkung der Teiche eine Verfütterung von Di-n-Butylzinnoxid von 25 g/100 kg Futter für 2-mal während 4 Tagen.

Gyrodactylus sp. und *Dactylogyrus sp.* sind monogene Hakenwürmer die bis zu 1 mm lang werden und sich mit Hilfe von Saugnäpfen und Haken meist an die Haut oder Kiemen von Cypriniden, aber auch vielen anderen Fischen heften. Sie sind Zwitter und ernähren sich vom Blut und Epithelgewebe ihres Wirtes, an das sie durch schabende oder saugende Tätigkeit gelangen. Bei starkem Befall können auch Schädigungen auftreten, vor allem bei Jung- und Zierfischen. Für eine Kurzzeitbehandlung hat sich Kochsalz (NaCl 2,5 % für 15 Minuten) oder Formalin 36%ig (1000 ppm für 15 Minuten oder 300 ppm für 1 Stunde) und für eine Langzeitbehandlung hat sich Formalin 36%ig (20 ppm für 24 Stunden) oder Kaliumpermanganat (0,2 % für 24 Stunden) gut bewährt. Für die Desinfektion nach dem Abfischen müssen die Teiche mindestens 1 Woche gut trockenliegen, oder ist vor dem Besatz das Ausbringen von 5.000 kg Chlorkalk je ha nötig.

EINZELLER (Protozoosen)

Eimeria sp. sind Sporentierchen die bei Karpfen und andere Cypriniden eine Kokzidiose hervorrufen. Schizogonie und Sporenbildung erfolgt im Darm des Wirtsfisches. Die runden bis ovalen Oozysten der Erreger sind 8-17 µm und die Sporozyten 6,5-8,5 µm groß. Die Symptome sind 1-3 mm große weiße Knötchen oder Schleimhautentzündung im Darm und Abmagerung. Verluste sind vor allem bei juvenilen Fischen im Frühjahr und Herbst häufig, ältere Fische können aber Keimträger sein. Eine Behandlung ist durch die Verfütterung von 30 mg Furoxon je kg Fischmasse über 3-5 Tage und anschließend eventuell 1-3 Wiederholungen möglich. Für die Teichdesinfektion nach der Abfischung ist das Ausbringen von 1.000 kg Chlorkalk oder 3.000 kg Branntkalk je ha nötig. Eine Abtötung der Sporen im trockenen Teich ist auch bei Temperaturen von -5 bis -10 °C erfolgreich.

Chilodonella sp. sind herz- oder blattförmige, holotriche Wimpertierchen mit einer Breite von 20-40 µm und einer Länge von 30-70 µm die bei verschiedenen Fischarten und allen Wassertemperaturen vorkommen können. Die Parasiten ernähren sich vermutlich von geschädigten Epithelzellen der Haut und Kiemen, wobei es zu einer weiteren Zerstörung der Oberhaut und des Kiemenepithels kommt. Als Schwächeparasiten können sie vor allem während der Winterung hohe Verluste bei Satzkarpfen verursachen. Als Symptome treten oft weißlich-graue pockenartige Beläge bevorzugt zwischen Kopf und Rückenflosse auf, wobei sich im weiteren Verlauf die Haut in Fetzen ablösen kann. Eine Behandlung ist mit 36 %igem Formalin (200-300 ppm) oder Kochsalz (NaCl 1,0-1,5 %) für 30-60 Minuten möglich.

Trichodina sp. und *Trichodinella sp.* sind runde oder glockenförmige, peritriche Wimpertierchen mit einem Durchmesser von 25-75 µm die bei verschiedenen Fischarten und allen Wassertemperaturen vorkommen können. Die Parasiten ernähren sich von Epithelzellen der Haut und Kiemen, wobei sie die Wirtszellen mit ihrem behakten Wimpernkranz schädigen. Als Schwächeparasiten können sie das ganze Jahr über hohe Verluste, vor allem bei Jung- und Zierfischen verursachen. Als Symptome treten oft gräulich-blaue Beläge bevorzugt an der Haut und an den Flossen auf, wobei sich im weiteren Verlauf die Flossen ausfransen und die Kiemenepithele stark zerstört werden können. Eine Behandlung ist mit 36 %igem Formalin (200-300 ppm) oder Kochsalz (NaCl 1,0-1,5 %) für 30-60 Minuten möglich.

PILZE (Mykosen)

Fischschimmel an Eiern, sowie Fischen (Haut, Kiemen, Maul, Flossen) kann bei allen Fischarten und Wassertemperaturen auftreten. Die ubiquitären Erreger sind Pilze (*Saprolegnia sp., Achlya sp.*) die Hyphen und ein reich verzweigtes Mycel in einer Breite bis zu 20 µm besitzen. Bei der Infektion dringen zweigeisselige Schwärmsporen in die bereits verletzte Oberhaut ein, kapseln sich vorübergehend ab und bilden aus diesem Zwischenstadium neue Pilzschläuche, die auch in tiefere Gewebeschichten eindringen können und dadurch starke Schäden verursachen. Im Anfangsstadium scheuern sich die Fische, danach treten an den erkrankten Körperstellen sichtbare weißliche watteartige Pilzrasen auf. Organische Wasserbelastung und Wassertemperaturen von über 10 °C begünstigen die Entwicklung von Saprolegnia, saures und kalkarmes Wasser dagegen hemmt. Eine Prophylaxe ist mit 36 %igem Formalin (200-300 ppm) für 15-30 Minuten oder Detarox (20-25 ppm) für 30-60 Minuten möglich.

Kiemenfäule tritt vor allem bei starker organischer Belastung und Wassertemperaturen über 20 °C bei vielen Fischarten auf. Die Erreger sind Algenpilze (*Branchiomyces sp.*). Die Infektion erfolgt mit Sporen über die Kiemen die dort die Kapillaren und Arterien bis zum Zerreißen auftreiben. Als Folge der Ephithelwucherungen und Blutstauungen treten Schwellungen und meist rotbraune Verfärbungen der Kiemen auf. Der Verlauf ist durch die unzureichende Sauerstoffversorgung meist schnell (bis zu 5 Tage) und es können Verluste von 10-50 % auftreten. Eine Kurzzeitbehandlung für 10-30 Minuten ist mit 100 ppm Kupfersulfat möglich. Zur Prophylaxe werden etwa 1,5 kg Kupfersulfat ($CuSO_4$) oder 200 kg Branntkalk (CaO) bzw. 300 kg Hydratkalk ($Ca[OH]_2$) je ha und SBV verwendet, die auf 30-90 % der Gewässerfläche aufgebracht werden. Zu beachten ist, dass die Toxizität von Kupfersulfat bzw. Kupfervitriol (ca. 25 % Kupfer) vom Kalkgehalt (Karbonathärte bzw. SBV) des Wassers abhängig ist. Der Gehalt an Kupfer darf dabei 0,1 mg/l nicht übersteigen, da höhere Konzentrationen, bei langfristiger Einwirkung, fischgiftig sind.

BAKTERIEN (Bakteriosen)

Aeromonas hydrophila der Erreger der Fleckenseuche tritt meist als Sekundärinfektion auf und ihre Pathogenität beruht auf der Fähigkeit, Toxine zu bilden. Oft zeigen die befallenen Fische rote Flecken oder flächige Geschwüre auf der Haut und magern auch stark ab. Diese ubiquitären Wasserbakterien gehören zur natürlichen Bakterienflora der Süßwasserfische, deren Anzahl in engem Zusammenhang mit der organischen Belastung des Wassers steht. Ein ausreichender Energiegehalt der Satzkarpfen (über 7 MJ/kg) im Herbst, sowie eine Winterfütterung mit Mischfutter, kann die Anfälligkeit und Verluste deutlich reduzieren.

Aeromonas punctata der Erreger der Bauchwassersucht, ein bewegliches eingeiseliges 0,5x1,0 µm großes stabförmiges, gramnegatives Bakterium, kann in Europa vor allem bei Karpfen, aber auch bei anderen Cypriniden, meist nach der Frühlingsvirämie autreten. Die Infektion erfolgt hauptsächlich bei der Nahrungsaufnahme über den Darm, wobei der Erreger durch die Darmschleimhaut in das Blut und die inneren Organe gelangt. Die infizierten Fische zeigen tiefgreifende Geschwüre an Haut und Flossen, mit Verlusten bis etwa 20 %. Eine Behandlung ist mit Antibiotika (besonders Oxytetracyclin oder Chloramphamicol) möglich.

Flexibacter columnaris der Erreger der Flossenfäule, ein flexibles geiselloses 0,5-0,7x4-8 µm großes stabförmiges, gramnegatives Bakterium, tritt meist bei Teichfischen bei einer Wassertemperatur über 15 °C auf. Die Übertragung erfolgt über das Wasser, wobei geschwächte oder verletzte Körperpartien als Eintrittspforte dienen. Die Symptome sind Läsionen auf der Haut, Flossen und Kiemen die sich je nach Fischart zu verschieden großen Nekrosen ausweiten können und dann häufig verpilzen.

VIREN (Virosen)

Rhabdovirus carpio der Erreger der Frühlingsvirämie kann in Eurasien und Nordamerika vor allem bei Karpfen, aber auch bei anderen Cypriniden (wie Silber- Marmor- und Graskarpfen), meist im Frühjahr große Verluste bis 50 % und hohe wirtschaftliche Schäden verursachen. Die 50-70x120-180 nm großen, geschoßförmigen Viren besitzen Einzelstang-RNS deren Aktivitätsoptimum bei 20-22 °C liegt. Infizierte Fische geben das Virus mit dem Kot ins Wasser ab, wo es über 1 Monat infektiös bleibt, gegenüber Säure und Hitze ist es allerdings labil. Bei einer Wassertemperatur von 13 °C beträgt die Inkubationszeit etwa 1 Woche. Bei höheren Wassertemperaturen beträgt die Inkubationszeit länger und dauert bis zu 2 Monate. Infizierte Karpfen zeigen ein unkoordiniertes Schwimmverhalten mit Gleichgewichtsverlust und oftmals nervöse Muskelzuckungen. Typisch sind der durch Aszites aufgeblähte und entzündete Bauch, sowie die Abgabe von Pseudofäzes durch die entzündete Afterpapille. Neben Exophthalmus können Blutungen in Augen, Kiemen und Haut auftreten. Bei der Sektion fallen die ödematisierten Organe mit petechialen Blutungen in Darm, Schwimmblase, Herz und Niere, sowie eventuell in der Muskulatur auf. Krankheitsausbrüche und Verluste können reduziert werden, wenn die Fische bei Wassertemperaturen von über 15 °C gehalten werden.

Herpesvirus cyprini der Erreger der Fischpocken kann in Eurasien bei Cypriniden, zu Wachstumsdepression führen, allerdings kaum Verluste verursachen. Die etwa 140x200 nm großen Viren besitzen Doppelstang-DNS. Die Inkubationszeit kann bis zu 1-2 Jahre betragen. Infizierte Fische zeigen eine Hyperplasie der Oberhautzellen, was Epithelwucherungen sind die als milchige Erhebungen an Flossen und Haut vorkommen können. Die befallenen Fische weisen sonst keine Begleitsymptome auf und der Krankheitsverlauf ist chronisch.

Herpesvirus koi der 170-200 nm große Erreger der Karpfenvirose kann weltweit vor allem im Sommer bei Wassertemperaturen von 18-28 °C, etwa 8-12 Tage nach der Infektion zu hohen Verlusten bis zu 100 % führen, sowohl bei Zier- als auch bei Nutzkarpfen aller Altersklassen. Andere Cypriniden (wie Goldfische oder Graskarpfen) sind bisher nicht betroffen, können jedoch als Überträger auftreten. Die Symptome sind massive Schleimabsonderung und abgestorbene, blutige und blasse, Kiemenpartien, sowie im weiteren Verlauf auch eingefallene Augen. In Mitteleuropa entwickelten viele Karpfenbestände aber eine Immunität.

Adressen

Deutschland:

Fischgesundheitsdienst Bayern, Senator-Gerauerstr. 23, 85586 Poing/Grub
Fischgesundheitsdienst Aulendorf, Löwenbreitestr. 20, 88326 Aulendorf
Fischgesundheitsdienst Stuttgart, Atzenbergstr. 16, 70174 Stuttgart
Fischgesundheitsdienst Freiburg, Am Moosweiher 2, 79108 Freiburg
Fischgesundheitsdienst Heidelberg, Czernyring 22, 69115 Heidelberg
Fischgesundheitsdienst Hessen, Marburgerstr. 54, 35396 Gießen
Fischgesundheitsdienst Nordrhein-Westfalen, Heinsbergerstr. 51, 57399 Kirchhundem
Fischgesundheitsdienst Rheinland-Pfalz, Blücherstr. 34, 56073 Koblenz
Fischgesundheitsdienst Niedersachsen, Eintrachtweg 17, 30173 Hannover
Fischgesundheitsdienst Schleswig-Holstein, Gutenbergstr. 75-77, 24116 Kiel
Fischgesundheitsdienst Sachsen-Anhalt, Haferbreiterweg 132-135, 39576 Stendal
Fischgesundheitsdienst Potsdam, Pappelallee 2, 14469 Potsdam
Fischgesundheitsdienst Sachsen, Berlinerstr. 34, 04105 Leipzig
Fischgesundheitsdienst Cottbus, Schlachthofstr. 18, 03044 Cottbus
Veterinärinstitut Jena, Naumburgerstr. 96, 07743 Jena
Veterinärinstitut Bad Langensalza, Tennstedterstraße, 99947 Bad Langensalza
Fischdiagnostik Mecklenburg-Vorpommern, Eldenburg 71, 17192 Waren/Müritz
Bayer. Landesanstalt für Fischerei, Weilheimerstr. 8a, 82319 Starnberg
Bayer. Landesanstalt für Wasserforschung, Kaulbachstr. 37, 80539 München
Institut für Binnenfischerei, Müggelseedamm 310, 12587 Berlin
Institut für Meereskunde, Düsternbrooker Weg 20, 24105 Kiel
Bundesforschungsanstalt für Fischerei, Palmaille 9, 22767 Hamburg
Fischereiamt Bremen, Fischkai 31, 27572 Bremerhaven

Österreich:

Bundesamt für Wasserwirtschaft, Scharfling 18, 5310 Mondsee
Institut für Fischforschung, Eduard-Bodem-Gasse 5, 6020 Innsbruck
Institut für Fischkunde, Veterinärplatz 1, 1210 Wien
Institut für Hydrobiologie, Max Emanuel-Straße 17, 1180 Wien
Institut für Limnologie, Mondseestraße 5, 5310 Mondsee
Institut für Seenforschung, Kirchengasse 43, 9020 Klagenfurt
Institut für Wassergüte, Marxergasse 2, 1030 Wien

Schweiz:

Zentrum für Fisch- und Wildtiermedizin, Lengass-Str. 122, 3001 Bern
Bundesamt für Umwelt, Worblentalstraße 68, 3003 Bern
Bundesamt für Landwirtschaft, Mattenhofstraße 5, 3003 Bern

Niederlande:

Zentraler Fischgesundheitsdienst, Postfach 65, 8200 Lelystad
Institut für Fischreiforschung, Haringkade 1, 1970 AB Ijmuiden
Organisation zur Verbesserung der Binnenfischerei, Buxtehudelaan 1, 3420 Nieuwegein

Autor:

Fischzuchtmeister Martin Hochleithner, Unterbrunnweg 3, A-6370 Kitzbühel, Österreich
Tel: 05356/71399, Fax: 05356/64870, Mobil: 0664/1048297

Andere Kontinente

In Asien (ausgenommen der Insel Celébes) kommen folgende 222 Gattungen mit etwa 1260 Arten (wobei etwa 10 % der Arten auf die Gattung *Puntius* und 5 % auf die Gattung *Rasbora* entfällt) vor -
Acheilognathinae (Acheilognathini): *Acanthorhodeus, Acheilognathus, Paracheilognathus, Pararhodeus, Pseudoperilampus, Rhodeus, Tanaika.*
Cultrinae (Cultrini): *Anabarilius, Ancherythroculter, Chanodichthys, Culter, Erythroculter, Hainania, Hemiculter, Hemiculturella, Ischikauia, Longiculter, Megalobrama, Parabramis, Paralaubuca, Pelecus, Pseudohemiculter, Pseudolaubuca, Sinibrama, Toxabramis;* (Xenocyprini): *Distoechodon, Hypophthalmichthys, Plagiognathops, Pseudobrama, Xenocypris.*
Cyprininae (Cyprinini): *Barbus, Capoeta, Carassioides, Carassius, Catlocarpio, Cyprinus, Laichowcypris, Naziritor, Neolissochilus, Onychostoma, Oreodaimon, Probarbus, Procypris, Scardinius, Sinocyclocheilus, Spinibarbus, Thynnichthys, Tinca, Tor;* (Labeonini): *Bangana, Barbichthys, Caecocypris, Catla, Cirrhinus, Crossocheilus, Dangila, Discogobio, Epalzeorhynchos, Garra, Gibelion, Hemigrammocapoeta, Hemigarra, Henicorhynchus, Iranocypris, Labeo, Lobocheilus, Mekongina, Neorohita, Osteocheilus, Paracrossocheilus, Parasinilabeo, Parasilorhynchus, Placocheilus, Ptychidio, Rectoris, Typhlogarra, Sinilabeo, Semilabeo, Sinocrossocheilus, Typhlobarbus, Tylognathus;* (Schizothoracini): *Aspiorhynchus, Chuanichia, Diptychus, Gymnodiptychus, Gymnocypris, Herzensteinia, Lepidopygopsis, Luciocyprinus, Oxygymnocypris, Platypharodon, Schizocypris, Schizopyge, Schizopygopsis, Schizothorax, Sinocyclocheilus, Tetrostichodon;* (Semiplotini): *Cyprinion, Kantaka, Onychostoma, Osteochilichthys, Scaphiodonichtys, Semiplotus;* (Squaliobarbini): *Atrilinea, Ctenopharyngodon, Mylopharyngodon, Squaliobarbus;* (Systomini): *Acrossocheilus, Albulichthys, Amblyrhynchichthys, Balantiocheilos, Barbodes, Capoetobrama, Cephalokompsus, Chagunius, Cosmochilus, Cyclocheilichthys, Discherodontus, Folifer, Hampala, Hypselobarbus, Mandibularca, Mystacoleucus, Oreichthys, Osteobrama, Ospatulus, Percocypris, Propuntius, Puntioplites, Puntius, Rohtee, Rohteichthys, Sawbwa, Scaphognathops, Sikukia, Spratellicypris.*
Gobioninae (Gobionini): *Abbottina, Acanthogobius, Belligobio, Biwia, Gobio, Gobiobotia, Hebibarbus, Mesogobio, Microphysogobio, Paracanthobrama, Pseudogobio, Pseudorasbora, Rhinogobio,*

Saurogobio, Squalidus; (Sarcocheilichthyini): *Coreius, Coreoleuciscus, Gnathopogon, Ladislavia, Pungtungia, Pseudopungtungia, Sarcocheilichthys.*

Leuciscinae (Leuciscini): *Chondrostoma, Lagowskiella, Leuciscus, Rutilus, Scardinius, Xenocyprioides;* (Abramini): *Abramis, Acanthobrama, Vimba;* (Alburnini): *Acanthalburnus, Alburnus, Alburnoides, Leucalburnus, Rasborinus;* (Aspini): *Aspiolucius, Aspiopsis, Aspius, Elopichthys, Genghis, Luciobrama, Ochetobius, Oreoleuciscus, Pseudaspius, Tribolodon;* (Phoxini): *Eupallasella, Phoxinus, Pseudophoxinus.*

Rasborinae (Rasborini): *Amblypharyngodon, Aphyocypris, Bengala, Brachydanio, Candidia, Chela, Danio, Danionella, Esomus, Gobiocypris, Hemigrammocypris, Horadandia, Inlecypris, Leptobarbus, Luciosoma, Microrasbora, Nematabramis, Nicholsicypris, Paedocypris, Paraluciosoma, Pectenocypris, Rasbora, Rasborichthys, Tanichthys, Thryssocypris, Yaoshanicus;* (Oxygastrini): *Aspidoparia, Barilius, Macrochirichthys, Opsariichthys, Opsarius, Oxygaster, Parachela, Parazacco, Raiamas, Salmostoma, Securicula, Zacco.*

Rasbora urophthalma. (Foto: M. Hochleithner)

Labeo chrysophekadion. (Foto: J.F. Helias)

Catlocarpio siamensis. (Foto: J.F. Helias)

Labeo parvus. (Foto: K. Mody)

Raiamas senegalensis. (Foto: K. Mody)

Nocomis biguttatus. (Foto: P. Vecsei)

Notropis atherinoides. (Foto: P. Vecsei)

In Afrika (ausgenommen der Insel Madagaskar) kommen folgende 25 Gattungen mit etwa 470 Arten (wobei etwa 60 % der Arten auf die Gattung *Barbus* und 16 % auf die Gattung *Labeo* entfällt) vor -
Cyprininae (Cyprinini): *Acapoeta, Barboides, Barbopsis, Barbus, Caecobarbus, Coptostomabarbus, Labeobarbus, Phraetichthys, Prolabeo, Prolabeops, Pseudobarbus, Sanagia, Varicorhinus, Xenobarbus;* (Labeonini): *Garra, Labeo.*
Rasborinae (Barilini): *Chelaethiops, Engraulicypris, Leptocypris, Mesobola, Neobola, Opsaridium, Raiamas, Rastrineobola.*
Leuciscinae (Leuciscini): *Tropidophoxinellus.*
Weiters wurden folgende Arten in Afrika eingebürgert: *Carassius auratus, Ctenopharyngodon idella, Cyprinus carpio, Hypophthalmichthys molotrix, Tinca tinca.*

In Nordamerika (ausgenommen der Insel Grönland) kommen folgende 51 Gattungen mit etwa 250 Arten (wobei etwa 28 % der Arten auf die Gattung *Notropis* und 10 % auf die Gattung *Cyprinella* entfällt) vor -
Leuciscinae (Leuciscini): *Notemigonus, Orthodon;* (Aspini): *Pogonichthys;* (Phoxini): *Acrocheilus, Algansea, Aztecula, Chrosomus, Clinostomus, Compostoma, Couesius, Cyprinella, Dionda, Eremichthys, Ericymba, Erimonax, Erimystax, Evarra, Exoglossum, Extrarius, Gila, Hemitremia, Hesperoleucus, Hybognathus, Hybopsis, Iotichthys, Lavinia, Lepidomeda, Luxilus, Lythrurus, Macrhybopsis, Margariscus, Meda, Moapa, Mylocheilus, Mylopharodon, Nocomis, Notropis, Opsopoeodus, Oregonichthys, Phenacobius, Pimephales, Plagopterus, Platygobio, Pteronotropis, Ptychocheilus, Relictus, Rhinichthys, Richardsonius, Semotilus, Stypodon, Yuriria.*
Weiters wurden folgende Arten in Nordamerika eingebürgert: *Carassius auratus, Ctenopharyngodon idella, Cyprinus carpio, Hypophthalmichthys molotrix, Hypophthalmichthys nobilis, Leuciscus idus, Rhodeus sericeus, Scardinius erythrophthalmus, Tinca tinca.*

In Südamerika wo Cypriniden nicht natürlich vorkommen, wurden folgende Arten künstlich eingebürgert: *Carassius auratus, Ctenopharyngodon idella, Cyprinus carpio, Tinca tinca.*

In Australien und Neuseeland wo Cypriniden nicht natürlich vorkommen, wurden folgende Arten künstlich eingebürgert: Carassius auratus, Cyprinus carpio, Puntius conchonius, Rutilus rutilus, Scardinius erythrophthalmus, Tinca tinca.

Synonyme

Bezeichnung

Abramis ballerus Linnaeus, 1758

Cyprinus ballerus Linnaeus, 1758
Cyprinus farenus Linnaeus, 1758
Abramis ballerus Heckel et Kner, 1858
Ballerus ballerus Kottelat et Freyhof, 2007

Abramis brama Linnaeus, 1758

***Abramis brama brama* Linnaeus, 1758**
Cyprinus brama Linnaeus, 1758
Cyprinus farens Linnaeus, 1758
Abramis argyreus Agassiz, 1835
Abramis melaenus Agassiz, 1835
Abramis microlepidotus Agassiz, 1835
Abramis vetula Heckel, 1836
Abramis media Koch, 1840
Abramis vulgaris Mauduyt, 1848
Abramis gehini Blanchard, 1866
Abramis brama var. *sinegorensis* Lukash, 1925
Abramis brama danubii Pavlov, 1956
***Abramis brama orientalis* Berg, 1949**
Abramis brama Kessler, 1872
Abramis brama bergi Grib et Vernidub, 1929

Abramis sapa Pallas, 1814

***Abramis sapa sapa* Pallas, 1814**
Cyprinus kleweza Güldenstädt, 1791
Cyprinus cleveza Pallas, 1814
Cyprinus sapa Pallas, 1814
Abramis balleropsis Agassiz, 1835
Abramis sapa Warpachiwsky, 1886
Abramis balleropsis Agassiz, 1835
Abramis schreibersii Heckel, 1836
Ballerus sapa Kottelat et Freyhof, 2007
***Abramis sapa bergi* Belyaeff, 1929**
Abramis sapa aralensis Tjapkin, 1939
Abramis sapa bergi natio *aralensis* Berg, 1949
Abramis sapa bergi natio *ferganensis* Maksunov, 1961

Alburnoides bipunctatus Bloch, 1782

***Alburnoides bipunctatus bipunctatus* Bloch, 1782**
Cyprinus bipunctatus Bloch, 1782
Cyprinus blockii Nau, 1787
Cyprinus annoni Walbaum, 1792
Cyprinus tinca notha Walbaum, 1792
Cyprinus gronovii Bloch et Schneider, 1801

Cyprinus sanderi Bloch et Schneider, 1801
Cyprinus spirlin Lacepède, 1803
Cyprinus punctatus Shaw, 1804
Cyprinus riemling Hermann, 1804
Leuciscus baldneri Valenciennes, 1844
Alburnus bipunctatus Heckel et Kner, 1858
Alburnus maculatus Kessler, 1859
Spirlinus bipunctatus Fatio, 1882
Alburnus bipunctatus var. *prespensis* Karaman, 1924
Alburnoides bipunctatus var. *smyrnaeus* Pellegrin, 1927
Alburnoides bipunctatus strymonicus Chichkoff, 1940
Alburnoides bipunctatus var. thessalicus Stephanidis, 1950
Alburnoides devolli Bogutskaya, Zupančič et Naseka, 2010
Alburnoides fangfangae Bogutskaya, Zupančič et Naseka, 2010
Alburnoides manyasensis Turan, Ekmekçi, Kaya et Güçlü, 2013
***Alburnoides bipunctatus fasciatus* Nordmann, 1840**
Aspius fasciatus Nordmann, 1840
Aspius baldneri Kessler, 1856
Alburnus maculatus Kessler, 1859
Alburnus bipunctatus eichwaldi De Filippi, 1863
Alburnus eichwaldii De Filippi, 1863
Alburnus fasciatus Kessler, 1872
Alburnoides bipunctatus rossicus Berg, 1923
Alburnoides bipunctatus fasciatus natio *eichwaldi* Berg, 1923
Alburnoides bipunctatus rossicus natio *kubanicus* Berg, 1932
Alburnoides bipunctatus tzanevi Chichkoff, 1933
Alburnoides bipunctatus eichwaldi Berg, 1936
Alburnoides bipunctatus fasciatus Berg, 1941
Alburnoides bipunctatus armeniensis Dadikyan, 1972

Alburnoides ohridanus Karaman, 1928

Alburnus bipunctatus ohridanus Karaman, 1928

Alburnus alburnus Linnaeus, 1758

***Alburnus alburnus alburnus* Linnaeus, 1758**
Cyprinus alburnus Linnaeus, 1758
Cyprinus albor Scopoli, 1786
Cyprinus lanceolatus Bloch, 1801
Aspius ochrodon Fitzinger, 1832
Aspius alburnoides Selys-Longchamps, 1842
Alburnus acutus Heckel, 1843
Alburnus lucidus Heckel, 1843
Alburnus obtusus Heckel, 1843
Leuciscus dolabratus Valenciennes, 1844
Alburnus ausonii Bonaparte, 1845
Alburnus avola Bonaparte, 1845
Alburnus fracchia Bonaparte, 1845
Alburnus gracilis Bonaparte, 1845
Alburnus obtusus Bonaparte, 1845
Alburnus strigio Bonaparte, 1845
Alburnus breviceps Heckel et Kner, 1858

Alburnus fracchia Heckel et Kner, 1858
Alburnus lucidus var. *lacustris* Heckel et Kner, 1858
Leuciscus alburnellus Martens, 1857
Alburnus scoranzoides Heckel et Kner, 1858
Alburnus lucidus var. *angustior* Walecki, 1863
Alburnus lucidus var. *latior* Walecki, 1863
Alburnus alborella var. *lateristriga* Canestrini, 1864
Alburnus doriae De Filippi, 1865
Alburnus fabraei Blanchard, 1866
Alburnus mirandella Blanchard, 1866
Alburnus linnei Malm, 1877
Alborella maxima Fatio, 1882
Alburnus alborellus maximus Fatio, 1882
Alburnus arquatus Fatio, 1882
Alburnus lucidus var. *colobocephala* Fatio, 1882
Alburnus lucidus var. *elata* Fatio, 1882
Alburnus lucidus var. *elongata* Fatio, 1882
Alburnus lucidus var. *oxycephala* Fatio, 1882
Alburnus lucidus var. *ilmenensis* Warpachovski, 1886
Alburnus striatus Petrov, 1926
Alburnus alburnus Savvatimsky, 1928
Alburnus akili Battalgil, 1942
Alburnus demiri Özulug et Freyhof, 2007
***Alburnus alburnus albidus* Costa, 1838**
Leuciscus albidus Costa, 1838
Leuciscus vulturius Costa, 1838
Leuciscus cordilla Valenciennes, 1844
***Alburnus alburnus arborella* Bonaparte, 1841**
Cyprinus albor Scopoli, 1786
Cyprinus lanceolatus Bloch et Schneider, 1801
Aspius alburnus Bonaparte, 1841
Aspius arborella Bonaparte, 1841
Aspius alborella De Filippi, 1844
Alburnus scoranza Bonaparte, 1845
Alburnus neretvae Buj, Sanda et Perea, 2010
***Alburnus alburnus hohenackeri* Kessler, 1877**
Alburnus hohenackeri Kessler, 1877
Alburnus charusini Herzenstein, 1889
Alburnus lucidus Kavraisky, 1897
Alburnus lucidus var. *macropterus* Kamensky, 1901
Alburnus alburnus charusini Petrov, 1926
Alburnus alburnus charusini natio *dagestanicus* Petrov, 1926
Alburnus alburnus hohenackeri Petrov, 1926
Alburnus alburnus hohenackeri natio *kumbashensis* Petrov, 1926
Alburnus alburnus hohenackeri natio *persicus* Petrov, 1926
Alburnus charusini hohenackeri Berg, 1933
***Alburnus alburnus macedonicus* Karaman, 1928**
Alburnoides bipunctatus thessalicus Stephanidis, 1950
Alburnus alburnus strumicae Karaman, 1955
Alburnus vistonicus Freyhof et Kottelat, 2007

Alburnus belvica Karaman, 1924

Alburnus alburnus belvica Karaman, 1924

Alburnus chalcoides Güldenstädt, 1772

***Alburnus chalcoides chalcoides* Güldenstädt, 1772**
Cyprinus chalcoides Güldenstädt, 1772
Cyprinus clupeoides Pallas, 1776
Leuciscus albuloides Valenciennes, 1844
Alburnus chalcoides Kessler, 1877
Alburnus longissimus Warpakovsky, 1892
Alburnus latissimus Kamensiky, 1901
Chalcalburnus chalcoides Berg, 1933
Chalcalburnus chalcoides iranicus Svetovidov, 1945
***Alburnus chalcoides mento* Agassiz, 1832**
Aspius mento Agassiz, 1832
Alburnus chalcoides var. *danubicus* Antipa, 1909
Chalcalburnus chalcoides danubicus Berg, 1932
***Alburnus chalcoides mentoides* Kessler, 1859**
Alburnus mentoides Kessler, 1859
Alburnus chalcoides var. *mentoides* Derjugin, 1899
Alburnus chalcoides derjugini Berg, 1923
Alburnus chalcoides mentoides Tseeb, 1930
Alburnus chalcoides mentoides natio *longicephala* Tseeb, 1930
Chalcalburnus chalcoides schischkovi Drensky, 1943
Alburnus vistonicus Freyhof et Kottelat, 2007
***Alburnus chalcoides aralensis* Berg, 1923**
Chalcalburnus chalcoides aralensis Berg, 1933
***Alburnus chalcoides istanbulensis* Battalgil, 1941**
Alburnus chalcoides carinatus Battalgil, 1941
Alburnus chalcoides nicaeensis Battalgil, 1941
Alburnus chalcoides sapancae Battalgil, 1941
Chalcalburnus chalcoides mandrensis Drensky, 1943
***Alburnus chalcoides leobergi* Freyhof et Kottelat, 2007**
Alburnus leobergi Freyhof et Kottelat, 2007
Alburnus sarmaticus Freyhof et Kottelat, 2007
***Alburnus chalcoides volviticus* Freyhof et Kottelat, 2007**
Chalcalburnus chalcoides macedonicus Stephanidis, 1971
Alburnus volviticus Freyhof et Kottelat, 2007

Anaecypris hispanica Steindachner, 1866

Phoxinus hispanicus Steindachner, 1866

Aspius aspius Linnaeus, 1758

***Aspius aspius aspius* Linnaeus, 1758**
Cyprinus aspius Linnaeus, 1758
Cyprinus rapax Leske, 1774
Aspius rapax Agassiz, 1835
Aspius vulgaris Leiblein, 1853
Aspius linnei Malm, 1877

Aspius aspius taeniatus Eichwald, 1831
Cyprinus taeniatus Eichwald, 1831
Alburnus iblioides Kessler, 1872
Aspius rapax var. *jaxartensis* Kessler, 1874
Aspius erytrostomus Kessler, 1877
Aspius transcaucasius Warpachovski, 1896
Aspius aspius erythrostomus Berg, 1905
Aspius aspius taeniatus iblioides Berg, 1912
Aspius aspius taeniatus Berg, 1932
Aspius aspius taeniatus morpha *phragmiteti* Berg, 1932
Aspius aspius iblioides Nikol'skii, 1938

Aulopyge huegelii Heckel, 1843
Aulopyge hügeli Heckel, 1843
Aulopyge hügelii Heckel et Kner, 1858
Alopyge hügeli Vuković et Ivanović, 1971
Aulopyge huegeli Sorić et Bănărescu, 1999

Barbus albanicus Steindachner, 1870
Barbus albanicus albanicus Steindachner, 1870
Barbus albanicus Steindachner, 1870
Barbus vulgaris Heldreich, 1878
Barbus fluviatilis Panagiotopoulos, 1916
Barbus albanicus albanicus Koller, 1927
Barbus albanicus graecus Koller, 1927
Barbus graecus Stephanidis, 1939
Barbus capito Karaman, 1971
Mesinobarbus albanicus Bianco, 1998
Luciobarbus albanicus Kottelat et Freyhof, 2007
Barbus albanicus graecus Steindachner, 1896
Barbus graecus Steindachner, 1896
Barbus albanicus graecus Koller, 1926
Barbus caninus Athanassopoulis, 1921
Barbus meridionalis Athanassopoulis, 1935
Barbus capito graecus Kattoulas, 1973
Messinobarbus carottae Bianco, 1998
Luciobarbus graecus Kottelat et Freyhof, 2007

Barbus barbus Linnaeus, 1758
Barbus barbus barbus Linnaeus, 1758
Cyprinus barbus Linnaeus, 1758
Barbus vulgaris Fleming, 1828
Barbus communis Perty, 1832
Barbus fluviatilis Fitzinger, 1832
Barbus mayori Valenciennes, 1842
Barbus microphthalmus Bonaparte, 1846
Barbus fluviatilis var. *borysthenicus* Dybowski, 1862
Barbus fluviatilis var. *tyrassensis* Dybowski, 1862
Barbus microphthalmus Sauvage, 1879
Barbus fluviatilis var. *alba* Krauss, 1882

Barbus fluviatilis var. *aurata* Fatio, 1882
Barbus barbus Berg, 1914
Barbus barbus borysthenicus Berg, 1914
Barbus barbus barbus Drenski, 1951
Barbus barbus natio *borysthenicus* Zhukov, 1965
Barbus barbus barbus natio *tyrasensis* Pavlov, 1970
Barbus barbus gallicus Karaman, 1971
***Barbus barbus macedonicus* Karaman, 1928**
Barbus barbus Karaman, 1924
Barbus barbus macedonicus Karaman, 1928
Barbus barbus thessalus Stephanidis, 1971
Barbus macedonicus Kottelat, 1997
Barbus thessalus Economidis et Bobori, 2003

Barbus bocagei Steindachner, 1864

***Barbus bocagei bocagei* Steindachner, 1864**
Cyprinus barbus Baptista, 1789
Barbus bocagei Steindachner, 1864
Barbus bocagii Günther, 1868
Barbus comiza Nobre, 1909
Barbus barbus bocagei Rey, 1935
Barbus capito bocagei Karaman, 1971
Luciobarbus bocagei Kottelat et Freyhof, 2007
***Barbus bocagei graellsii* Steindachner, 1866**
Barbus graellsii Steindachner, 1866
Barbus meridionalis graellsii Koller, 1927
Barbus capito graellsii Karaman, 1971
Barbus bocagei graellsii Doadrio, Garzon, Alvarez et Borrachina, 1987
Luciobarbus graellsii Kottelat et Freyhof, 2007
***Barbus bocagei guiraonis* Steindachner, 1866**
Barbus guiraonis Steindachner, 1866
Barbus graellsii Steindachner, 1966
Barbus caninus Günther, 1868
Barbus meridionalis graellsii Rey, 1935
Barbus capito bocagei Karaman, 1971
Luciobarbus guiraonis Kottelat et Freyhof, 2007
***Barbus bocagei sclateri* Günther, 1868**
Barbus sclateri Günther, 1868
Barbus bocagei Koller, 1926
Barbus barbus sclateri Rey, 1935
Barbus capito bocagei Karaman, 1971
Barbus bocagei sclateri Doadrio, Elvira et Bernat, 1991
Luciobarbus sclateri Kottelat et Freyhof, 2007

Barbus brachycephalus Kessler, 1872

Barbus barbus Pallas, 1814
Barbus obtusirostris Yakovlev, 1870
Barbus brachycephalus Kessler, 1872
Barbus platyrostris Kessler, 1874
Barbus brachycephalus caspius Berg, 1914
Luciobarbus brachycephalus Kottelat et Freyhof, 2007

Barbus capito Güldenstädt, 1773

Cyprinus capito Güldenstädt, 1773
Cyprinus bulatmai Hablizl, 1783
Cyprinus chalybatus Pallas, 1814
Cyprinus mystaceus Pallas, 1814
Barbus conocephalus Kessler, 1872
Barbus lacertoides Kessler, 1872
Barbus bulatmai Kessler, 1877
Barbus chalybeatus Günther, 1868
Barbus lacerta Sinitsyn, 1900
Barbus capito Berg, 1914
Barbus capito conocephalus Berg, 1914
Barbus bilkewitchi Bulgakov, 1923
Barbus capito serratus Sokolinski, 1927
Barbus capito capito natio *platycephalus* Abdurakhmanov, 1960
Barbus capito capito Karaman, 1971
Luciobarbus capito Kottelat et Freyhof, 2007

Barbus comizo Steindachner, 1864

Barbus comizo Steindachner, 1864
Barbus comiza Steindachner, 1866
Barbus bocagii Vieira, 1898
Barbus comisa Seabra, 1911
Aspiobarbus comiza Berg, 1932
Barbus microcephalus Almaca, 1967
Barbus steindachneri Almaca, 1967
Barbus comiza comiza Karaman, 1971
Barbus comiza nasus Karaman, 1971
Luciobarbus comizo Kottelat et Freyhof, 2007

Barbus cyclolepis Heckel, 1837

Barbus communis var. *cyclolepis* Heckel, 1837
Barbus fluviatilis Apostolides, 1892
Barbus tauricus Drensky, 1930
Barbus tauricus cyclolepis Berg, 1933
Barbus barbus bergi Chichkoff, 1935
Barbus cyclolepis Chichkoff, 1935
Barbus tauricus polylepis Battalgi, 1941
Barbus plebejus Konsuloff et Drensky, 1943
Barbus barbus cyclolepis Drensky, 1948
Barbus meridionalis petenyi Drensky, 1948
Barbus euboicus Stephanidis, 1950
Barbus euboicus sperchiensis Stephanidis, 1950
Barbus cyclolepis strumicae Karaman, 1955
Barbus cyclolepis cholorematicus Stephanidis, 1971
Barbus cyclolepis sperchiensis Stephanidis, 1971
Barbus plebejus cyclolepis Karaman, 1971
Barbus plebejus euboicus Karaman, 1971
Barbus plebejus strumicae Karaman, 1971
Barbus plebejus sperchiensis Economidis, 1972
Barbus meridionalis Neophitou, 1987

Barbus lacerta Heckel, 1843

***Barbus lacerta lacerta* Heckel, 1843**
Barbus lacerta Heckel, 1843
Barbus scincus Heckel, 1843
Barbus cyri De Filippi, 1865
Barbus caucasicus Kessler, 1877
Barbus goktschaicus Kessler, 1877
Barbus angustatus Kamensky, 1899
Barbus armenicus Kamensky, 1899
Barbus bortschalinicus Kamensky, 1899
Barbus sursunicus Kamensky, 1899
Barbus toporovanicus Kamensky, 1899
Barbus cyri var. *chaldanica* Kamensky, 1899
Barbus cyri var. *tiflissica* Kamensky, 1899
Barbus cyr Berg, 1914
Barbus lacerta cyri Berg, 1933
Barbus lacerta goktschaicus Dadikyan 1986
***Barbus lacerta ciscaucasicus* Kessler, 1877**
Cyprinus barbus Güldenstädt, 1773
Barbus ciscaucasicus Kessler, 1877
***Barbus lacerta tauricus* Kessler, 1877**
Barbus tauricus Kessler, 1877
Barbus plebejus Nowicki, 1889
Barbus lacerta var. *escherichii* Steindachner, 1897
Barbus tauricus var. *rionica* Kamensky, 1899
Barbus tauricus var. *artevinica* Kamensky, 1899
Barbus tauricus kubanicus Berg, 1912
Barbus tauricus escherichii Berg, 1914
Barbus barbus bergi Chichkoff, 1935
Barbus barbus Chichkoff, 1936
Barbus tauricus oligolepis Battagil, 1941
Barbus barbus borysthenicus Drensky, 1948
Barbus plebejus escherichii Karaman, 1971
Barbus plebejus kubanicus Karaman, 1971

Barbus meridionalis Risso, 1827

***Barbus meridionalis meridionalis* Risso, 1827**
Barbus meridionalis Risso, 1827
Barbus caninus Günther, 1868
***Barbus meridionalis caninus* Bonaparte, 1839**
Barbus caninus Bonaparte, 1839
Barbus meridionalis meridionalis Gridelli, 1935
Barbus meridionalis caninus Pomini, 1937
Barbus meridionalis Karaman, 1971
***Barbus meridionalis peloponnesius* Valenciennes, 1842**
Barbus peloponnesius Valenciennes, 1842
Barbus petenyi Heckel, 1847
Pseudobarbus leonhardi Bielz, 1853
Barbus meridionalis petenyi Berg, 1914
Barbus plebeius Athanassopopoulos, 1921
Barbus graecus var. *prespensis* Karaman, 1924

Barbus rebeli Koller, 1926
Barbus albanicus prespensis Koller, 1926
Barbus meridionalis var. *rebeli* Koller, 1926
Barbus prespensis Berg, 1933
Barbus graecus prespensisi Tocko, 1958
Barbus meridionalis natio *rebeli* Oliva, 1960
Barbus cyclolepis waleckii Rolik, 1970
Barbus meridionalis meridionalis Karaman, 1971
Barbus plebejus prespensis Karaman, 1971
Barbus meridionalis peloponnesius Stephanidis, 1971
Barbus meridionalis rebeli Vuković et Ivanović, 1971
Barbus meridionalis Triantaphylidis et al., 1981
Barbus cyclolepis Rab et al., 1996
***Barbus meridionalis haasi* Mertens, 1925**
Barbus haasi Mertens, 1925
Barbus capito haasi Karaman, 1971
Barbus plebejus haasi Almaca, 1982
Messinobarbus haasi Bianco, 1998

Barbus plebejus Bonaparte, 1839

***Barbus plebejus plebejus* Bonaparte, 1839**
Barbus plebejus Bonaparte, 1839
Barbus eques Bonaparte, 1839
Barbus plebeius Valenciennes, 1842
Barbus fluviatilis DeFilippi, 1844
Barbus barbus plebejus Koller, 1926
Barbus plebejus plebejus Karaman, 1971
***Barbus plebejus tyberinus* Bonaparte, 1839**
Barbus fluviatilis tyberinus Bonaparte, 1839
Barbus eques Cuvier, 1829
Barbus canalii Valenciennes, 1842
Barbus fucini Costa, 1838
Barbus fluviatilis plebejus DeFilippi, 1844
Barbus plebejus Canestrini, 1874
Barbus barbus plebejus Koller, 1926
Barbus tyberinus Kottelat, 1997

Blicca bjoerkna Linnaeus, 1758

***Blicca bjoerkna bjoerkna* Linnaeus, 1758**
Cyprinus bjoerkna Linnaeus, 1758
Cyprinus gieben Wulff, 1765
Cyprinus plestya Leske, 1774
Cyprinus blicca Bloch, 1782
Cyprinus latus Gmelin, 1789
Cyprinus meckel Hermann, 1804
Cyprinus gibbosus Pallas, 1814
Cyprinus laskyr Güldenstädt, 1814
Abramis erythropterus Agassiz, 1835
Abramis micropteryx Agassiz, 1835
Blicca argyroleuca Heckel, 1843
Cyprinus latus Gronow, 1854

Blicca bjoerkna Kessler,1864
Blicca intermedia Fatio, 1882
Abramis blicca Smitt, 1895
***Blicca bjoerkna transcaucasica* Berg, 1916**
Blicca bjoerkna derjavini Dadikyan, 1970

Carassius auratus Linnaeus, 1758

***Carassius auratus auratus* Linnaeus, 1758**
Cyprinus auratus Linnaeus, 1758
Cyprinus mauritianus Bennett, 1832
Cyprinus gibelioides Cantor, 1842
Cyprinus thoracatus Valenciennes, 1842
Carassius encobia Bonaparte, 1845
Carassius burgeri Temminck et Schlegel, 1846
Carassius grandoculis Temminck et Schlegel, 1846
Leuciscus auratus Mauduyt, 1849
Cyprinus chinensis Gronow, 1854
Carassius discolor Basilewsky, 1855
Carassius coeruleus Basilewsky, 1855
Carassius pekinensis Basilewsky, 1855
Cyprinus maillardi Guichenot, 1863
Carassius auratus Bleeker, 1871
Neocarassius ventricosus Castelnau, 1872
Carassius gibelioides Sauvage et Dabry, 1874
Cyprinopsis auratus Lunel, 1874
Carassius auratus wui Tchang, 1930
Carassius auratus cantonensis Tchang, 1933
Carassius auratus argenteaphthalmus Nguyen, 2001
***Carassius auratus gibelio* Bloch, 1782**
Cyprinus gibelio Bloch, 1782
Carassius bucephalus Heckel, 1837
Carassius gibelio Lorek, 1837
Cyprinus amarus Koch, 1840
Carassius ellipticus Heckel, 1848
Carassius vulgaris var. *ventrosus* Walecki, 1863
Cyprinopsis oblongus Taczanowski, 1877
Carassius vulgaris Kessler, 1877
Carassius vulgaris var. *kolenty* Dybovski, 1877
Carassius vulgaris var. *oblongus* Varpakovski, 1886
Carassius carassius Berg, 1905
Carassius vulgaris gibelio Roule, 1914
Carassius carassius morpha *gibelio* Berg, 1916
Carassius carassius morpha *humilis* Lindberg, 1927
Carassius auratus gibelio Berg, 1932
Carassius carassius gibelio Lukash, 1933
Carassius carassius gibelio morpha *vovkii* Ioganzen, 1945
Carassius carassius jacuticus Kirillov, 1972
***Carassius auratus langsdorfii* Temminck et Schlegel, 1846**

Carassius carassius Linnaeus, 1758

Cyprinus carassius Linnaeus, 1758
Cyprinus gibelio Reisinger, 1830
Cyprinopsis carassius Fitzinger, 1832
Carassius vulgaris Nilsson, 1832
Carassius charax Lesniewski, 1837
Carassius humilis Heckel, 1837
Carassius moles Nordmann, 1840
Cyprinus moles Valenciennes, 1842
Carassius gibelio Bielz, 1853
Carassius linnaei Bonaparte, 1845
Carassius carassius jacuticus Kirillov, 1956
Carassius gibelio var. *minutus* Kessler, 1856
Carassius oblongus Heckel et Kner, 1858
Carassius vulgaris var. *gibbosus* Walecki, 1863
Carassius vulgaris var. *subventrosus* Walecki, 1863
Carassius carassius var. *kolenty* Dybowsky, 1877
Carassius linnei Malm, 1877
Carassius linnei forma *lacustrus* Malm, 1877
Carassius linnei forma *piscinarum* Malm, 1877
Carassius vulgaris var. *oblongus* Varpakhovski, 1886
Carassius vulgaris crassior Walecki, 1889
Carassius carassius Berg, 1909
Carassius vulgaris lacustris Roule, 1914
Carassius carassius morpha *humilis* Menshikov et Revnivykh, 1937

Chondrostoma arcasii Steindachner, 1866

***Chondrostoma arcasii arcasii* Steindachner, 1866**
Leucos arcasii Steindachner, 1866
Achondrostoma arcasii Kottelat et Freyhof, 2007
***Chondrostoma arcasii occidentale* Robalo et al., 2005**
Chondrostoma occidentale Robalo, Almada, Sousa Santos, Moreira et Doadrio, 2005
Achondrostoma occidentale Kottelat et Freyhof, 2007
***Chondrostoma arcasii oligolepis* Robaldo, Doadrio, Almada et Kottelat, 2005**
Rutilus macrolepidotus Steindachner, 1866
Chondrostoma oligolepis Robalo, Doadrio, Almada et Kottelat, 2005
Achondrostoma oligolepis Kottelat et Freyhof, 2007

Chondrostoma arrigonis Steindachner, 1866

Leuciscus arrigonis Steindachner, 1866
Parachondrostoma toxostoma Kottelat et Freyhof, 2007

Chondrostoma colchicum Derjugin, 1899

Chondrostoma awhasicum Kamensky, 1901
Chondrostoma colchicum var. *tschorochica* Kamensky, 1901
Chondrostoma nasus colchicum Berg, 1912
Chondrostoma colchicum kubanicum Berg, 1914

***Chondrostoma genei* Bonaparte, 1839**

Leuciscus genei Bonaparte, 1839
Chondrostoma jaculum De Filippi, 1844
Chondrostoma genei albicans Gatti, 1896
Protochondrostoma genei Kottelat et Freyhof, 2007

***Chondrostoma knerii* Heckel, 1843**

Chondrostoma kneri Heckel, 1843
Chondrostoma scodrense Elvira, 1987

***Chondrostoma lemmingii* Steindachner, 1866**

Leuciscus lemmingii Steindachner, 1866
Iberochondrostoma oligolepis Kottelat et Freyhof, 2007

***Chondrostoma lusitanicum* Collares-Pereira, 1890**

***Chondrostoma lusitanicum lusitanicum* Collares-Pereira, 1890**
Chondrostoma lusitanicum Collares-Pereira, 1980
Iberochondrostoma lusitanicum Kottelat et Freyhof, 2007
***Chondrostoma lusitanicum almacai* Coelho, Mesquita et Collares-Pereira, 2005**
Chondrostoma almacai Coelho, Mesquita et Collares-Pereira, 2005
Iberochondrostoma almacai Kottelat et Freyhof, 2007

***Chondrostoma miegii* Steindachner, 1866**

***Chondrostoma miegii miegii* Steindachner, 1866**
Chondrostoma miegii Steindachner, 1866
Parachondrostoma miegii Kottelat et Freyhof, 2007
***Chondrostoma miegii turiense* Elvira, 1987**
Chondrostoma toxostoma turiense Elvira, 1987
Parachondrostoma turiense Kottelat et Freyhof, 2007

***Chondrostoma nasus* Linnaeus, 1758**

***Chondrostoma nasus nasus* Linnaeus, 1758**
Cyprinus nasus Linnaeus, 1758
Chondrostomus nasus auratus Schäfer, 1844
Chondrostoma nasus Heckel et Kner, 1858
Chondrostoma nasus var. *hernadiensis* Jeitteles, 1862
Chondrostoma caerulescens Blanchard, 1866
Chondrostoma nasus var. *taeniata* Fatio, 1882
Chondrostoma nasus var. *macrolepidotus* Veesenmayer, 1884
***Chondrostoma nasus soetta* Bonaparte, 1840**
Chondrostoma soetta Bonaparte, 1840
Chondrochilus nasicus Heckel, 1843
Chondrostoma seva Valenciennes, 1844
***Chondrostoma nasus variabile* Yakovlev, 1870**
Chondrostoma variabilis Yakovlev, 1870
Chondrostoma variabile Kessler, 1877
Chondrostoma nasus var. *borysthenica* Dybowski, 1900
Chondrostoma nasus borysthenicum Berg, 1914
Chondrostoma nasus nasus natio *borysthenicum* Berg, 1932

Chondrostoma nasus variabile Berg, 1936
***Chondrostoma nasus prespense* Karaman, 1924**
Chondrostoma nasus ohridanum Karaman, 1924
Chondrostoma nasus vardarensis Karaman, 1928
Chondrostoma nasus lumi Poljakov, Filipi et Basho, 1958
***Chondrostoma nasus angorensis* Elvira, 1987**
Chondrostoma regium Heckel, 1843

Chondrostoma olisiponensis Gante, Santos et Alves, 2007
Iberochondrostoma olisiponensis Kottelat et Freyhof, 2007

Chondrostoma oretanum Doadrio et Carmona, 2003
Iberochondrostoma oretanum Kottelat et Freyhof, 2007

Chondrostoma oxyrhynchum Kessler, 1877
Chondrostoma cyri Kessler, 1877
Alburnus alasanicus Kamensky, 1901
Chondrostoma schmidti Berg, 1910
Chondrostoma leptosoma Berg, 1914
Chondrostoma cyri leptosoma Derjavin, 1926
Chondrostoma cyri orientalis Bianco et Banarescu, 1982

Chondrostoma phoxinus Heckel, 1843

Chondrostoma salmantinum Doadrio et Elvira, 2007
Achondrostoma salmantinum Doadrio et Elvira, 2007

Chondrostoma polylepis Steindachner, 1865
***Chondrostoma polylepis polylepis* Steindachner, 1865**
Chondrostoma polylepis Steindachner, 1865
Pseudochondrostoma polylepis Kotelat et Freyhof, 2007
***Chondrostoma polylepis duriense* Coelho, 1985**
Pseudochondrostoma duriense Kotelat et Freyhof, 2007

Chondrostoma toxostoma Vallot, 1837
Cyprinus toxostoma Vallot, 1837
Chondrostoma dremaei Blanchard, 1866
Chondrostoma rhodanensis Blanchard, 1866
Chondrostoma peresi La Blanchère, 1873
Parachondrostoma toxostoma Kottelat et Freyhof, 2007

Chondrostoma willkommii Steindachner, 1866
Chondrostoma willcommi Steindachner, 1866
Pseudochondrostoma willkommii Kotelat et Freyhof, 2007

Ctenopharyngodon idella Cuvier et Valenciennes, 1844
Leuciscus idella Cuvier et Valenciennes, 1844
Leuciscus tschiliensis Basilewsky, 1855

Ctenopharyngodon laticeps Steindachner, 1866
Sarcocheilichthys teretiusculus Kner, 1867
Ctenopharyngodon idellus Günther, 1868
Pristiodon siemionovii Dybowsky, 1877
Ctenopharyngodon idella Berg, 1912

Cyprinus carpio Linnaeus, 1758

Cyprinus carpio carpio Linnaeus, 1758
Cyprinus carpio Linnaeus, 1758
Cyprinus cirrosus Schaeffer, 1760
Cyprinus rexcyprinorum Bloch, 1782
Cyprinus nudus Bloch, 1784
Cyprinus regius Nau, 1791
Cyprinus rex Walbaum, 1792
Cyprinus carpio var. *caspius* Walbaum, 1792
Cyprinus macrolepidotus Meidinger, 1794
Cyprinus viridi-violaceus Lacépède, 1798
Cyprinus rubro-fuscus Lacépède, 1798
Cyprinus nigro-auratus Lacépède, 1798
Cyprinus rondeleti Shaw, 1802
Cyprinus coriaceus Lacepède, 1803
Cyprinus specularis Lacepède, 1803
Cyprinus viridescens Lacépède, 1803
Cyprinus gibbosus Pallas, 1814
Cyprinus flavipinnis Cuvier et Valenciennes, 1828
Cyprinus vittatus Cuvier et Valenciennes, 1828
Cyprinus carpio var. *lacustris* Fitzinger, 1832
Cyprinus elatus Bonaparte, 1836
Cyprinus regina Bonaparte, 1836
Cyprinus hungaricus Heckel, 1837
Cyprinus melanotus Temminck et Schlegel, 1842
Cyprinus conirostris Temminck et Schlegel, 1842
Cyprinus nordmannii Valenciennesl, 1842
Cyprinus angulatus Heckel, 1843
Cyprinus thermalis Heckel, 1843
Cyprinus festetitsii Bonaparte, 1845
Cyprinus acuminatus Richardson, 1846
Cyprinus atro-virens Richardson, 1846
Cyprinus conirostris Temminck et Schlegel, 1846
Cyprinus flammans Richardson, 1846
Cyprinus melanotus Temminck et Schlegel, 1846
Cyprinus sculponeatus Richardson, 1846
Carpio vulgaris Rapp, 1854
Cyprinus carpio var. *gibbosus* Kessler, 1856
Cyprinus bithynicus Richardson, 1857
Cyprinus carpio var. *elongatus* Walecki, 1863
Cyprinus carpio var. *monstrosus* Walecki, 1863
Cyprinus flavipinnis Karoli, 1882
Cyprinus tossicole Elera, 1895
Cyprinus carpio forma *typica* Antipa, 1909
Cyprinus carpio var. *gibbosus* Antipa, 1909

Cyprinus carpio var. *hungaricus* Antipa, 1909
Cyprinus carpio var. *oblongus* Antipa, 1909
Cyprinus carpio anatolicus Hanko, 1924
Cyprinus carpio morpha *aralensis* Spiczakow, 1935
Cyprinus carpio fluviatilis Pravdin, 1945
Cyprinus carpio brevicirri Misik, 1958
Cyprinus carpio carpio Misik 1958
Cyprinus carpio longicirri Misik, 1958
Cyprinus carpio aralensis Kirpichnikov, 1967
Cyprinus carpio var. *communis* Verma, 1970
***Cyprinus carpio viridiviolaceus* Lacépède, 1798**
Cyprinus carpio viridivioleaceus Svetovidov, 1933
Cyprinus fossicola Richardson, 1846
Cyprinus hybiscoides Richardson, 1846
Cyprinus chinensis Basilewski, 1855
Cyprinus mahuensis Liu et Ding, 1982
***Cyprinus carpio haematopterus* Temminck et Schlegel, 1842**
Cyprinus carpio Pallas, 1811
Cyprinus haematopterus Temminck et Schlegel, 1842
Cyprinus obesus Basilewski, 1855
Cyprinus carpio var. *mürgo* Dybowski, 1869
Cyprinus carpio var. *haemoptera* Martens, 1874
Cyprinus carpio viridivioleaceus natio *haematopterus* Svetovidov, 1933
Cyprinus carpio viridivioleaceus natio *haematopterus* m. *hybiscoides* Svetovidov, 1933
Cyprinus carpio haematopterus Berg, 1949

Gobio albipinnatus Lukasch, 1933

Gobio uranoscopus Kessler, 1870
Gobio fluviatilis Antipa, 1916
Gobio albipinnatus Lukasch, 1933
Gobio belingi Slastenenko, 1934
Gobio vladykovi Fang, 1943
Gobio albipinnatus vladykovi Bănărescu, 1946
Gobio (Romanogobio) albipinnatus Bănărescu et Nalbant, 1973
Gobio albipinatus albipinnatus Movtchan et Smirnov, 1981
Romanogobio albipinatus Naseka, 1996

Gobio ciscaucasicus Berg, 1932

Gobio uranoscopus Kessler, 1878
Gobio uranoscopus var. *caucasica* Kamensky, 1901
Gobio uranoscopus caucasicus Berg, 1910
Gobio ciscaucasicus Berg, 1932
Gobio (Rheogobio) ciscaucasicus Bănărescu et Nalbant, 1973
Romanogobio ciscaucasicus Naseka, 1996
Romanogobio parvus Naseka et Freyhof, 2004

Gobio gobio Linnaeus, 1758

***Gobio gobio gobio* Linnaeus, 1758**
Cyprinus gobio Linnaeus, 1758
Gobio fluviatilis Flemming, 1828

Gobio phoxinoides De la Pylaie, 1835
Gobio vulgaris Heckel, 1837
Gobio saxatilis Koch, 1840
Gobio obtusirostris Valenciennes, 1844
Leuciscus gobio Günther, 1853
Gobio latus Anikin, 1905
Gobio gobio Berg, 1909
Gobio gobio carpathicus Vladykov, 1925
Gobio gobio muresia Jaszfalusi, 1951
Gobio gobio gobio natio *carpathicus* Bănărescu, 1954
Gobio gobio obtusirostris Bănărescu et Nalbant, 1973
Gobio gobio balcanicus Dimovski et Grupche, 1977
***Gobio gobio benacensis* Pollini, 1816**
Cyprinus benacensis Pollini, 1816
Gobio venatus Bonaparte, 1838
Gobio lutescens Filippi, 1844
Gobio pollinii De Beta, 1862
Gobio benacensis Ninni, 1863
Gobio gobio benacensis Bianco et Taraborelli, 1984
***Gobio gobio lepidolaemus* Kessler, 1872**
Gobio fluviatilis var. *lepidolaemus* Kessler, 1872
Gobio gobio lepidolaemus Berg, 1914
Gobio gobio sibiricus Nikolsky, 1936
Gobio gobio magnicapitata Gundriser, 1967
***Gobio gobio caucasicus* Kamensky, 1901**
Gobio lepidolaemus var. *caucasica* Kamensky, 1901
Gobio gobio lepidolaemus natio *caucasicus* Berg, 1914
Gobio gobio lepidolaemus natio *holurus* Berg, 1914
Gobio gobio bulgaricus Drensky, 1926
Gobio gobio carpathicus natio *sarmaticus* Slastenenko, 1934
Gobio gobio carpaticus natio *krymensis* Deljamure, 1937
Cobio gobio saramaticus Berg, 1949
Gobio gobio feraeensis Stephanidis, 1973
Gobio gobio krymensis Bănărescu et Nalbant, 1973
Gobio brevicirris Fowler, 1976
Gobio holurus Fowler, 1976
Gobio delyamurei Freyhof et Naseka, 2005
Gobio tauricus Vasil'eva, 2005
***Gobio gobio ohridanus* Karaman, 1924**
Gobio gobio var. *ohridana* Karaman, 1924
Gobio gobio lepidolaemus forma *skadarensis* Karaman, 1937
Gobio gobio albanicus Oliva, 1961
Gobio gobio skadarensis Bănărescu et Nalbant, 1973
Gobio gobio ohridanus Bănărescu et Nalbant, 1973
***Gobio gobio tungussicus* Borisov, 1928**
***Gobio gobio microlepidotus* Battalgil, 1942**
***Gobio gobio lozanoi* Doadrio et Madeira, 2004**
Gobio lozanoi Doadrio et Madeira, 2004

Gobio kesslerii Dybowski, 1862

Gobio uranoscopus Kessler, 1856
Gobio kessleri Dybowski, 1862
Gobio uranoscopus kessleri Berg, 1914
Gobio uranoscopus carpathorossicus Vladykov, 1925
Gobio similis Shishkov, 1929
Gobio carpathorossicus Drenski, 1930
Gobio persa carpathorossicus Vladykov, 1931
Gobio kessleri antipai Bănărescu, 1953
Gobio kessleri kessleri Bănărescu, 1953
Gobio kessleri kessleri natio *banaticus* Bănărescu, 1953
Gobio kessleri banaticus Bănărescu, 1961
Gobio kessleri banarescui Dimovski et Grupce, 1974
Gobio kesslerii Kottelat, 1997

Gobio uranoscopus Agassiz, 1828

Cyprinus uranoscopus Agassiz, 1828
Gobio uranoscopus Valenciennes, 1844
Gobio uranscopus Antipa, 1909
Gobio frici Vladykov, 1925
Gobio uranoscopus natio *frici* Vladykov, 1931
Gobio uranoscopus frici Bănărescu, 1953
Gobio uranoscopus uranoscopus Bănărescu et Nalbant, 1973
Gobio albipinnatus elimeius Kattoulas, Stephanidis et Economidis, 1973
Gobio persus stankoi Karaman, 1974
Gobio kessleri banarescui Dimovski et Grupche, 1974
Gobio uranoscopus stankoi Dimovski et Grupce, 1976

Gobio pentatrichus Naseka et Bogutskaya, 1998

Gobio uranoscopus ciscaucasicus Berg, 1913
Gobio ciscaucasicus Berg, 1932
Gobio gobio kovatchevi Chichkoff, 1937
Gobio (Rheogobio) ciscaucasicus Bănărescu et Nalbant, 1973
Romanogobio pentatrichus Naseka et Bogutskaya, 1998
Gobio kubanicus Vasil'eva, 2004

Hypophthalmichthys molitrix Valenciennes, 1844

Leuciscus molitrix Valenciennes, 1844
Leuciscus hypophthalmus Richardson, 1845
Cephalus mantschuricus Basilewsky, 1855
Hypophthalmichthys molitrix Bleeker, 1860
Hypophthalmichthys basilewskii Kner, 1867
Abramocephalus microlepis Steindachner, 1869
Hypophthalmichthys dabry Guichenot, 1871
Onychodon mantschuricus Dybowski, 1877
Hypophthalmichthys dabryi Bleeker, 1878
Hypophthalmichthys dybowskii Herzenstein, 1888
Pseudolaubuca clupeoides Duncker, 1904

Hypophthalmichthys nobilis **Richardson, 1845**

Leuciscus nobilis Richardson, 1845
Hypophthalmichthys mantschuricus Kner, 1867
Aristichthys nobilis Oshima, 1919

Ladigesocypris ghigii **Gianferrari, 1927**

Ladigesocypris ghigii ghigii **Gianferrari, 1927**
Leucaspius ghigii Gianferrari 1927
Leucaspius prosperoi Gianferrari, 1927
Ladigesocypris ghigii Karaman, 1972
Ladigesocypris ghigii irideus **Ladiges, 1960**
Leucaspius irideus Ladiges, 1960

Leucaspius delineatus **Heckel, 1843**

Leucaspius delineatus delineatus **Heckel, 1843**
Squalius delineatus Heckel, 1843
Cyprinus fischeri Valenciennes, 1844
Aspius owsianka Czernay, 1851
Leucaspius abruptus Heckel et Kner, 1858
Cyprinus pallasii Kessler, 1860
Leuciscus pigmeus Platera, 1861
Leucaspius delineatus Siebold, 1863
Owsianka czernayi Dybowski, 1862
Leucaspius relictus Warpachowski, 1889
Leucaspius delineatus dimorphus Ruzsky 1914
Phoxinellus thracicus Battalgil, 1942
Leucaspius delineatus caucasicus **Berg, 1949**
Leucaspius delineatus delineatus natio *caucasicus* Berg, 1949

Leuciscus alburnoides **Steindachner, 1866**

Iberocypris alburnoides Kottelat et Freyhof, 2007

Leuciscus albus **Bonaparte, 1838**

Leuciscus cavedanus Bonaparte, 1838
Squalius pareti Bonaparte, 1841
Squalius tyberinus Bonaparte, 1841
Leuciscus squalius Valenciennes, 1844
Squalius cephalus cavedanus Karaman, 1924
Leuciscus cabeda Vladikov et Petit, 1930
Leuciscus cephalus albus Gridelli, 1936
Leuciscus cephalus Kottelat, 1997

Leuciscus aphipsi **Aleksandrov, 1927**

Squalius aphipsi Kottelat et Freyhof, 2007

Leuciscus aradensis **Coelho et al., 1998**

Squalius aradensis Kottelat et Freyhof, 2007

Leuciscus borysthenicus Kessler, 1859

***Leuciscus borysthenicus borysthenicus* Kessler, 1859**
Squalius borysthenicus Kessler, 1859
Telestes leucoides De Filippi, 1863
Leuciscus borysthenicus Berg, 1912
Leuciscus heterandrius Battalgil, 1940
Petroleuciscus borysthenicus Bogutskaya, 2002
***Leuciscus borysthenicus smyrnaeus* Boulenger, 1896**
Leuciscus smyrnaeus Boulenger, 1896
Petroleuciscus smyrnaeus Kottelat et Freyhof, 2007

Leuciscus carolitertii Doadrio, 1988

Squalius carolitertii Kottelat et Freyhof, 2007

Leuciscus castellanus Doadrio, Perea et Alonso, 2007

Squalius castellanus Doadrio, Perea et Alonso, 2007

Leuciscus cephalus Linnaeus, 1758

Cyprinus cephalus Linnaeus, 1758
Cyprinus capito Scopoli, 1786
Cyprinus chub Bonnaterre, 1788
Cyprinus lugdunensis Walbaum, 1792
Cyprinus orthonotus Hermann, 1804
Cyprinus jeses Jurine, 1825
Cyprinus albula Nardo, 1827
Leuciscus cabeda Risso, 1827
Cyprinus kietaibeli Reisinger, 1830
Leuciscus chub var. *pictava* De la Pylaie, 1835
Cyprinus rufus Vallot, 1837
Leuciscus brutius Costa, 1838
Leuciscus cavedanus Bonaparte, 1838
Leuciscus orientalis Nordmann, 1840
Leuciscus rissoi Schinz, 1840
Leuciscus nothulus Bonaparte, 1841
Squalius berak Heckel, 1843
Squalius cephalopsis Heckel, 1843
Leuciscus albiensis Valenciennes, 1844
Leuciscus frigidus Valenciennes, 1844
Leuciscus squalius Valenciennes, 1844
Squalius meunier Heckel, 1852
Cyprinus salmoneus Gronow, 1854
Leuciscus latifrons Nilsson, 1855
Leuciscus dobula Kessler, 1856
Squalius dobula Heckel et Kner, 1858
Squalius cephalus Kessler, 1864
Squalius clathratus Blanchard, 1866
Squalius meridionalis Blanchard, 1866
Leuciscus fellowesii Günther, 1868
Leuciscus cephalus Smitt, 1895
Squalius turcicus var. *platycephala* Kamenskii, 1897

Squalius cephalus athurensis Roule et Cardaillac de Saint-Paul, 1903
Leuciscus cephalus var. *wjatkensis* Lukash, 1925
Leuciscus ruffoi Bianco et Recchia, 1983
***Leuciscus cephalus vardarensis* Karaman, 1928**
Squalius cephalus vardarensis Karaman, 1928
***Leuciscus cephalus cephaloides* Battalgil, 1942**
Leuciscus cephaloides Battalgil, 1942
***Leuciscus cephalus laietanus* Doadrio, Kottelat et De Sostoa, 2007**
Squalius laietanus Doadrio, Kottelat et De Sostoa, 2007

Leuciscus cii Richardson, 1857

Leuciscus danilewskii Kessler, 1877
Squalius danilewskii Kessler, 1877
Leuciscus danilewskii Berg, 1912

Leuciscus idus Linnaeus, 1758
Cyprinus idus Linnaeus, 1758
Cyprinus idbarus Linnaeus, 1758
Cyprinus jeses Linnaeus, 1758
Cyprinus orfus Linnaeus, 1758
Cyprinus microlepidotus Ekström, 1835
Leuciscus neglectus Selys-Longchamps, 1842
Idus melanotus Heckel, 1843
Idus miniatus Bonaparte, 1845
Leuciscus idus Kessler, 1866
Leuciscus idus var. *lapponicus* Günther, 1868
Idus oxianus Kessler, 1877
Idus melanotus var. *orientalis* Sinitzyn, 1900
Leuciscus idus var. *auratus* Bade, 1901
Leuciscus idus oxianus Berg, 1912
Leuciscus idus idus sibiricus Kirillov, 1958

Leuciscus illyricus Heckel et Kner, 1858
Squalius illyricus Heckel et Kner, 1858
Leuciscus illyricus Bianco et Knezevic, 1987

Leuciscus janae Bogutskaya et Zupančič, 2010
Squalius janae Bogutskaya et Zupančič, 2010

Leuciscus keadicus Stephanidis, 1971
Leuciscus souffia keadicus Stephanidis, 1971
Squalius keadicus Kottelat et Freyhof, 2007

Leuciscus leuciscus Linnaeus, 1758
***Leuciscus leuciscus leuciscus* Linnaeus, 1758**
Cyprinus leuciscus Linnaeus, 1758
Cyprinus dobula Linnaeus, 1758

Cyprinus grislagine Linnaeus, 1758
Cyprinus graining Walbaum, 1792
Cyprinus squalus Walbaum, 1792
Cyprinus umbra Walbaum, 1792
Cyprinus lancastriensis Shaw, 1804
Cyprinus simus Römer-Büchner, 1827
Leuciscus vulgaris Fleming, 1828
Leuciscus argenteus Fitzinger, 1832
Leuciscus majalis Agassiz, 1835
Leuciscus rodens Agassiz, 1835
Leuciscus rostratus Agassiz, 1835
Cyprinus mugilis Vallot, 1837
Leuciscus saltator Bonaparte, 1845
Squalius chalybeius Heckel, 1852
Squalius lepusculus Heckel, 1852
Cyprinus salax Gronow, 1854
Squalius vulgaris var. *argenteus* Walecki, 1863
Squalius vulgaris var. *leptorhinus* Walecki, 1863
Squalius vulgaris var. *minor* Walecki, 1863
Squalius vulgaris var. *nasutus* Walecki, 1863
Squalius vulgaris var. *robustior* Walecki, 1863
Squalius leuciscus Kessler, 1864
Squalius leuciscus var. *elata* Fatio, 1882
Squalius leuciscus var. *elongata* Fatio, 1882
Squalius leuciscus var. *lateristriga* Fatio, 1882
Squalius suworzewi Warpachovski, 1889
Leuciscus grislagine Smitt, 1895
Squalius mehdem Warpachowski, 1897
Squalius transcaspiensis Berg, 1898
Leuciscus leuciscus Berg, 1912
Idus stagnalis Dubalen, 1913
Leuciscus leuciscus roulei Bertin et Estève, 1931
***Leuciscus leuciscus burdigalensis* Valenciennes, 1844**
Leuciscus burdigalensis Valenciennes, 1844
Squalius bearnensis Blanchard, 1865
Squalius oxyrrhis La Blanchère, 1873
Aturius dufourii Dubalen, 1878

Leuciscus lepidus Heckel, 1843

***Leuciscus lepidus lepidus* Heckel, 1843**
Squalius lepidus Heckel, 1843
Alburnus maculatus Keyserling, 1861
Leuciscus lepidus anatolicus Bogutskaya, 1997
Squalius kottelati Turan, Yilmaz et Kaya, 2009
***Leuciscus lepidus turcicus* Filippi, 1865**
Squalius turcicus Filippi, 1865
Leuciscus cephalus orientalis var. *platycephalus* Kamensky, 1897
Leuciscus cephalus orientalis natio *kaznakovi* Berg, 1912
Leuciscus cephalus orientalis natio *platycephalus* Berg, 1912
Leuciscus cephalus orientalis natio *ardebilicus* Barach, 1934
Leuciscus cephalus orientalis natio *zangicus* Barach, 1934

***Leuciscus lucumonis* Bianco et Recchia, 1983**

Squalius lucumonis Kottelat et Freyhof, 2007

***Leuciscus macedonicus* Karaman, 1955**

***Leuciscus macedonicus macedonicus* Karaman, 1955**

***Leuciscus macedonicus orpheus* Kottelat et Economidis, 2006**

Squalius orpheus Kottelat et Economidis, 2006

***Leuciscus malacitanus* Doadrio et Carmona, 2006**

Squalius malacitanus Doadrio et Carmona, 2006

***Leuciscus microlepis* Heckel, 1843**

Squalius microlepis Heckel, 1843

***Leuciscus moreoticus* Stephanidis, 1971**

Leuciscus cephalus moreoticus Stephanidis, 1971

Squalius moreoticus Kottelat et Freyhof, 2007

***Leuciscus palaciosi* Doadrio, 1980**

Iberocypris palaciosi Doadrio, 1980

***Leuciscus pamvoticus* Stephanidis, 1939**

Leuciscus cabeda pamvoticus Stephanidis, 1939

Squalius pamvoticus Kottelat et Freyhof, 2007

***Leuciscus peloponensis* Valenciennes, 1844**

Squalius peloponensis Kottelat et Freyhof, 2007

***Leuciscus prespensis* Fowler, 1977**

Leuciscus cephalus prespensis Fowler, 1977

Squalius prespensis Kottelat et Freyhof, 2007

***Leuciscus pyrenaicus* Günther, 1868**

Squalius pyrenaicus Kottelat et Freyhof, 2007

***Leuciscus squalus* Bonaparte, 1837**

***Leuciscus squalus squalus* Bonaparte, 1837**

Squalius squalus Kottelat et Freyhof, 2007

***Leuciscus squalus platyceps* Zupančič, Marić, Naseka et Bogutskaya, 2010**

Squalius platyceps Zupančič, Marić, Naseka et Bogutskaya, 2010

***Leuciscus svallize* Heckel et Kner, 1858**

Squalius svallize Heckel et Kner, 1858

Leuciscus svallize Bianco et Knezevic, 1987

Leuciscus tenellus Heckel, 1843
Squalius tenellus Heckel, 1843

Leuciscus torgalensis Coelho et al., 1998
Squalius torgalensis Kottelat et Freyhof, 2007

Leuciscus valentinus Doadrio er Carmona, 2006
Squalius valentinus Doadrio er Carmona, 2006

Leuciscus zrmanjae Karaman, 1928
Squalius svallizze zrmanjae Karaman, 1928
Leuciscus zrmanjae Kottelat, 1997
Squalius zrmanjae Kottelat et Freyhof, 2007

Mylopharyngodon piceus Richardson, 1846
Leuciscus piceus Richardson, 1846
Leuciscus aethiops Basilewsky, 1855
Leuciscus dubius Bleeker, 1864
Myloleucus aethiops Günther, 1873
Mylopharyngodon aethiops Peters, 1881
Barbus tonkinensis Sauvage, 1884
Myloleuciscus atripinnis Garman, 1912
Leucisculus fuscus Oshima, 1920
Mylopharyngodon piceus Lin, 1935

Pachychilon macedonicum Steindachner, 1892
Leuciscus macedonicus Steindachner, 1892

Pachychilon pictum Heckel et Kner, 1858
Squalius pictus Heckel et Kner, 1858

Pelecus cultratus Linnaeus, 1758
Cyprinus cultratus Linnaeus, 1758
Clupea ziga Wulff, 1765
Pelecus cultratus Kessler, 1877
Pelecus cultratus kurensis Smirnov, 1943

Phoxinellus alepidotus Heckel, 1843
***Phoxinellus alepidotus alepidotus* Heckel, 1843**
***Phoxinellus alepidotus dalmaticus* Zupančič et Bogutskaya, 2000**
Phoxinellus dalmaticus Zupančič et Bogutskaya, 2000

Phoxinellus pseudalepidotus Bogutskaya et Zupančič, 2003

Phoxinellus croaticus Steindachner, 1866
***Phoxinellus croaticus croaticus* Steindachner, 1866**
Phoxinellus croaticus Steindachner, 1866

Phoxinellus adspersus fontinalis Karaman, 1972
Telestes croaticus Kottelat et Feyhof, 2007
Telestes fontinalis Kottelat et Feyhof, 2007
***Phoxinellus croaticus metohiensis* Steindachner, 1901**
Paraphoxinus metohiensis Steindachner, 1901
Telestes metohiensis Kottelat et Feyhof, 2007
Telestes dabar Bogutskaya, Zupančič, Bogut et Naseka, 2012
Telestes miloradi Bogutskaya, Zupančič, Bogut et Naseka, 2012

Phoxinellus pleurobipunctatus Stephanidis, 1939

Rutilus pleurobipunctatus Stephanidis, 1939
Rutilus pleurobipunctatus alfiensis Stephanidis, 1971
Telestes pleurobipuncatatus Kottelat et Feyhof, 2007

Phoxinus colchicus Berg, 1912

Phoxinus phoxinus colchicus Berg, 1912
Phoxinus aff. *phoxinus* subsp. *strandjae* Drensky, 1926

Phoxinus czekanowskii Dybowski, 1869

Phoxinus strauchi Warpachovski, 1887
Phoxinus sublaevis Warpachovski, 1887
Phoxinus czekanowskii ignatowi Berg, 1907
Phoxinus czekanowskii czerskii Berg, 1912
Phoxinus czekanovskii posnaniensis Berg, 1932
Phoxinus czekanovskii suifunensis Berg, 1932
Rhynchocypris czekanowskii Kottelat et Freyhof, 2007

Phoxinus phoxinus Linnaeus, 1758

***Phoxinus phoxinus phoxinus* Linnaeus, 1758**
Cyprinus phoxinus Linnaeus, 1758
Cyprinus aphya Linnaeus, 1758
Cyprinus rivularis Pallas, 1773
Cyprinus morella Leske, 1774
Cyprinus isetensis Georgi, 1775
Cyprinus galian Gmelin, 1789
Cyprinus chrysoprasius Pallas, 1814
Phoxinus laevis Fitzinger, 1832
Phoxinus varius Perty, 1832
Phoxinus marsilii Heckel, 1836
Phoxynus montanus Ogérien, 1863
Phoxinus laevis mikrosquamatus Kessler, 1879
Phoxinus saposchnikowi Kashchenko, 1899
Phoxinus aphya Reuter, Mela et Sundman, 1912
Phoxinus phoxinus Berg, 1912
Phoxinus csikii Hankó, 1922
Phoxinus phoxinus carpathicus Popescu, Gorj et Dumitriu, 1950
***Phoxinus phoxinus lumaireul* Schinz, 1840**
Cyprinus lumaireul Schinz, 1840
Phoxinus strymonicus Kottelat, 2007

***Phoxinus phoxinus septimaniae* Kottelat, 2007**
Phoxinus septimaniae Kottelat, 2007
Phoxinus bigerri Kottelat, 2007

Phoxinus percnurus Pallas, 1814
Cyprinus percnurus Pallas, 1814
Phoxinus jelskii Dybowski, 1869
Leucaspius fischeri Sabanyeev, 1872
Phoxinus percnurus var. *dauricus* Dybowski, 1877
Phoxinus laevis var. *punctatus* Benecke, 1881
Phoxinus stagnalis Warpachowski, 1886
Phoxinus altus Warpachowski, 1887
Phoxinus sabanejewi Warpachowski, 1887
Phoxinus variabilis Warpachowski, 1987
Phoxinus crucifer Gratzianov, 1907
Phoxinus percnurus mantschuricus Berg, 1907
Phoxinus percnurus sachalinensis Berg, 1907
Phoxinus dybowskii Lorec et Wolski, 1910
Phoxinus percnurus stagnalis Berg, 1912
Phoxinus percnurus percnurus Beling, 1914
Phoxinus percnurus gdaniensis Berg, 1916
Phoxinus percnurus sarykul Ruzskii, 1926
Phoxinus percnurus posnaniensis Berg, 1932
Phoxinus percnurus dybowskii Berg, 1949
Phoxinus percnurus occidentalis Kaj, 1954
Rhynchocypris percnurus Kottelat et Freyhof, 2007

Pseudophoxinus adspersus Heckel, 1843
Leucos adspersus Heckel, 1843
Delminichthys adspersus Kottelat et Freyhof, 2007

Pseudophoxinus epiroticus Steindachner, 1896
Paraphoxinus epiroticus Steindachner, 1895
Pelasgus epiroticus Kottelat et Freyhof, 2007

Pseudophoxinus ghetaldii Steindachner, 1882
Paraphoxinus ghetaldii Steindachner, 1882
Paraphoxinus pstrossii Steindachner, 1882
Delminichthys ghetaldii Kottelat et Freyhof, 2007

Pseudophoxinus jadovensis Zupančič et Bogutskaya, 2002
Phoxinellus jadovensis Zupančič et Bogutskaya, 2002
Delminichthys jadovensis Kottelat et Freyhof, 2007

Pseudophoxinus krbavensis Zupančič et Bogutskaya, 2002
Phoxinellus krbavensis Zupančič et Bogutskaya, 2002
Delminichthys krbavensis Kottelat et Freyhof, 2007

Pseudophoxinus laconicus **Kottelat et Barbieri, 2004**

Pelasgus laconicus Kottelat et Freyhof, 2007

Pseudophoxinus minutus **Karaman, 1924**

Paraphoxinus minutus Karaman, 1924
Phoxinellus stimphalicus montenigrinus Karaman, 1972
Pelasgus minutus Kottelat et Freyhof, 2007

Pseudophoxinus prespensis **Karaman, 1924**

Paraphoxinus epiroticus prespensis Karaman, 1924
Pelasgus prespensis Kottelat et Freyhof, 2007

Pseudophoxinus stymphalicus **Valenciennes, 1844**

Pseudophoxinus stymphalicus stymphalicus **Valenciennes, 1844**
Leuciscus stymphalicus Valenciennes, 1844
Pelasgus stymphalicus Kottelat et Freyhof, 2007
Pseudophoxinus stymphalicus marathonicus **Vinciguerra, 1921**
Leucaspius marathonicus Vinciguerra, 1921
Pelasgus marathonicus Kottelat et Freyhof, 2007
Pseudophoxinus stymphalicus thesproticus **Stephanidis, 1939**
Leucaspius stymphalicus thesproticus Stephanidis, 1939
Pelasgus thesproticus Kottelat et Freyhof, 2007

Pseudorasbora parva **Temminck et Schlegel, 1846**

Pseudorasbora parva parva **Temminck et Schlegel, 1846**
Leuciscus parvus Temminck et Schlegel, 1846
Leuciscus pusillus Temminck et Schlegel, 1846
Fundulus virescens Temminck et Schlegel, 1846
Pseudorasbora parva Bleeker, 1860
Micraspius mianowski Dybowski, 1896
Aphiocypris chinensis Fowler, 1924
Pseudorasbora depressirostris Nichols, 1925
Pseudorasbora fowleri Nichols, 1925
Pseudorasbora monstrosa Nichols, 1925
Pseudorasbora parva parvula Nichols, 1929
Pseudorasbora parva tenuis Nichols, 1929
Pseudorasbora parva parva Okada, 1960
Pseudorasbora parva altipinna **Nichols, 1925**
Pseudorasbora altipinna Nichols, 1925

Rhodeus sericeus **Pallas, 1776**

Cyprinus sericeus Pallas, 1776
Cyprinus amarus Bloch, 1782
Rhodeus amarus Agassiz, 1835
Leuciscus amarus Heinrich, 1856
Rhodeus genitalis Walecki, 1863
Rhodeus lucinae Walecki, 1863
Rhodeus sericeus sinensis Günther, 1868
Rhodeus amarus var. *sericeus* Dybowski, 1877

Rhodeus sericeus Berg, 1909
Rhodeus sericeus var. *meridionalis* Karaman, 1924
Rhodeus mantschuricus Mori, 1934
Rhodeus sericeus amarus Svetovidov et Eremeev, 1935
Rhodeus sericeus var. *meridionalis* Karaman, 1955
Rhodeus sericeus sericus forma *strumicae* Karaman, 1955
Rhodeus sericeus amarus amarus Holčíc, 1959
Rhodeus sericeus amarus natio *danubicus* Holčíc, 1959
Rhodeus sericeus amarus natio *svetovidovi* Holčíc, 1959
Rhodeus sericeus sericeus Holčíc, 1963
Rhodeus colchicus Bogutskaya et Komlev, 2001
Rhodeus pseudosericeus Arai, Jeon et Ueda, 2001

***Rutilus albus* Marić, 2010**

Rutilus basak ohridanus Marić, 1989

***Rutilus basak* Heckel, 1843**

***Rutilus basak basak* Heckel, 1843**
Leucos basak Heckel, 1843
***Rutilus basak ohridanus* Karaman, 1924**
Leucos aula var. *ohridana* Karaman, 1924
Leucos aula var. *prespensis* Karaman, 1924
Rutilus aula natio *karamani* Vladykov et Petit, 1930
Rutilus rubella karamani Fowler, 1977
Rutilus prespensis vukovici Marić, 1988
***Rutilus basak panosi* Bogutskaya et Iliadou, 2006**
Rutilus panosi Bogutskaya et Iliadou, 2006

***Rutilus frisii* Nordmann, 1840**

Cyprinus wiresuba Güldenstädt, 1791
Cyprinus cephalus Pallas, 1811
Leuciscus frisii Nordmann, 1840
Gardonus wyrozub Walecki, 1863
Leuciscus frisii caspius Lönnberg, 1900
Rutilus frisii Berg, 1912
Rutilus frisii velecensis Chichkov, 1932

***Rutilus kutum* Kamensky, 1901**

Cyprinus cephalus Pallas, 1811
Leuciscus frisii Kessler, 1877
Leuciscus frisii caspius Lönnberg, 1900
Leuciscus frisii var. *kutum* Kamensky, 1901
Rutilus frisii kutum Berg, 1912

***Rutilus meidingeri* Heckel, 1851**

Leuciscus meidingeri Heckel, 1851

***Rutilus pigus* LaCépède, 1803**

***Rutilus pigus pigus* LaCépède, 1803**
Cyprinus pigus Lacepède, 1803
Leuciscus roseus Bonaparte, 1839
Leuciscus ryzela Valenciennes, 1844
***Rutilus pigus virgo* Heckel, 1852**
Leuciscus virgo Heckel, 1852

***Rutilus rubilio* Bonaparte, 1837**

***Rutilus rubilio rubilio* Bonaparte, 1837**
Leuciscus rubilio Bonaparte, 1837
Leuciscus rubella Bonaparte, 1837
Leuciscus trasimenicus Bonaparte, 1837
Leuciscus fucini Bonaparte, 1838
Leuciscus lascha Costa, 1838
Leuciscus sardella Valenciennes, 1844
Leucos henlei Bonaparte, 1846
Rutilus italicus Calderoni, 1981
***Rutilus rubilio aula* Bonaparte, 1841**
Squalius aula Bonaparte, 1841
Squalius elatus Bonaparte, 1841
Leuciscus henle Bonaparte, 1841
Leucos cisalpinus Heckel, 1843
Leuciscus altus Valenciennes, 1844
Leuciscus pagellus De Filippi, 1844
Leuciscus pauperum De Filippi, 1844
Leuciscus scardinus De Filippi, 1844
Leucos rubellicus Bonaparte, 1845
Rutilus erythrophthalmus Zerunian, 1982

***Rutilus rutilus* Linnaeus, 1758**

***Rutilus rutilus rutilus* Linnaeus, 1758**
Cyprinus rutilus Linnaeus, 1758
Cyprinus rubellio Leske, 1774
Cyprinus simus Hermann, 1804
Cyprinus lacustris Pallas, 1814
Cyprinus jaculus Jurine, 1825
Leuciscus decipiens Agassiz, 1835
Leuciscus prasinus Agassiz, 1835
Cyprinus fulvus Vallot, 1837
Cyprinus xanthopterus Vallot, 1837
Gardonus pigulus Bonaparte, 1841
Leucos cenisophius Bonaparte, 1841
Leuciscus rutiloides Selys-Longchamps, 1842
Leuciscus selysii Selys-Longchamps, 1842
Leuciscus lividus Heckel, 1843
Leuciscus pausingeri Heckel, 1843
Leucos cenisophius Bonaparte, 1845
Leucos pigulus Bonaparte, 1845
Cyprinus pigus Gronow, 1854
Leuciscus jurinii Dybowski, 1862

Leuciscus rutilus var. *daugawensis* Dybowski, 1862
Gardonus ruboculus Walecki, 1863
Leuciscus pallens Blanchard, 1866
Leuciscus rutilus var. *auratus* Yakovlev, 1873
Leuciscus rutilus var. *communis* Yakovlev, 1873
Leuciscus rutilus var. *fluviatilis* Yakovlev, 1873
Leuciscus lacustris Dybovsky, 1876
Leuciscus rutilus forma *bolmensis* Malm, 1877
Leuciscus rutilus var. *aurata* Fatio, 1882
Leuciscus rutilus var. *crassa* Fatio, 1882
Leuciscus rutilus var. *elata* Fatio, 1882
Leuciscus rutilus var. *elongata* Fatio, 1882
Leuciscus rutilus Kessler, 1895
Leuciscus rutilus communis Rossikov, 1895
Leuciscus rutilus terekensis Rossikov, 1895
Leuciscus rutilus var. *wobla* Grimm, 1896
Leuciscus rutilus var. *erytraea* Antipa, 1909
Leuciscus rutilus var. *vobla* Dikson, 1909
Rutilus rutilus fluviatilis Pravdin, 1915
Rutilus rutilus lacustris Berg, 1916
Rutilus rutilus mariza Drensky, 1926
Leuciscus pigus dojranensis Karaman, 1928
Rutilus rutilus carpathorossicus Vladykov, 1930
Rutilus rutilus sucharensis Stangenberg, 1938
Rutilus rutilus goplensis Stangenberg, 1938
Rutilus rutilus var. *vegariticus* Stephanidis, 1950
Rutilus rutilus frici Misik, 1957
Rutilus rutilus lacustris natio *menschikowi* Kirillov, 1962
***Rutilus rutilus aralensis* Berg, 1916**
Leuciscus rutilus Berg, 1905
Rutilus rutilus Berg, 1912
Rutilus rutilus aralensis Berg, 1916
Rutilus rutilus aralensis morpha *phragmiteti* Berg, 1932
Rutilus rutilus uzboicus Berg, 1932
Rutilus rutilus aralensis natio *bucharensis* Nikolsky, 1933
***Rutilus rutilus heckelii* Nordmann, 1840**
Leuciscus heckelii Nordmann, 1840
Rutilus rutilus heckelii Berg, 1912
***Rutilus rutilus caspicus* Yakovlev, 1870**
Cyprinus grislagine Pallas, 1814
Leuciscus rutilus var. *caspicus* Yakovlev, 1870
Leuciscus rutilus var. *terekensis* Rossikov, 1895
Leuciscus rutilus var. *heckeli* Borodin, 1896
Rutilus rutilus caspicus natio *knipowitschi* Pravdin, 1910
Rutilus rutilus caspicus Berg, 1912
Rutilus rutilus schelkovnikovi Derzhavin, 1926
Rutilus rutilus caspicus natio *kurensis* Berg, 1932
Rutilus rutilus caspicus natio *tscharchalensis* Berg, 1932
Rutilus rutilus caspicus natio *geoktshaicus* Barach, 1941

Rutilus ylikiensis Economidis, 1991

Scardinius acarnanicus Economidis, 1991

Scardinius dergle Heckel et Kner, 1858

Scardinius eryhrophthalmus Linnaeus, 1758

***Scardinius eryhrophthalmus eryhrophthalmus* Linnaeus, 1758**
Cyprinus erythrophthalmus Linnaeus, 1758
Cyprinus erythrops Pallas, 1814
Cyprinus compressus Hollberg, 1822
Cyprinus scardula Nardo, 1827
Cyprinus caeruleus Yarrell, 1833
Cyprinus fuscus Vallot, 1837
Scardinius erythrophthalmus Bonaparte, 1840
Scardinius platizza Heckel, 1845
Leuciscus erythrophthalmus Kessler, 1856
Leuciscus apollonitis Richardson, 1857
Scardinius macrophthalmus Heckel et Kner, 1858
Scardinius crocophthalmus Walecki, 1863
Scardinius erythrophthalmus var. *dojranensis* Karan, 1924
Scardinius erythrophthalmus morpha *rutiloides* Vladykov, 1931
Scardinius erythrophthalmus var. *achrus* Stephanidis, 1950
***Scardinius eryhrophthalmus elmaliensis* Bogutskaya, 1997**

Scardinius graecus Stephanidis, 1937

Scardinius knezevici Bianco et Kottelat, 2005

Scardinius scardafa natio *ohridana* Vladykov et Petit, 1930
Scardinius knezevici Bianco et Kottelat, 2005

Scardinius plotizza Heckel et Kner, 1858

Scardinius scardafa Bonaparte, 1837

***Scardinius scardafa scardafa* Bonaparte, 1837**
Rutilus heegeri Agassiz, 1835
Leuciscus scardafa Bonaparte, 1837
Leuciscus scarpata Bonaparte, 1837
Leuciscus marrochius Costa, 1838
Leuciscus heegeri Bonaparte, 1839
Leuciscus scarpetta Valenciennes, 1844
Heegerius typus Bonaparte, 1845
***Scardinius scardafa hesperidicus* Bonaparte, 1845**
Scardinius hesperidicus Bonaparte, 1845
Scardinius rhodophthalmus Heckel, 1845

Scardinius racovitzai Müller, 1958

Telestes beoticus **Stephanidis, 1939**
Rutilus beoticus Stephanidis, 1939

Telestes karsticus **Marčić et al., 2011**

Telestes polylepis **Steindachner, 1866**

Telestes souffia **Risso, 1827**
Telestes souffia souffia **Riso, 1827**
Leuciscus souffia Risso, 1827
Chondrostoma rysela Agassiz, 1835
Leuciscus agassizi Valenciennes, 1844
Telestes rysela Heckel, 1851
Telestes souffia muticellus **Bonaparte, 1837**
Leuciscus muticellus Bonaparte, 1837
Leuciscus comes Costa, 1838
Telestes savignyi Bonaparte, 1840
Telestes souffia montenegrinus **Vuković, 1963**
Leuciscus souffia montenigrinus Vukovic, 1963

Telestes turskyi **Heckel, 1843**
Squalius turskyi Heckel, 1843

Telestes ukliva **Heckel, 1843**
Squalius ukliva Heckel, 1843

Tinca tinca **Linnaeus, 1758**
Cyprinus tinca Linnaeus, 1758
Cyprinus tincaauratus Bloch, 1782
Tinca aurea Gmelin, 1788
Cyprinus zeelt Lacepède, 1803
Cyprinus tincaurea Shaw, 1804
Tinca vulgaris Cuvier, 1816
Tinca chrysitis Fitzinger, 1832
Tinca chrysitis var. *auratus* Agassiz, 1835
Tinca italica Bonaparte, 1836
Tinca communis Swainson, 1839
Tinca vulgaris var. *maculata* Costa, 1838
Tinca limosa Koch, 1840
Leuciscus tinca Günther, 1853
Tinca linnei Malm, 1877
Tinca vulgaris var. *cestellae* Segre, 1904

Tropidophoxinellus hellenicus **Stephanidis, 1939**
Rutilus alburnoides hellenicus Stephanidis, 1971

Tropidophoxinellus spartiaticus Schmidt-Ries, 1943

Rutilus spartiaticus Schmidt-Ries, 1943
Rutilus spartiacus var. *megalophthalmus* Stephanidis, 1971

Vimba vimba Linnaeus, 1758

***Vimba vimba vimba* Linnaeus, 1758**
Cyprinus vimba Linnaeus, 1758
Cyprinus zerta Leske, 1774
Cyprinus vimpa Strøm, 1784
Cyprinus serta Shaw, 1804
Abramis elongatus Agassiz, 1835
Abramis frivaldszkyi Heckel, 1843
Abramis vimba Heckel et Kner, 1858
Abramis melanops Heckel et Kner, 1858
Abramis nordmannii Dybowski, 1862
Leucabramis vimba Smitt, 1895
Vimba vimba Berg, 1916
***Vimba vimba carinata* Pallas, 1811**
Cyprinus wimba Güldenstädt, 1787
Cyprinus carinatus Pallas, 1811
Abramis elongatus Valenciennes, 1844
Abramis vimba Kessler, 1856
Abramis melanops Heckel et Kner, 1858
Vimba vimba Berg, 1916
Vimba vimba vimba natio *carinata* Berg, 1933
Vimba vimba elongata Shishkov, 1939
Vimba vimba bergi Velikokhatko, 1940
Vimba vimba vimba infranatio *borysthenicus* Velikokhatko, 1940
Vimba vimba vimba natio *bergi* Berg, 1949
***Vimba vimba persa* Gmelin, 1774**
Cyprinus vimba Güldenstädt, 1772
Cyprinus persa Gmelin, 1774
Abramis persa Kessler, 1877
Abramis persa var. *pontica* Yashchenko, 1895
Leucabramis vimba persa Lönnberg, 1900
Vimba vimba persa Berg, 1916
Vimba vimba tenella Berg, 1932
Vimba vimba tenella natio *karasuensis* Zeeb et Delamure, 1938

Vimba melanops Heckel, 1837

Abramis melanops Heckel, 1837
Abramis elongatus asianus Steindachner, 1897
Abramis vimba melanops Karaman, 1924
Abramis brama Stephanidis, 1937
Vimba melanops Shishkov, 1939

Vimba tenella Nordmann, 1840

Abramis tenellus Nordmann, 1840
Abramis melanops Nordmann, 1840
Abramis nordmanni Dybowski, 1862

Abramis frivaldazkyi Heckel, 1843
Leuciscus parvulus Valenciennes, 1844
Abramis persa Kessler, 1877
Abramis elongatus var. *asianus* Steindachner, 1897
Vimba vimba tenella Berg, 1916
Vimba vimba tenella natio *abulyontis* Battalgil, 1941
Vimba vimba tenella natio *aphnitis* Battalgil, 1941
Vimba vimba tenella natio *istanbulensis* Battalgil, 1941
Vimba vimba tenella natio *sapancae* Battalgil, 1941

Literatur

Albrecht M.L., 1979: Auswirkungen der industriemäßigen Aufzucht von Karpfen, *Cyprinus carpio*, in Warmwasseranlagen auf die Gonadenentwicklung. Zeitschrift für die Binnenfischerei der DDR, 26 (1): 7-12.

Albrecht M.L., Steffens W., 1981: Hinweise zur rationellern Karpfenfütterung in Warmwasseranlagen. Zeitschrift für die Binnenfischerei der DDR, 28 (7): 211-213.

Awand K., 1989: Blei, Plötze und Barsch als Wirtschaftsobjekte – Eine Übersicht. Zeitschrift für die Binnenfischerei der DDR, 36 (3): 53-65.

Backiel T., Zawisza J., 1968: Synopsis of biological data on the bream (*Abramis brama* Linnaeus, 1758). FAO Fisheries Synopsis No. 36. 120 pp.

Balon E.K., 1995: The common carp, *Cyprinus carpio*: its wild origin, domestication in aquaculture, and selection as colored nishikigoi. Guelph Ichthyological Reviews, 3: 1-55.

Bănărescu P.M. (Ed.) et al., 1999: The Freshwater Fishes of Europe - Cyprinidae 2. Aula-Verlag, Wiebelsheim. Vol. 5, Pt. 1, 427 pages.

Bănărescu P.M., Bogutskaya N.G. (Eds.) et al., 2003: The Freshwater Fishes of Europe - Cyprinidae 2. Aula-Verlag, Wiebelsheim. Vol. 5, Pt. 2, 454 pages.

Bănărescu P.M., Paepke H.J. (Eds.) et al., 2002: The Freshwater Fishes of Europe - Cyprinidae 2. Aula-Verlag, Wiebelsheim. Vol. 5, Pt. 3, 306 pages.

Bănărescu P., Herzig-Straschil B., 1998: Beitrag zur Kenntnis der *Leuciscus*-Untergattung *Telestes* Bonaparte (Pisces: Cyprinidae). Ann. Naturhist. Mus. Wien, 100 (B): 405-424.

Bank O., 1967: Düngungsfragen. Österreichs Fischerei, 20 (11/12): 165-172.

Bank O., 1969: Die Produktionsschicht des Karpfenteiches. Österreichs Fischerei, 22 (1): 1-6.

Barthelmes D., 1985: Ziele und bisherige Ergebnisse der Seenbewirtschaftung mit Silber- und Marmorkarpfen – Teil I + II. Zeitschrift für die Binnenfischerei der DDR, 32 (8+9): 224-233 + 261-266.

Berg L.S., 1949: Ryby presnykh vod SSSR i sopredel'nykh stran. Izdatel'stvo Akademii Nauk SSSR, Moskva, Vol. 2, 496 pages.

Berinkey L., 1960: On the Systematical Position of *Scardinius racovitzai* Müller. Vertebrata Hungarica, 2: 143-151.

Bogutskaya N.G., Zupančič P., 1999: A re-description of *Leuciscus zrmanjae* (Karaman, 1928) and new data on the taxonomy of *Leuciscus illyricus, L. svallize* and *L. cephalus* (Pisces: Cyprinidae) in the West Balkans. Ann. Naturhist. Mus. Wien, 101 (B): 509-529.

Bogutskaya N.G., Zupančič P., 2010: *Squalius janae*, a new species of fish from the Adriatic Sea basin in Slovenia (Actinopterygii: Cyprinidae). Zootaxa, 2536: 53-68.

Bogutskaya N.G., Zupančič P., Bogut I., Naseka A.M., 2012: Two new freshwater fish species of the genus *Telestes* (Actinopterygii, Cyprinidae) from karst poljes in Eastern Herzegovina and Dubrovnik littoral (Bosnia and Herzegovina and Croatia). ZooKeys, 180: 53-80.

Bogutskaya N.G., Zupančič P., Naseka A.M., 2010: Two New Species of Frehwater Fishes of the Genus *Alburnoides, A. fangfangae* and *A. devolli* (Actinopterygii: Cyprinidae), from the Adriatic Sea Basin in Albania. Proceedings of the Zoological Institute RAS, 314 (4): 448-468.

Carrapato C., Ribeiro F., 2012: Larval development of the Iberian cyprinid *Anaecypris hispanica*. Limnetica, 31 (1): 119-128.

Bohl M. (Hrsg.) et al., 1999: Zucht und Produktion von Süßwasserfischen. VerlagsUnion Agrar, Frankfurt am Main. 720 Seiten.

Doadrio I., Carmona J.A., 2006: Phylogenetic overview of the genus *Squalius* (Actinopterygii, Cyprinidae) in the Iberian Peninsula, with description of two new species. Cybium, 30 (3): 199-214.

Doadrio I., Madeira J.M., 2004: A new species of the genus *Gobio* Cuvier, 1816 (Actinopterygii, Cyprinidae) from the Iberian Peninsula and Southwestern France. Graellsia, 60 (1): 107-116.

Dybowski B.N., 1862: Versuch einer Monographie der Cyprinoiden Livlands nebst einer synoptischen Aufzählung der europäischen Arten dieser Familie. Univ. Dorpat. 215 pp.

Einsele W., 1964: Die exakte dosierte Anwendung von Hydratkalk – ein neues Heilverfahren bei Fischerkrankungen. Österreichs Fischerei, 17 (3/4): 37-44.

Einsele W., 1965: Physiologische Theorie der Karpfenhälterung. Österreichs Fischerei, 18 (9): 136-141.

Einsele W., 1964: Funktionen und Wechselwirkungen der fischereiwirtschaftlich und produktionsbiologisch bedeutungsvollen Kalkverbindungen und der Kohlensäure. Österreichs Fischerei, 17 (3/4): 45-55.

Elvira B., 1991: Further Studies on the Taxonomy of the Genus *Chondrostoma* (Osteichthys, Cyprinidae): Species from Eastern Europe. Cybium, 15 (2): 147-150.

Freyhof J., Lieckfeldt D., Bogutskaya N.G., Pitra C., Ludwig A., 2006: Phylogenetic position of the Dalmatian genus *Phoxinellus* and description of the newly proposed genus *Delminichthys* (Teleostei: Cyprinidae). Molecular Phylogenetics and Evolution, 38: 416-425.

Froese R., Pauly D. (Eds.), 2013: FishBase (Electronic publication).

Fuhrmann B., 1979: *Posthodiplostomum cuticola* als Parasit beim Silberkarpfen. Zeitschrift für die Binnenfischerei der DDR, 26 (6): 202-204.

Fuhrmann B., Lange G., 1984: Steigerung der Erträge bei der intensiven K1-Produktion in Teichen durch konsequente Anwendung der Polykultur. Zeitschrift für die Binnenfischerei der DDR, 31 (8): 231-235.

Füllner G., 1985: Einige Gedanken zu Wachstum und effektiver Futterverwertung von Karpfen in der Teichwirtschaft. Zeitschrift für die Binnenfischerei der DDR, 32 (2): 53-59.

Füllner G., 1988: Zum Temperaturverlauf des Jahres 1987 aus der Sicht der Karpfenteichwirtschaft. Zeitschrift für die Binnenfischerei der DDR, 35 (7): 226-231.

Füllner G., 2003: Erzeugung von einsömmrigen Karpfen: Ist das Vorstrecken heute noch zu empfehlen? Fischer & Teichwirt, 54 (5): 186-188.

Füllner G., Pfeifer M., 1998: Aufzucht von Wels und Schleie in Karpfenteichen. Abschlußbericht zum Forschungsthema: „Aufzucht wirtschaftlich wichtiger Nebenfische in Karpfenteichen“. Sächsische Landesanstalt für Landwirtschaft, Dresden. 73 Seiten.

Gante H.F., Santos C.D., Alves M.J., 2007: A new species of *Chondrostoma* Agassiz, 1832 (Cypriniformes: Cyprinidae) with sexual dimorphism from the lower Rio Tejo Basin, Portugal. Zootaxa, 1616: 23-35.

Haas E., 1982: Der Karpfen und seine Nebenfische. L. Stocker Verlag, Graz. 268 Seiten.

Harsányi A., 2008: Anfänge der kontrollierten Karpfenvermehrung – Dubravius und Dubisch im Vergleich. Fischer & Teichwirt, 59 (6): 205-209. + Österreichs Fischerei, 61 (8/9): 202-211.

Heckel J., Kner R., 1858: Die Süßwasserfische der Österreichischen Monarchie mit Rücksicht auf die angrenzenden Länder. Verlag W. Engelmann, Leipzig. 388 Seiten.

Herzig A., Winkler H., 1983: Beiträge zur Biologie des Sichlings – *Pelecus cultratus* (L.). Österreichs Fischerei, 36 (5/6): 113-128.

Herzig A., Winkler H., 1985: Der Einfluß der Temperatur auf die embryonale Entwicklung der Cypriniden. Österreichs Fischerei, 38 (7): 182-196.

Hochleithner M., 2001: Lachsfische (Salmoniformes): Biologie und Aquakultur. AquaTech Publications, Kitzbühel. 356 Seiten.

Jäger P., Schillinger I., 1988: Kollmanns Fischereikarte von Salzburg, Stand 1898. Österreichs Fischerei, 41 (10): 202-209.

Hoffmann R.C., 1995: Environmental change and the culture of common carp in medieval Europe. Guelph Ichthyological Reviews, 3: 57-85.

Kainz E., Gollmann H.P., 1997: Beiträge zur Biologie und Aufzucht des Perlfisches *Rutilus frisii meidingeri* (Nordmann). Österreichs Fischerei, 50 (4): 91-98.

Kainz E., Gollmann H.P., 1998: Aufzuchtversuche beim Strömer *Leuciscus souffia agassizi* Rossi). Österreichs Fischerei, 51 (1): 19-22.

Kainz E., Gollmann H.P., 1999: Ein Beitrag zur Biologie der Nase (*Chondrostoma nasus* L.): Aufzucht und Vorkommen in Österreich. Österreichs Fischerei, 52 (11/12): 265-273.

Kainz E., Kramberger N., 1982: Zum Problem des Einsatzes von Kupfersulfat in der Teichwirtschaft und der Kupferanreicherung in Teichböden. Österreichs Fischerei, 35 (11/12): 230-240.

Ketmaier V., Bianco P.G.. Durand J.D., 2008: Molecular systematics, phylogeny and biogeography of roaches (*Rutilus*, Teleostei, Cyprinidae). Molecular Phylogenetics and Evolution, 49: 362-367.

Kirjušina M., Vismanis K., 2007: Checklist of the parasites of fishes of Latvia. FAO Fisheries Technical Paper. No. 369/3. 106 pp.

Knösche R., 2009: Die Nährstoffrückhaktung in Karpfenteichen. Fischer & Teichwirt, 60 (12): 450-452.

Knösche R., 2012: Zehn Jahre „Aus aller Welt“. Fischer & Teichwirt, 63 (12): 459-467.

Knösche R., Schoppe P., Pfeiffer M., Weißenbach H., 1996: Erste Erfahrungen und Ergebnisse bei der Bearbeitung des Themas „Abwasser aus Fischteichen“. Fischer & Teichwirt, 47 (10): 415-418.

Kottelat M., 1997: European Freshwater Fishes. An heuristic checklist of freshwater fishes of Europe (exclusive of former USSR). Biologia, 52 (5): 1-271.

Kottelat M., Britz R., Hui T.H., Witte K.E., 2006: *Paedocypris*, a new genus of Southeast Asian cyprinid fish with a remarkable sexual dimorphism, comprises the world's smallest vertebrate. Proceeding of the Royal Society London, 373: 895-899.

Kottelat M., Freyhof J., 2007: Handbook of European Freshwater Fishes. Publications Kottelat, Cornol. 646 pages.

Lange G., Fuhrmann B., 1983: Maßnahmen zur Steigerung der Produktion pflanzenfressender Cypriniden in der Teichwirtschaft Torgau. Zeitschrift für die Binnenfischerei der DDR, 31 (12): 355-360.

Li P., 2011: Use common carp (*Cyprinus carpio* L.) sperm to study the cryoinjuries induced by cryopreservation. Ph.D. Thesis, Univ. South Bohemia, Vodnany. 88 pages.

Lieder U., 1985: Über den Einfluß der Wassertemperatur auf das Wachstum von Silberkarpfen (*Hypophthylmichthys molitrix*) in der Vorstreckperiode. Zeitschrift für die Binnenfischerei der DDR, 32 (9): 256-260.

Maric D., Radujkovic B., 2009: *Rutilus ohridanus* (Karaman, 1924) (Teleostei: Cyprinidae) from Ohrid, Prespa and Skadar lakes. Natura Montenegrina, 8 (3): 137-150.

Müller W., Merla G. 1979: Versuche zur Steigerung der Speisekarpfenerträge durch Pelletverfütterung in Teichen. Zeitschrift für die Binnenfischerei der DDR, 26 (10): 299-304.

Nelson J.S., 2006: Fishes of the World. 4th Ed. J. Wiley & Sons, Hoboken. 601 pages.

Nikol'skii G.V., 1961: Special Ichthyology. Israel Program for Scientific Translation, Jerusalem. 538 pages.

Perea S., Böhme M., Zupančič P., Freyhof J., Šanda R., Özulug M., Abdoli A., Doadrio I., 2010: Phylogenetic relationships and biogeographical patterns in Circum-Mediterranean subfamily Leuciscinae (Teleostei, Cyprinidae) inferred from both mitochondrial and nuclear data. BMC Evolutionary Biology, 10 (265): 1-27.

Planansky A., 1988: Die Karpfenteichwirtschaft mit besonderer Rücksicht auf das Obere Waldviertel Niederösterreichs. Skriptum, Fischereimeisterkurs, Scharfling. 19 Seiten.

Pichler-Semmelrock F., Köck M., Norpoth H., 1988: Der Einsatz des Graskarpfens (*Ctenopharyngodon idella* Val.) in Verbindung mit dem Silberkarpfen (*Hypophthalmichthys molitrix* Va.) zur biologischen Bekämpfung von Wasserpflanzen am Beispiel des Rannasees (Oberösterreich). Österreichs Fischerei, 41 (1): 6-14.

Rehahn T., 1986: Qualitative Aspekte bei der Bewertung von Naturnahrung in der extensiven Karpfenteichwirtschaft. Österreichs Fischerei, 39 (4): 105-112.

Rehahn T., 1986: Warmwasserkleinteiche - ein neuartiges Verfahren zum Vorstrecken von Karpfen (*Cyprinus carpio* L.) und anderen Cypriniden. Österreichs Fischerei, 39 (5/6): 138-163.

Reichenbach-Klinke H.H. (Hrsg.) et al., 1980: Krankheiten und Schädigungen der Fische. Gustav Fischer Verlag, Stuttgart. 472 Seiten.

Reimer L.W., 2005: Parasiten von Weserfischen. Fischer & Teichwirt, 56 (12): 452-454.

Riehl R. et al., 1993-2009: Die Eier heimischer Fische. Österreichs Fischerei, 46-62.

Robalo J.I.,, Almada V.C., Levy A., Doadrio I., 2006: Re-examination and phylogeny of the genus *Chondrostoma* based on mitochondrial and nuclear data and the definition of 5 new genera. Molecular Phylogenetics and Evolution, 42: 362-372

Rümmler F., Bürger E., Kunkel D., Donath W., 2007: Stand der Entwicklung eines intensiven Teich-in-Teich-Systems. Fischer & Teichwirt, 58 (10): 369-372.

Rümmler F., Bürger E., Kunkel D., Donath W., 2010: Teich-in-Teich: Aktueller Entwicklungsstand des Verfahrens. Fischer & Teichwirt, 61 (6+7): 203-206 + 245-249.

Schabuss M., Grillitsch B., Sattmann H., Konecny R., 2004: Der Fischparasit Riemenwurm *Ligula intestinalis* (L.) (Cestoda: Pseudophyllidea): Biologie, Verbreitung und Auswirkungen. Österreichs Fischerei, 57 (2/3): 50-61.

Schäperclaus W., Lukowicz M.v. (Hrsg.) et al., 1997: Lehrbuch der Teichwirtschaft. Parey Verlag, Berlin. 590 Seiten.

Schmall B., 2007-2008: Historisch fragwürdige Fischartenvorkommen – eine kritische Aufarbeitung. Teil 1: Perlfisch, *Rutilus meidingeri* (Heckel, 1851) - Teil 2: Lau, *Chondrostoma genei* (Bonaparte, 1839). Österreichs Fischerei, 60 (10): 236-241. - 61 (4): 80-86.

Schreckenbach K., 2003: Ertragsfähigkeit von Karpfenteichen. Fischer & Teichwirt, 54 (3): 84-85.

Seeley H.G., 1886: The Fresh-water Fishes of Europe. A History of their Genera, Speciesm Structure, Habits and Distribution. Cassell & Co., London. 444 pages.

Shatz Y., 2000: Fishstat Plus 2.30. Food and Agriculture Organisation, Roma.

Siebold C.T.E., 1863: Die Süsswasserfische von Mitteleuropa. Verlag W. Engelmann, Leipzig. 430 Seiten.

Spindler T., 1988: Bestimmung der mitteleuropäischen Cyprinidenlarven. Österreichs Fischerei, 41 (4): 75-79.

Steffens W., 1979: Die Stückmassenverteilung in Beständen einsömmeriger Karpfen aus Warmwasseranlage und Teichen. Zeitschrift für die Binnenfischerei der DDR, 26 (6): 170-175.

Steffens W., 1984: Rationeller Einsatz von Trockenfutter bei der industriemäßigen Satzkarpfenproduktion in Warmwasseranlagen. Zeitschrift für die Binnenfischerei der DDR, 31 (1): 1-5.

Steffens W. (Hrsg.) et al., 1981: Moderne Fischwirtschaft. Verlag Neumann - Neudamm, Melsungen. 375 Seiten.

Szlachciak J., 2053: Morphological features of Zope, *Abramis ballerus*, from the middle stretch of the Odra river, Poland. Acta ichthyologica et Piscatoria, 35 (2): 93-101.

Tamás G., 1976: Eine Methode zum Vorstrecken der Karpfenbrut im Intensivbetrieb. Österreichs Fischerei, 29 (11/12): 177-183.

Thai B.T., Si V.N., Phan P.D., Austin C.M., 2007: Phylogenetic evaluation of subfamily classification of the Cyprinidae focusing on Vietnamese species. Aquat. Living Resour., 20: 143-153.

Tölg I. (Hrsg.) et al., 1981: Fortschritte in der Teichwirtschaft. Spezielle Methoden. Verlag Paul Parey, Hamburg. 175 Seiten.

Turan D., Ekmekçi F.G. Kaya C., Güçlü S.S., 2013: *Alburnoides manyasensis* (Actinopterygii, Cyprinidae), a new species of cyprinid fish from Manyas Lake basin, Turkey. Zookeys, 276: 85-102.

Winfield I.J., Nelson J.S. (Eds.) et al., 1991: Cyprinid Fishes: systematics, biology and exploitation. Chapmann & Hall, London. 667 pages.

www.Fische.at
Top Fische mit Herkunftsgütesiegel
von A wie Amur bis Z wie Zander
aus 98 naturbelassenen Teichen.
Wo Teichwirtschaft
GUT WALDSCHACH
aus dem Ei schlüpfen lässt;
stecken gesunde Topfische
dahinter.
Kontaktieren Sie uns,
wir beraten Sie gerne!
DVD auf Anfrage !
A-8521 Schloß Waldschach 1, T: +43 (0)664/3411212, M: office@fische.at, www.fische.at